中专房地产经济与管理 物业管理专业教学丛书

房屋维修技术与预算

广州市土地房产管理学校 黄志洁
天津市房地产管理学校 邢家千 编
广州市国土房管局管修处 湛国楠
天津市房地产管理学校 张怡朋 主审

中国建筑工业出版社

图书在版编目(CIP)数据

房屋维修技术与预算/黄志洁,邢家千编.-北京:中
国建筑工业出版社,1998
(中专房地产经济与管理·物业管理专业教学丛书) ISBN 978-7-112-03677-6

Ⅰ.房… Ⅱ.①黄… ②邢… Ⅲ.①建筑物-维修②建筑
物-维修-建筑预算定额 Ⅳ.TU746.3

中国版本图书馆 CIP 数据核字(98)第 29252 号

　　本书在吸收国内房屋维修施工技术和修缮工程定额与预算的经验基础
上,注重理论联系实际,对我国现阶段在房屋维修工程、编制修缮工程预算
的各个环节的内容、程序、方法及有关政策进行了比较系统的阐述。

　　本书共分二篇计十七章,内容包括:房屋的查勘与鉴定、钢筋混凝土结
构的维修、砖砌体结构的维修、钢木结构的维修、房屋地基与基础的维修、房
屋防水的措施和维修、房屋修缮工程定额、单位估价表的编制、工程预算概
述、施工图预算的编制等等。

　　本书既可作为中专学校房地产经济与管理专业、物业管理专业的教学
用书,也可作为房地产经营管理、物业管理的企事业单位在职干部的培训教
材,还可供土建工程技术人员及土建院校师生学习、参考。

中专房地产经济与管理　　物业管理专业教学丛书

房屋维修技术与预算

广州市土地房产管理学校	黄志洁	编
天津市房地产管理学校	邢家千	
广州市国土房管局管修处	湛国楠	主审
天津市房地产管理学校	张怡朋	

*

中国建筑工业出版社出版、发行(北京西郊百万庄)
各地新华书店、建筑书店经销
北京市书林印刷有限公司印刷

*

开本:787×1092 毫米　1/16　印张:18³/₄　字数:452 千字
1999 年 6 月第一版　　2011 年 2 月第九次印刷
定价:26.00 元

<u>ISBN 978-7-112-03677-6</u>
(14923)

出　版　说　明

为适应全国建设类中等专业学校房地产经济与管理专业和物业管理专业的教学需要，由建设部中等专业学校房地产管理专业指导委员会组织编写、评审、推荐出版了"中专房地产经济与管理、物业管理专业教学丛书"一套，即《物业管理》、《房地产金融》、《城市土地管理》、《房地产综合开发》、《房地产投资项目分析》、《房地产市场营销》、《房地产经纪人与管理》、《房地产经济学》、《房地产法规》、《城市房地产行政管理》、《房屋维修技术与预算》共 11 册。

该套教学丛书的编写采用了国家颁发的现行法规和有关文件、规定，内容符合《中等专业学校房地产经济与管理专业教育标准》、《中等专业学校物业管理专业教育标准》和《普通中等专业学校房地产经济与管理专业培养方案》及《普通中等专业学校物业管理专业培养方案》的要求，理论联系实际，取材适当，反映了当前房地产管理和物业管理的先进水平。

该套教学丛书本着深化中专教育教学改革的要求，注重能力的培养，具有可读性和可操作性等特点。适用于普通中等专业学校房地产经济与管理专业和物业管理专业的教学，也能满足职工中专、电视函授中专、职业高中、中专自学考试、专业证书和岗位培训等各类中专层次相应专业的使用要求。

该套教学丛书在编写和审定过程中，得到了天津市房地产管理学校、广州市土地房产管理学校、江苏省城镇建设学校、上海市房地产管理学校和四川省建筑工程学校等单位及有关专家的大力支持和帮助，并经高级讲师张怡朋、温小朋、高级经济师刘正德、高级讲师吴延广、袁建新等人的认真审阅及提出了具体的修改意见和建议，在此一并表示感谢。请各校师生和广大读者在使用过程中提出宝贵意见，以便今后进一步修改。

建设部人事教育劳动司

1997 年 6 月 18 日

前　言

本教材根据"建设部普通中等专业学校物业管理专业培养方案"和"房屋维修技术与预算课程教学大纲"编写。本书在房屋维修技术方面，从基本知识入手，循序渐进介绍房屋质量缺陷的表现，产生原因，检查方法，维修及加固措施，并在维修管理方面从技术管理，施工管理方面作了系统的讲述。在修缮工程预算方面，从工程量的计算依据、方法、规则为起点，循序渐进地套用预算定额，至确定工程造价，并附土建工程及设备工程的预算实例。

本课程的内容主要为物业管理人员从事的岗位工作所需房屋维修、预算知识打基础。因而，教材中选编的内容具有适用性和实用性。

本书注重理论联系实际，强调动手能力的培养，可读性较强，反映了当前较新的房屋维修施工技术和修缮工程预算。

本教材由黄志洁、邢家千主编。黄志洁编写第一篇；邢家千、董元波编写第二篇，其中董元波编写第九、十、十一、十六、十七章，邢家千编写第十二、十三、十四、十五章。

本教材第一篇由广州市国土房管局管修处总工程师，房屋倾斜、增层、加固、维修专家湛国楠主审，广州市房屋防水专家苏炘荣对"房屋防水的措施和维修"一章专门作了审查；第二篇由张怡朋主审，谨此表示衷心感谢。

教材的编写过程中参考了有关教科书、论著和资料，得到了建设部人事教育劳动司职教处、建设部中专校房地产管理专业指导委员会、中国建筑工业出版社的大力支持，谨此一并致谢。

本书编写时间仓促，书中难免有不足之处，敬请读者批评指正。

目　　录

第一篇　房屋维修技术

第二篇　房屋修缮工程定额与预算

第一篇 房屋维修技术

绪 论

一、房屋维修技术的研究对象、特点和重要意义

(一) 房屋维修技术的研究对象和特点

房屋维修技术是建筑施工技术的分支,它是研究利用房屋建筑的已有功能、质量和技术条件,根据国家的建筑方针,因地制宜把已有的房屋维修得更好、更方便、使用更合理的一门学科。从归类来说,房屋的新建与维修同属建筑工程的范畴,是建筑工程的两个方面,有共性也有特性,在技术上各有自己的特点。

房屋维修的目的在于恢复、延长和改善房屋的使用功能以及合理的使用期限。因为是在原有房屋的基础上进行的,维修工作要受到很多条件的限制,不仅要考虑原有房屋的结构特征、新旧程度,而且还受到周围环境的影响,设计者的思想受到一定局限,难以脱离客观环境与原有技术条件。房屋维修工程施工在这方面就更加明显。而建造新房屋则可以按照使用要求,较好地发挥主观能动性作用。这是维修房屋与新建房屋在设计与施工上的主要区别,从某些方面看,维修施工技术比新建施工技术的要求还高。当然,房屋的维修比新建也有它有利的一面。首先,原有房屋的结构构造、建筑布局以及装饰设计等优点,可供房屋维修时学习和借鉴,通过维修工程的实践,提高设计与施工的技术。其次,原有房屋存在的缺点及不合理的地方,可以在检查、拆修过程中观察、研究和总结,维修工作中丰富的知识反馈,有利于改进房屋的维修乃至新建工作。另外,房屋维修工程也有程度可深可浅、内容可繁可简、工作量可大可小、处理手段变化多样等特点,这些都具有相当大的灵活性,这就给维修工作者凭着自己的经验,艺术地发挥主观能动性的余地。所以有些学者认为"建筑维修既是科学又是一门艺术"❶,不无道理。

总之,房屋维修与新建相比,虽有其局限、烦琐等不利因素的一面,但也有其灵活处理、可利用原有房屋优点的有利方面,只要我们善于在某些困难的条件下,发挥自己的才能,不断地积累经验,不断钻研和运用新技术,因势利导,因地制宜,就一定能较好地掌握房屋维修工程的规律。

(二) 房屋维修工作任务和重要意义

房屋是供人们使用的,在使用过程中会逐渐消减它的原有质量,这是自然规律。因此要按建造时的质量情况界定它的使用年限。在使用年限内,要保持其使用功能,防止、减少和控制其损耗的发展,保证或适当延长其使用年限,必须及时地对房屋进行维修养护,有的还

---

❶ 引自[加]《混凝土结构的修复与防护》原书序。

要对居住条件加以改善。即使是近期新建的房屋,为了消除它在建造时所存在的毛病和隐患,防止其早期破损,也需要进行必要的维修养护。因此,监管房屋正常的使用,及时地进行检查、维护和修理,是保证房屋的安全、适用和耐久的重要措施,也是房屋维修管理部门的基本职责。

管理和维修好房屋,不仅可以充分利用和保护好这笔巨大而宝贵的社会财富,而且关系到用房单位生产、工作的安全,关系到千家万户人民群众的安居乐业,也关系到社会主义现代化建设的发展。因此,把现有房屋维修养护好,为人民创造一个良好的社会、生活、工作环境,其工作十分重要,意义相当重大。

二、房屋维修的方针、原则与标准

房屋维修应在"安全、经济、适用,在可能的条件下注意美观"这个总方针下进行,并应遵守房屋维修工作的原则。国务院在《城市规划条例》中,对旧城区的改造,提出要从城市的实际出发,遵循"加强维护、合理利用、适当调整、逐步改造"的原则,建设部在《房屋修缮范围和标准》中,提出了"充分利用、经济合理、牢固实用"的维修原则。

房屋维修部门在实践中还提出了具体的维修原则,凡是有保留价值的房屋和结构基本完好的房屋,应当加强维修和养护;对于主体结构损坏严重,结构简陋,环境恶劣的房屋,尽量维持房屋的不塌、不漏,进行简单的维修,以待拆改建;对于影响居住安全和正常使用的危损房屋,必须及时组织抢修和补漏,总的来说,维修工作必须遵循从实际出发,与国民经济发展水平相适应的原则。

房屋维修的标准是在房屋维修原则的基础上制定的。建设部颁布的《房屋修缮范围和标准》,是根据我国的实际情况,按不同的结构、装修、设备条件,把房屋划分成一等和二等两类,对不同等级的房屋规定了相应的维修标准,并要求凡修缮施工都必须按建设部颁布的《房屋修缮工程质量检验评定标准》的规定执行。

三、房屋维修的经济效益、社会效益和环境效益

房屋维修的主要目的可概括为:保障住用者的安全,维护房屋的正常使用,防止、减少和控制其破损,合理延长使用年限,适当改善住用条件。为了达到这个目的,房管部门必须有计划地、尽可能完善地进行房屋的维修工作,逐步实现为住用者创造一个良好的社会环境的目标,并努力提高房屋维修经济效益、社会效益和环境效益。

房屋维修的经济效益,是指房屋在维修过程中,投入的工料、资金和施工效率是否达到快、好、省的工程要求,房屋维修后,是否达到安全、适用、方便和延长使用的目的;房屋维修的社会效益,是指房屋经过维修后,对社会的影响,包括对城市建设规划的影响和对相邻房屋的安全、通风、采光以及公共用地、设施等方面的影响;房屋维修的环境效益,是指房屋本身及使用过程中对环境(包括环保、生态、历史文物和自然风景等)的影响。

在房屋维修工作中,应当通过调研分析,选择最佳方案,收到应有的经济效益、社会效益和环境效益。

四、房屋维修的内容、分类与工作分工

(一)房屋维修的一般内容

维修工程有大有小、有简单有复杂,同时,随着时代要求和物质技术的发展,维修工程已不仅是进行原样修复,而且是向改善、创新的方向发展。不少旧房,经过精心设计、精工修缮后面目全新。所以,房屋维修除了维护和恢复房屋原有功能这个基本内容外,还有对房屋进行改善和创新的内容。

(二)房屋维修工程分类

为了加强房屋维修的科学管理,安排好维修资金,必须对维修工程进行分类。通常是以房屋损坏的程度为依据,按房屋的工程规模、结构和经营管理性质进行划分。

1.按工程规模划分为五类:

(1)翻修:是指需全部拆除,另行设计,重新建造的工程;

(2)大修:是指需牵动或拆换部分主体结构的工程;

(3)综合维修:是指成片多幢(或单幢)大、中、小一次性应修尽修的工程;

(4)中修:是指只需牵动或拆换少量主体构件的工程;

(5)小修:是指修复小损小坏,保持房屋原来完损等级的日常养护工程;

2.按房屋结构划分为两类:

(1)结构维修养护:是指对房屋的基础、梁、柱、承重墙以及楼面的基层等主要受力部分进行维修养护,这是房屋维修的重点,只有房屋的结构部分维修好了,非结构部分的维修才有意义。

(2)非结构部分维修养护:是指对房屋的门窗、粉刷、非承重墙、楼地面和屋顶的面层、上下水道和附属设备等部分的维修养护。非结构部分维修养护得好,对主要结构部分会起着保护作用,同时也美化了房屋、改善了住用环境,是一项不能忽视的工作。

3.为了改善经营管理,合理使用资金,可以按维修的经济开支性质,把房屋维修划分为五类:即恢复性修缮、赔偿性修缮、改善性修缮、救灾性修缮、返工性修缮。

(三)房屋维修的工作分工

目前,属于中修及小修养护的工程,由于所需的人力和财力不多,所要求的技术、设备条件不高,在房管站(所)的领导下,完全有能力由维修班组承担施工,进行成本核算;对于大修、翻修及综合维修等工程,由于规模较大,施工技术及施工管理的要求都较高,一般委托工程队或修缮公司承担施工,甲乙双方签订工程合同,按合同的规定进行施工,组织验收。

五、房屋维修工作程序和实施要点

房屋维修工作程序如下:

查勘→鉴定→设计→工程预算→工程报建→搬迁住户→备工备料→维修施工→工程验收→工程结算→工程资料归档。

为搞好房屋维修工作,除应了解上述工作程序外,还应具备房屋维修工程基本技术知识,熟悉有关法令、规程、标准及制度等,协调各有关部门、单位、房户之间的关系,落实维修工程计划。

在上述工作程序中,有相当部分是属于房屋维修的前期工作,它对顺利进行维修施工至关重要,必须认真对待。

1.编制周密的维修施工作业计划。对施工过程中必须有方便的工作面而需要住户密切配合临时搬迁时,应事前妥为安排;在施工操作中,尽可能减少影响面和缩短施工时间,提倡文明施工;对于较大的维修工程,尽可能分段、分期安排施工。

2．做好维修前的临时安全措施。房屋检查鉴定为危房后,离进场维修施工还有一段时间,有些特别危险的房屋,为了保障住户及四邻的安全,需要采取支撑好危险部位,甚至撤离住户等临时措施,以防万一。

此外,要把房屋维修工作搞得更好一些,还可以采取以下的措施:

1．推行成片维修和定期轮修。零星分散、运输困难、手工操作是房屋维修工程的特点和不利因素。把房屋维修施工成片的大面积地进行,其明显的好处是:人力集中,便于管理,减少施工管理人员;材料集中,便于运输、保管和减少浪费散失;工程相对集中,便于施工机械的使用等等,从而提高工效和材料利用率,降低工程成本;成片改变房屋面貌,有利于城市街区环境的改善和美化市容;利于有计划改善城市房屋和对房屋维修的科学管理。在成片维修的基础上逐步实行全盘规划,逐片安排的定期计划轮修制度,其效果更加显著。

2．维修房屋应贯彻"不断改善人民群众居住条件"方针,在维修计划、设计及施工的过程中,尽量采取各种措施,解决群众日常居住中的种种困难,如在拆建墙壁时开一窗户,以改善通风采光;在翻铺地面时填高地台,以解决地面潮湿的状况等等,不断提高人民居住水平。

第一章　房屋的查勘与鉴定

第一节　概　述

一、房屋查勘与鉴定的目的

房屋建成以后就受到外界的作用和有害物质的侵蚀，组成房屋的结构构件的力学性能和其它构配件、设施的使用质量会逐年下降，因此，需要对下列情况的房屋进行查勘与鉴定：

一是正常使用的房屋从发生的异常现象中查勘和鉴定其损坏的程度、产生的原因，以便合理安排维修工作。

二是房屋改变用途时要鉴定其结构安全可靠性等方面能否适应新的需要。

三是安排破旧房屋的改造改建前，必须进行查勘和鉴定，经过对比分析及可行性设计，才能确定改造改建方案。

四是当房屋已经发生危险和受灾后，必须记录危险和损害情况，经鉴定分析造成危险、损害的原因并立案处理。

综上所述，进行房屋查勘、检测、鉴定的目的，在于及时了解和掌握房屋的完损状况；发现严重缺陷和隐患，及时采取安全措施；为制定房屋维修计划提供依据；这是保证房屋维修工作正常进行的必要手段。同时，还为城市规划、改造，房管部门清产核资、征地拆迁补偿提供基础资料。因此，进行房屋的查勘、检测，鉴定具有十分重要的意义，同时是一项十分复杂而细致的工作。房屋由于地基沉陷、材料老化、超载负荷等因素，总是由新到旧，由旧到破，由破到危的变化过程。即使不受外界影响，由于房屋自身的老化也会逐渐破损破损直至倒塌。因此，对已有房屋的检测鉴定，是房管部门必须重视的问题，特别是通过"危"与"不危"、可靠与不可靠的鉴别评定，对合理使用房屋，延长房屋寿命，确保住用安全，将产生明显的效果。

二、贯彻执行部颁标准

进行房屋的查勘、检测，评定房屋的完损等级，是房管部门必不可少的一项基础工作，其工作质量直接反映出房管部门的管理和技术水平。

为了分别房屋的完好、破损、危险状况，建设部颁布了《房屋完损等级评定标准》和《危险房屋鉴定标准》。全国性的标准通用性、概括性强，各地房管部门必须贯彻执行部颁标准，必要时可编制适合地区性的补充标准。

第二节 房屋的查勘

一、房屋的定期查勘

定期查勘是指结合房屋的特点,在合理的期限内(一般每隔 1～3 年进行一次),由具有专门知识和工作经验的人员定期逐幢逐间地检查房屋的缺陷。根据所掌握的房屋损坏程度和状况,制定中、长期的维修和养护计划。

房屋定期查勘可分结构、装修和设备三大部分。设备的定期查勘一般委托专业单位负责,房屋结构和装修部分的查勘内容和要求大致如下:

1. 基础是否有不均匀沉陷现象。

2. 柱、梁、墙、屋架、楼地板、阳台、楼梯等有无裂缝、变形、损伤、锈蚀、腐烂、松动等现象及所在位置。

3. 屋面防水层老化程度、裂缝、渗漏水现象。

4. 墙壁是否有渗水现象及其程度。

5. 外墙抹灰、顶棚、内墙抹灰有无裂缝、起壳、脱落及其程度。

6. 门窗有无松动、腐烂(锈蚀),开关是否灵活,玻璃油灰状况。

7. 下水道是否畅通,有无堵塞现象。

为了查勘工作的方便,事先应当备有查勘登记表格。现提供一个"房屋安全普查记录表"的格式,以便使用时参考(见表 1-1)。

二、房屋的季节性查勘

季节性查勘是指根据一年四季的特点,结合当地气候特征(雨季、台汛、大雪、山洪等)、房屋座落地点及完损状态等,着重对危险房、严重损坏房进行检查,及时抢险解危。

季节性查勘的重点:

1. 屋架能否胜任雨、雪的荷载;

2. 砖墙能否胜任风压及积水浸泡;

3. 窗扇、雨篷、广告牌等高空构配件及附属设施是否会下坠伤人;

4. 房屋四周下水道排水不畅,是否会造成积水。

三、房屋查勘的顺序和方法

房屋查勘工作首先应根据查勘的目的制定查勘方案。一般采取"从外部到内部,从屋顶到底层,从承重构件到非承重构件,从表面到隐蔽,从局部到整体"的查勘顺序,也可以根据房屋的现场条件、环境情况、结构现状等,进行局部或重点的查勘。房屋查勘的方法很多,常用的方法有:直观检查法;仪器检查法;计算分析法;荷载试验法;重复观测检查法等。

直观检查法:是指以目测和简单工具查勘房屋的完损情况,以经验判断构件和房屋的危、损原因和范围、等级。此法可概括为"听、看、问、查、测"五个字,"听":即查勘人员要耐心听取房屋使用人的反映;"看":观察房屋的外形、墙壁、门窗以及结构构件的表面情况;"问":详细询问用户有关房屋损坏原因等情况,获得对查勘有帮助的资料;"查":是对房屋承重结

房屋安全普查记录　　　编号：　　表 1-1

房屋地址				结　构		层　数		建造年代	
建筑面积		总建筑面积		户　数			人　数		
住宅面积		非住宅面积		留房部位面积					
房屋用途		产　别		业权人		承租人			

危 房 部 位 记 录

年　份	历　年　修　缮　情　况　记　录

检查年度																								
部位＼层次																								

	部位
结构部分	地基基础
	承重构件　柱
	承重构件　梁
	承重构件　墙
	承重构件　楼盖
	承重构件　屋架
	非承重墙
	屋盖
	楼梯
	综合
装修部分	门窗
	外墙
	内墙
	顶棚
	楼地面
	细木装修
	综合
设备部分	水卫　上水
	水卫　下水
	水卫　洁具
	电照
	暖气
	煤气
	特种设备
	综合
初评	等级
	检查人
复评	等级
	复查人
备注	

填表代号

○——完好　　☆——基本完好　　△——一般损坏

◇——严重损坏　　□——局部危险　　★——全部危险

8

构如屋架、梁、柱、板等,进行仔细查勘;"测":是对基础下沉、房屋倾斜、墙壁凹凸、屋架或梁变形等直观现象,借助仪器进行测量。

仪器检查法:是指用经纬仪、水准仪、激光准直仪等检查房屋的变形、沉陷、倾斜等;用回弹仪枪击法、撞击法、敲击法等机械方法进行非破损性检验。

计算分析法:是将查勘的有关资料和测量结果,运用结构理论加以计算和分析,从而对房屋作出评定的一种方法。计算时应根据实际的负荷,以实测的材料强度为准,从而准确地判断结构的受力状态。

荷载试验法:是对结构施加试验性荷载,从而进行结构鉴定的一种方法。此法主要用于房屋发生质量事故、发现过大变形和裂缝等缺陷的构件的鉴定,当房屋需变更用途或加层而无法取得必要的物理力学数据时,用此法对房屋结构、构件进行评定。在一般情况下,多采用静载试验,并只允许做非破坏性试验,在试验前,应编制相应的加荷程序和采取必要的安全措施。

重复观测检查法:此法主要用于房屋危、损变化仍在发展之中,一次检查不解决问题时,需要通过多次重复观测,才能掌握危、损情况及程度。

上述几种房屋查勘的方法,往往需要同时或交叉使用。随着科学技术的发展,查勘所用的仪具也越先进,水准仪、经纬仪、回弹仪等,已用于对钢结构及钢筋混凝土结构的现场强度测定;应力应变仪、超声检测仪及岩芯取样等新技术,也不断地应用到房屋查勘鉴定工作中。

四、房屋查勘的安全措施

进行房屋查勘必须遵守修缮工作守则,特别是危房查勘时,一定要采取切实措施,确保安全。要求做到:

1. 查勘人员应熟悉各类房屋的基本组成,具有一定的实际查勘经验。

2. 在查勘过程中严格遵守房屋查勘安全注意事项。查勘时不得穿皮鞋或塑料底鞋,防止滑倒;检修吊顶时,不能用油灯明火,更不许在查勘时抽烟,以防引起火灾;还应注意行走安全,检修屋面顶棚时,脚要踩在龙骨上,如发现构件已腐烂,或有脱落的危险,切不可在其上踏走。

3. 及时消除险情。查勘中如发现承重构件已严重变形或损坏时要保持现状,立即采取措施解除险情,如发现木材已被白蚁蛀空,应停止凿探,避免扩大木料空洞,发生断裂坍塌。

4. 查勘时安全操作

(1) 注意查勘时不能踏站的部位:檐沟、屋面檐口、顶棚板条、屋顶女儿墙、压顶出线、窗台口、玻璃天棚等。

(2) 注意查勘时不能随意抓的部位:落水管、烟囱、女儿墙、各种晒衣架、阳台栏杆及装饰构件凸出物、封檐板等。

随着多层建筑和高层建筑的检修任务不断加重,高空检查和维修作业的安全防护措施日益为人们所重视,各种新型安全的检修机具正陆续问世,房屋维修部门应根据检修的类型和特点,不断补充完善房屋查勘安全措施。

第三节 房屋完损等级评定

一、房屋完损等级的概念

（一）房屋完损等级概念的形成

房屋在住用过程中随着时间的推移，由于使用、管理、维护、工程质量不好，以及环境恶劣和外来因素等影响，会出现不同程度的各种损坏，甚至呈现危险。经过人们长期的观察和实践认识，并进行了反复的分析对比，逐渐形成了完好房、损坏房、危险房的概念和标准。

房屋的完损等级是指对现有的房屋的完好或损坏程度划分等级，也就是现有房屋的质量等级。

评定房屋完损等级是按照部颁统一的标准、统一的项目、统一的评定方法，对现有整幢房屋进行综合性的完好或损坏的等级评定。这项工作专业技术性强，既有目观检测，也有定量定性的分析。

建设部制定颁发的《房屋完损等级评定标准》(试行)，从1985年1月1日起实施。这就是全国各地房地产管理部门对房屋质量等级进行评定的唯一标准。

（二）评定房屋完损等级的目的意义

房屋完损等级的评定对加强和促进房地产管理事业的建设和发展有着重要的意义。

1. 为房地产管理和编制修缮计划提供了基础资料。对编制房屋管理规范和修缮施工方案，确定修缮的范围标准以及房屋估价、折旧等都提供了依据；

2. 房屋完损等级的评定，为房地产管理部门科学管理和今后进一步开展科学鉴定和科学研究打下了一定的基础；

3. 可以为城市规划和旧城改造提供比较确切的依据，以便有计划地进行城市建设和改造。

（三）房屋完损等级评定标准的适用范围

《房屋完损等级评定标准》中指出："本标准适用于房地产管理部门经营的房屋。对单位自管房(不包括工业建筑)或私房进行鉴定、管理时，其完损等级的评定，也可适用本标准。在评定古典建筑的完损等级时，本标准可作参考。"这就是说，凡由房管部门直管的各类房屋的完损等级的评定，都应按《标准》进行。对于各单位自管的工业建筑房屋结构的完损等级评定，该《标准》不适用。对有抗震设防要求的地区，在划分房屋完损等级时还应结合抗震能力进行评定。

（四）房屋结构分类

房屋的结构是根据主要承重构件(梁、板、柱、墙及各种构架等)使用的建筑材料来划分的。

房屋结构按常用材料分成下列几类：

1. 钢筋混凝土结构——承重的主要构件是用钢筋混凝土建造的；

2. 混合结构——承重的主要构件是用钢筋混凝土和砖木建造的；

3. 砖木结构——承重的主要构件是用砖木建造的；

4．其它结构——承重的主要构件是用竹木、砖石、土建造的简易房屋。

按照划分幢号的原则，一幢房屋只能定为一种建筑结构。如果一幢楼房中有两种结构组成，则以一种主要结构为准。

（五）房屋完损标准的项目划分

各类房屋分成结构、装修、设备三个组成部分，划分为 14 个项目：

1．结构组成分为：基础、承重构件、非承重墙、屋面和楼地面五项；

2．装修组成分为：门窗、外抹灰、内抹灰、顶棚和细木装修五项；

3．设备组成分为：水卫、电照、暖气及特种设备(如消防栓、避雷装置等)四项。

对有些组成部分中尚不能包括的部分如烟囱、楼梯等，各地可自行取定归入某一个分项中。

（六）房屋完损等级的分类

根据各类房屋的结构、装修、设备三个组成部分的完好、损坏程度，分成以下 5 类：

1．完好房，是指房屋的结构构件完好，装修和设备完好、齐全完整，管道畅通，使用正常；或虽个别分项有轻微损坏，但一般经过小修就能修复的。

2．基本完好房，是指房屋结构基本完好，少量构部件有轻微损坏，装修基本完好，油漆缺乏保养，设备、管道现状基本良好，经过一般性的维修能修复的。

3．一般损坏房，是指房屋结构一般性损坏，部分构件有损坏或变形，屋面局部漏雨，装修局部有破损；油漆老化，设备管道不够畅通，水卫、电照管线、器具和零件有部分老化、损坏或残缺，需要进行中修或局部大修更换零件。

4．严重损坏房，是指房屋年久失修，结构有明显变形或损坏，屋面严重漏雨，装修严重变形、破损，油漆老化见底，设备陈旧不齐全，管道严重堵塞，水卫、电照的管线、器具和零件残缺及严重损坏，需要进行大修或翻修、改建。

5．危险房，根据部颁《危险房屋鉴定标准》的规定，是指承重的主要结构严重损坏，影响正常使用，不能确保住用安全的房屋。

（七）计量单位和房屋完好率、危房率的计算

1．计算房屋完损等级，一律以建筑面积(m^2)为计算单位，评定时以幢为评定单位。

2．房屋完好率的计算。房屋完好率是房产管理和经营单位的一个重要技术经济指标之一，完好房屋的建筑面积加上基本完好房屋建筑面积之和，占总的房屋建筑面积的百分比即为房屋完好率。

房屋经过大、中修竣工验收后，应重新评定调整房屋完好率(但是零星小修后的房屋不能调整房屋完好率)。新接管的新建房屋和原有房屋，同样应按本标准评定完好率。

3．危房率的计算。危房率是指危险房屋的建筑面积占总的房屋建筑面积的百分比。

二、房屋的各类完损标准

房屋的各类完损标准是指房屋的结构、装修、设备等各组成部分的各项目完好或损坏程度的标准。房屋各组成部分的各项目的完损程度是评定房屋完损等级的基础。评定各分项完损程度的确切与否，就会影响到房屋完损等级的正确评定。房屋完损等级是标志着房屋的质量，所以要认真细致地进行各分项完损程度的评定。

由于房屋设计、施工的质量不一，维护和修缮程度不同及住户使用、爱护不同等原因，致使房屋的结构、装修、设备等各项完损程度不一，在评定时必须分别逐项对照完损标准进行

评定。

（一）完好标准

1．结构部分

（1）地基基础：有足够承载能力，无超过允许范围的不均匀沉降。

（2）承重构件：梁、柱、墙、板、屋架平直牢固，无倾斜变形、裂缝、松动、腐朽、蛀蚀。

（3）非承重墙：

1）预制墙板节点安装牢固，拼缝处不渗漏；

2）砖墙平直完好，无风化破损；

3）石墙无风化弓凹；

（4）屋面：不渗漏，基层平整完好，积尘甚少，排水畅通。

1）平屋面防水层、隔热层、保温层完好；

2）平瓦屋面瓦片搭接紧密、无缺角、瓦出线完好；

3）青瓦屋面瓦垄顺直，搭接均匀，瓦头整齐，无碎瓦，节筒俯瓦灰埂牢固；

4）铁皮屋面安装牢固，铁皮完好，无锈蚀；

5）石灰炉渣、青灰屋面光滑平整，油毡屋面牢固无破洞。

（5）楼地面：

1）整体面层平整完好，无空鼓、裂缝、起砂；

2）木楼地面平整坚固，无腐朽、下沉，无较多磨损和稀缝；

3）砖、混凝土块料面层平整，无碎裂；

4）灰土地面平整完好。

2．装修部分

（1）门窗：完整无损，开关灵活，玻璃、五金齐全，纱窗完整，油漆完好。

（2）外抹灰：完整牢固，无空鼓、剥落、破损和裂缝（风裂除外），勾缝砂浆密实；

（3）内抹灰：完整、牢固，无破损、空鼓和裂缝（风裂除外）；

（4）顶棚：完整牢固，无破损、变形、腐朽和下垂脱落，油漆完好。

（5）细木装修：完整牢固，油漆完好。

3．设备部分

（1）水卫：上下水管道畅通，各种卫生器具完好，零件齐全无损。

（2）电照：电器设备、线路、各种照明装置完好牢固，绝缘良好。

（3）暖气：设备、管道、烟道畅通、完好，无堵、冒、漏，使用正常。

（二）基本完好标准

1．结构部分

（1）地基基础：有承载能力，稍有超过允许范围的不均匀沉降，但已稳定。

（2）承重构件：有少量损坏，基本牢固。

1）钢筋混凝土个别构件有轻微变形、细小裂缝，混凝土有轻度剥落、露筋；

2）钢屋架平直不变形，各节点焊接完好，表面稍有锈蚀，钢筋混凝土屋架无混凝土剥落，节点牢固完好，钢杆件表面稍有锈蚀；木屋架的各部件节点连接基本完好，稍有缝隙，铁件齐全，有少量生锈；

3）承重砖墙(柱)、砌块有少量细裂缝；

4）木构件稍有变形、裂缝、倾斜，个别节点和支撑稍有松动，铁件稍有锈蚀；

(3) 非承重墙：有少量损坏，但基本牢固。

1）预制墙板稍有裂缝、渗水，嵌缝不密实，间隔墙面层稍有破损；

2）外砖墙面稍有风化，砖墙体轻度裂缝，勒脚有侵蚀；

3）石墙稍有裂缝、弓凸；

(4) 屋面：局部渗漏，积尘较多，排水基本畅通。

1）平屋面隔热层、保温层稍有损坏，卷材防水层稍有空鼓、翘边和封口不严，刚性防水层稍有龟裂，块体防水层稍有脱壳；

2）平瓦屋面少量瓦片裂碎、缺角、风化、瓦稍有出现裂缝；

青瓦屋面瓦垄少量不直，少量瓦片破碎，节筒俯瓦有松动，灰埂有裂缝，屋脊抹灰有裂缝；

3）铁皮屋面少量咬口或嵌缝不严实，部分铁皮生锈，油漆脱皮；

4）石灰炉渣、青灰屋面稍有裂缝，油毡屋面少量破洞。

(5) 楼地面：

1）整体面层稍有裂缝、空鼓、起砂；

2）木楼地面稍有磨损和稀缝，轻度颤动；

3）砖、混凝土块料面层磨损起砂，稍有裂缝、空鼓；

4）灰土地面有磨损、裂缝。

2．装修部分

(1) 门窗：少量变形、开关不灵，玻璃、五金、纱窗少量残缺，油漆失光。

(2) 外抹灰：稍有空鼓、裂缝、风化、剥落，勾缝砂浆少量酥松脱落。

(3) 内抹灰：稍有空鼓、裂缝、剥落。

(4) 顶棚：无明显变形、下垂，抹灰层稍有裂缝，面层稍有脱钉、翘角、松动，压条有脱落。

(5) 细木装修：稍有松动、残缺，油漆基本完好。

3．设备部分

(1) 水卫：上下水管道基本畅通，卫生器具基本完好，个别零件残缺损坏。

(2) 电照：电气设备、线路、照明装置基本完好，个别零件损坏。

(3) 暖气：设备、管道、烟道基本畅通，稍有锈蚀，个别零件损坏，基本能正常使用。

(4) 特种设备：现状基本良好，能正常使用。

(三) 一般损坏标准

1．结构部分

(1) 地基基础：局部承载能力不足，有超过允许范围的不均匀沉降，对上部结构稍有影响。

(2) 承重构件：有较多损坏，强度已有所减弱。

1）钢筋混凝土构件有局部变形、裂缝，混凝土剥落露筋锈蚀，变形、裂缝值稍超过设计规范的规定，混凝土剥落面积占全部面积的10%以内，露筋锈蚀；

2）钢屋架有轻微倾斜或变形，少数支撑部件损坏，锈蚀严重；钢筋混凝土屋架有剥落、

露筋,钢杆有锈蚀;木屋架有局部腐朽、蛀蚀,个别节点连接松动,木质有裂缝、变形、倾斜等损坏,铁件锈蚀;

3) 承重墙体(柱)、砌块有部分裂缝、倾斜、弓凸、风化、腐蚀和灰缝酥松等损坏;

4) 木构件局部有倾斜、下垂、侧向变形、腐朽、裂缝,少数节点松动、脱榫,铁件锈蚀;

(3) 非承重墙:有较多损坏,强度减弱。

1) 预制墙板的边、角有裂缝,拼缝处嵌缝料部分脱落、有渗水,间隔墙面层局部损坏;

2) 砖墙有裂缝、弓凸、倾斜、风化、腐蚀,灰缝有酥松,勒脚有部分侵蚀剥落;

3) 石墙部分开裂、弓凸、风化、砂浆酥松,个别石块脱落;

(4) 屋面:局部漏雨,木基层局部腐朽、变形、损坏,钢筋混凝土屋面板局部下滑,屋面高低不平,排水设施锈蚀、断裂。

1) 平屋面保温层、隔热层较多损坏,卷材防水层部分有空鼓、翘边和封口脱开,刚性防水层部分有裂缝、起壳,块体防水层部分有松动、风化、锈蚀;

2) 平瓦屋面部分瓦片有破碎、风化,瓦出现严重裂缝、起壳,脊瓦局部松动、破损;

3) 青瓦屋面部分瓦片风化、破碎、翘角,瓦垄不顺直,节筒俯瓦破碎残缺,灰埂部分脱落,屋脊抹灰有脱落,瓦片松动;

4) 铁皮屋面部分咬口或嵌缝不严实,铁皮严重锈烂;

5) 石灰炉渣、青灰屋面局部风化脱壳、剥落,油毡屋面有破洞。

(5) 楼地面:

1) 整体面层部分裂缝、空鼓、剥落,严重起砂;

2) 木楼地面部分有磨损、蛀蚀、翘裂、松动、稀缝,局部变形下沉,有颤动;

3) 砖、混凝土块料面层磨损,部分破损、裂缝、脱落,高低不平;

4) 灰土地面坑洼不平。

2.装修部分

(1) 门窗:木门窗部分翘裂,榫头松动,木质腐朽,开关不灵;钢门窗部分膨胀变形、锈蚀,玻璃、五金、纱窗部分残缺;油漆老化翘皮、剥落。

(2) 外抹灰:部分有空鼓、裂缝、风化、剥落,勾缝砂浆部分酥松脱落。

(3) 内抹灰:部分空鼓、裂缝、剥落。

(4) 顶棚:有明显变形、下垂,抹灰层局部有裂缝,面层局部有脱钉、翘角、松动,部分压条脱落。

(5) 细木装修:木质部分腐朽、蛀蚀、破裂,油漆老化。

3.设备部分

(1) 水卫:上、下水道不够畅通,管道有积垢、锈蚀,个别有滴、漏、冒,卫生器具零件部分损坏、残缺。

(2) 电照:设备陈旧,电线部分老化,绝缘性能差,少量照明装置有损坏、残缺。

(3) 暖气:部分设备、管道锈蚀严重,零件损坏,有滴、冒、跑现象,供气不正常。

(4) 特种设备:不能正常使用。

(四) 严重损坏标准

1.结构部分

（1）地基基础：承载能力不足，有明显不均匀沉降或明显滑动、压碎、折断、冻酥、腐蚀等损坏，并且仍在继续发展，对上部结构有明显影响。

（2）承重构件：明显损坏，强度不足。

1）钢筋混凝土构件有明显下垂变形、裂缝，混凝土剥落和露筋锈蚀严重，下垂变形，裂缝值超过设计规范的规定，混凝土剥落面积占全面积的10%以上；

2）钢屋架明显倾斜或变形，部分支撑弯曲松脱，锈蚀严重；钢筋混凝土屋架有倾斜，混凝土严重腐蚀剥落，露筋锈蚀，部分支撑损坏，连接件不齐全，钢杆锈蚀严重；木屋架端节点腐朽、蛀蚀，节点连接松动，夹板有裂缝，屋架有明显下垂或倾斜，铁件严重锈蚀，支撑松动；

3）承重墙体(柱)砌块强度和稳定性严重不足，有严重裂缝、倾斜、弓凸、风化、腐蚀和灰缝严重酥松损坏；

4）木构件严重倾斜、下垂、侧向变形、腐朽、蛀蚀、裂缝，木质脆枯，节点松动，榫头折断拔出、榫眼压裂，铁件严重锈蚀和部分残缺；

（3）非承重墙：有严重损坏，强度不足。

1）预制墙板严重裂缝、变形，节点锈蚀，拼缝嵌料脱落、严重漏水，间隔墙立筋松动、断裂，面层严重破损；

2）砖墙有严重裂缝、弓凸、倾斜、风化、腐蚀，灰缝酥松；

3）石墙严重开裂、下沉、弓凸、断裂，砂浆酥松，石块脱落；

（4）屋面：严重漏雨。木基层腐烂、蛀蚀、变形损坏，屋面高低不平，排水设施严重锈蚀、断裂、残缺不全。

1）平屋面保温层、隔热层严重损坏，卷材防水层普遍老化、断裂、翘边和封口脱开，沥青流淌，刚性防水层严重开裂、起壳、脱落，块体防水层严重松动、腐蚀、破损；

2）平瓦屋面瓦片零乱不落槽，严重破碎、风化、瓦出线破损、脱落，脊瓦严重松动破损；

3）青瓦屋面瓦片零乱、风化、碎瓦多，瓦垄不直、脱脚，节筒俯瓦严重脱落残缺，灰埂脱落，屋脊严重损坏；

4）铁皮屋面严重锈烂，变形下垂；

5）石灰炉渣、青灰屋面大部冻鼓、裂缝、脱壳、剥落、油毡屋面严重老化，大部损坏。

（5）楼地面：

1）整体面层严重起砂、剥落、裂缝、沉陷、空鼓；

2）木楼地面有严重磨损、蛀蚀、翘裂、松动、稀缝、变形下沉、颤动；

3）砖、混凝土块料面层严重脱落、下沉、高低不平、破碎残缺不全；

4）灰土地面严重坑洼不平。

2．装修部分

（1）门窗：木质腐朽，开关普遍不灵，榫头松动、翘裂，钢门、窗严重变形锈蚀，玻璃、五金、纱窗残缺，油漆剥落见底。

（2）外抹灰：严重空鼓、裂缝、剥落，墙面渗水，勾缝砂浆严重酥松脱落。

（3）内抹灰：严重空鼓、裂缝、剥落。

（4）顶棚：严重变形下垂，木筋弯曲翘裂、腐朽、蛀蚀，面层严重破损，压条脱落，油漆见底。

（5）细木装修：木质腐朽、蛀蚀、破裂，油漆老化见底。

3. 设备部分

(1) 水卫:上、下水道严重堵塞、锈蚀、漏水;卫生器具零件严重损坏、残缺。

(2) 电照:设备陈旧残缺,电线普遍老化、零乱,照明装置残缺不齐,绝缘不符合安全用电要求。

(3) 暖气:设备、管道锈蚀严重,零件损坏、残缺不齐,跑、冒、滴现象严重,基本上已无法使用。

(4) 特种设备:严重损坏,已无法使用。

(五) 评定完损标准注意的事项

在评定分项完损程度时要注意以下四点:

1. 在评定时遇到断面明显不足的构件,应经过复核或测试才能确定完损或危险程度。

2. 在评定分项完损程度时,遇到一个分项内有几种损坏内容,以严重的某一内容为准来评定该项的完损程度。

3. 在评定分项完损程度时除结构组成部分的各项外,其余组成部分的各项可以数量最多的部件的完损程度为准来评定该项的完损程度。

4. 对于房屋组成部分中未列入的分项,如阳台、楼梯、烟囱、壁橱等,在评定完损程度时,要分别列入房屋的组成部分中去评定。至于并入哪个分项,各地可自己确定,如烟囱可归入屋面等。

三、房屋损坏过程的一般规律

(一) 房屋损坏变化发展的条件和因素

造成房屋的损坏以及损坏的变化发展,原因是多方面的。

1. 自然损坏

房屋长期暴露在自然界大气中,受到日晒雨淋、风雪侵袭、干湿冷热等气候变化的影响,使构、部件,装修,设备受侵蚀。例如木材的腐烂枯朽,砖瓦的风化,铁件的锈烂,混凝土的碳化,钢筋混凝土保护层的剥落,塑料的老化等等,尤其是房屋的外露部分更易损坏。

自然损坏的程度与房屋所处的自然环境如雨量、风向、空气成分、湿度、温度和温差等的不同而有差异。同一构造的房屋建在不同地区,甚至同一幢房屋的不同朝向,损坏程度也会有差别。例如空气湿度大、酸雨、烟尘和腐蚀性气体较多的地区,房屋的风化和腐蚀情况就较为突出。

台风、冰雹、洪水、雷击、地震对房屋造成的损坏、破坏,也属于自然损坏的范畴,不过这些自然损坏往往是难以抗御,或者抗御时要付出很大的代价,所以它们是特殊的自然损坏。

2. 人为损坏

人为损坏分为两种情况。一是房屋住用者造成的人为损坏,主要表现在:(1)不合理的局部拆改、加建,在改变房屋的原结构时不采取相应的合理技术措施。(2)不适当地改变房屋用途,使房屋的原构、部件遭受破坏而又不采取措施。(3)住用上爱护不够,使用不当而致房屋受损等。二是外来的人为损坏,主要表现在:(1)邻房建设的打桩或地基基础处理不当,给房屋带来损害。(2)市政等工程挖土方波及房屋受损坏。(3)外单位在房屋上悬挂招牌、电缆等造成房屋的损坏。

3. 设计和施工质量低劣

房屋在建造或修缮时,由于设计不当、施工质量差、或用料不符合要求等,影响了房屋的正常使用,使房屋提前损坏。例如:屋顶的坡度不符合要求,下雨时排水不畅,造成积水渗漏;砖砌体砌筑质量低劣,影响砌体承重能力而损坏变形;木构件选用木材质量差,或制作、安装不合格,安装使用后不久就变形、断裂、腐朽等;阳台、走廊、雨篷等因钢筋位置不准确,致使板面断裂。

4.预防维护不善

没有贯彻"以防为主"的原则,以致过早出现损坏,损坏后又没有及时控制和处理好。如铁件的锈蚀没有及时除锈油漆,门窗铰链螺丝松动没有及时拧紧,木材出现蚁患没有及时防治,粉刷脱层没有及时修补,屋顶、楼面漏水不及时治漏等等。应该注意,当环境条件不利时,钢构件表面一年内可发生 0.1~0.2mm 深的锈蚀,所以,不注意保养,不防微杜渐,可以酿成大患。

所有这些,在进行房屋检查和分析鉴定时,必须加以注意。

(二)房屋损坏变化发展的一般规律

房屋和其他物质一样,在使用过程中经历着由新变旧,由好变损,损坏由小变大,由损变危,直至拆除报废等阶段。正因为由于这个变化规律,因而就有与之相适应的维护、小修、中修、大修、综合维修、翻修等相应修缮措施,以预防、延迟损坏的到来。只有经常保持房屋处于完好状态,才能保障使用者的正常住用和安全,也只有这样,才能尽量延长房屋的寿命,充分发挥已有房屋的作用。

房屋损坏的变化发展,因结构类型、所用材料和损坏的原因等不同而有不同表现。如砌体结构房屋的砌体裂缝,属于温度应力引起的,其变化发展一般比较缓慢;属于较严重的地基不均匀沉陷引起的,往往变化发展就较快。又如砖木结构房屋,水湿对房屋的损坏,木料部分比砌体部分损坏变化发展快得多,称为"无牙老虎"的白蚁,对木材的蛀蚀损坏,其快速、严重的程度往往是惊人的,在温度、湿度、环境适宜白蚁生长的情况下,新造不久的木装修、木构件在很短的时间里会被白蚁蛀蚀一空,严重者导致房屋的倒塌。

因此,认识、掌握房屋损坏变化发展的原因、条件和一般规律,对检查鉴定、维护、修缮房屋是十分重要的,应当把它弄通、学好、用好。

四、房屋完损等级评定方法

(一)根据不同情况评定房屋的完损等级

1.房屋的结构、装修、设备组成部分各项完损程度符合同一完损标准。则该房屋的完损等级就是分项所评定的完损程度。

例如,某幢钢筋混凝土结构房屋的结构、装修、设备等组成部分各项完损程度均符合完好标准,则该房屋完损等级评为"完好房屋"。

2.房屋的结构部分各分项完损程度符合同一个标准,在装修、设备部分中有一、二项完损程度下降一个等级完损标准,其余各分项仍和结构部分符合同一完损标准,则该房屋的完损等级按结构部分的完损程度来确定。

例如,某幢混合结构房屋的结构部分各项完损程度均符合完好标准,装修部分中的门窗和设备部分中的水卫分项(或其它二项)完损程度符合基本完好标准,其余各项均符合完好标准,则该房屋的完损等级应评为"完好房屋"。

3．房屋结构部分中非承重墙或楼地面分项完损程度可降一个等级完损标准,在装修或设备部分中有一项完损程度可下降一个等级完损标准,其余三个组成部分的各项都符合上一个等级以上的完损标准,则该房的完损等级可按上一个等级的完损程度确定。

例如,某幢砖木结构房屋其结构部分中的非承重墙(或楼地面)和装修部分中的门窗(或设备部分中的一项)分项完损程度符合一般损坏标准,其余各分项的完损程度均符合基本完好标准,则该房屋完损等级应评为基本完好房屋。

4．房屋结构部分中地基基础、承重构件、屋面等项的完损程度符合同一个完损标准,其余各分项中完损程度都高出一个等级完损标准,则该房屋完损等级仍按地基基础、承重构件、屋面等项的完损程度评定。

例如,某幢砖木结构房屋的地基基础、承重结构构件、屋面等项完损程度符合严重损坏标准,其余各分项完损程度均符合一般损坏标准,则该房屋完损等级应评为严重损坏房屋。

(二) 评定房屋完损等级注意事项

在评定房屋完损等级时应注意以下 6 点:

1．评定房屋完损等级是根据房屋的结构、装修、设备等组成部分的各项完损程度,对整幢房屋的完损程度进行综合评定。

2．在评定房屋完损等级时,要以房屋的实际完损程度为依据,严格按部颁《房屋完损等级评定标准》中规定的要求进行,不能以建筑年代来代替划分评定,也不能以房屋的原设计标准的高低来代替评定房屋完损等级。

3．评定房屋完损等级时特别要认真对待结构部分完损程度的评定。这是因为其中地基基础、承重构件、屋面等项的完损程度,是决定该房屋的完损等级的主要条件。若地基基础、承重构件、屋面等三项的完损程度不在同一个完损标准时,则以最低的完损标准来决定。

4．完好房屋结构部分中各项一定都要达到完好标准,这样做才能保证完好房屋的质量。

5．在遇到对重要房屋评定完损等级时,必要时应对地基基础、承重构件进行复核或测试后,才能确定其完损程度。

6．危险房屋的标准与评定方法另按《危险房屋鉴定标准》进行。

五、房屋完损等级评定的程序

房屋完损等级评定的一般程序,首先按《房屋完损等级评定标准》所定的项目和内容,对房屋现场查勘观测,所取得的房屋结构、装修、设备部分的各个项目完损情况的资料进行整理分析;再根据整理后的各项完损程度,逐一按该《标准》中房屋的完好、基本完好、一般损坏、严重损坏的标准"对号入座";然后按照《房屋完损等级评定标准》中的"房屋完损等级评定方法"所列举的完好房、基本完好房、一般损坏房、严重损坏房的条件,把检查观测的房屋对照评议,以确定应归属那一类完损等级房屋。

"房屋完损等级评定方法参考表"(表1-2),是把《房屋完损等级评定标准》中评定方法提出的各等级房屋的完损要求和条件,以符号表示,并分项一一列出。从表上清楚地看出,可评定完好房的有 6 种情况,可评定为基本完好房的有 8 种情况,可评定为一般损坏房的有

分类	各部门	结构		装修		设备		备注
完好房	1	○		○		○		符号说明
	2	○		○	☆	○		○ 完好
	3	○		○		○	☆	☆ 基本完好
	4	○		○	☆	○	☆	△ 一般损坏
	5	○		○	☆	○		◇ 严重损坏
	6	○		○		○	☆	
基本完好房	7	☆		☆		☆		1 有一项
	8	☆		☆	△	☆		2 有二项
	9	☆		☆		☆	△	J 基础
	10	☆		☆	△	☆	△	C 承重构件
	11	☆		☆	△	☆		W 屋面
	12	☆		☆		☆	△	少 有少数项目
	13	☆	△	☆	△	☆		
	14	☆	△	☆		☆	△	
一般损坏房	15	△		△		△		
	16	△		△	◇	△		
	17	△		△		△	◇	
	18	△		△	◇	△	◇	
	19	△		△	◇	△		
	20	△		△		△	◇	
	21	△	◇	△		△		
	22	△	◇	△		△	◇	
严重损坏房	23	◇		◇		◇		
	24	◇	△	◇	△	◇	△	

8种情况,可评定为严重损坏房的有2种情况。如把房屋查勘分析结果与参考表对照,属于表中24项中某一项的,就按那一项所在的等级定为××房。例如,现场查勘一幢房屋,其结构部分的基础、承重构件、屋面各项的完损程度符合一般损坏标准,结构部分的楼地面有一项符合严重损坏的标准,另装修部分有一项符合严重损坏的标准,其余各项符合一般损坏以上的标准。对照参考表,其情况属于表中第21项的类型。按照规定,该房屋评定为一般损坏房。

　　如房屋查勘分析其损坏项目的情况、数量与参考表相应项对照不尽相同,当损坏项目数量少于相应项者向上靠;多于相应项者向下靠。如上述的例子,假如装修部分损坏项目增加为有两项符合严重损坏的标准时,该房屋就不能评为一般损坏房,而应评定为严重损坏房。

　　房屋完损等级的评定可分定期和不定期两类。定期的评定一般每隔1~3年(或按各地规定)进行一次,对所管的房屋全面进行完损等级的评定,详细掌握房屋完损情况。不定期进行房屋完损等级的评定一般有以下三种情况:

　　1. 根据气候特征如雨季、台风等,着重对危险房屋、严重损坏房屋和一般损坏房屋进行检查,复评其完损等级。

　　2. 房屋经过中修、大修、翻修竣工验收以后,重新进行复评其完损等级。

　　3. 接管新建的或原有的房屋,均要评定完损等级。

　　在进行房屋完损等级评定时,要做好有关的资料工作,填好房屋分幢完损等级评定表(表1-3),房屋分幢完损等级评定工作结束后,经复核抽查无误,符合质量要求后,方可进行房屋完损等级统计汇总工作。房屋完损等级统计汇总表(表1-4)是建筑面积和各类房屋结构完损等级的汇总,从此表可反映房屋各类结构的完损等级情况。

房屋分幢完损等级评定表　　　　　　　　表 1-3

坐落　　　　　　　　　　街道　　　　号
　　　　　　　　　　　　镇　　　　　　　　　　　　　　编号:

房屋情况	完损标准分类	结　构　部　分				装　修　部　分					设　备　部　分			评定等级
		地基基础	承重构件	非承重墙	屋面	楼地面	门窗	外抹灰	内抹灰	顶棚	细木装修	水卫	电照明	暖气	特种设备	
幢　　号	完　　好														
产　　别	基本完好														
结构类别	一般损坏														
建筑面积	严重损坏														
现在用途	危　　险														
附 记															

×××年房屋完损等级统计汇总表

表 1-4

用途与结构情况		全部房屋合计		危 险 房						损 坏 房						完 好 房				
		幢	建筑面积(m²)	小 计			全危		局危	小 计			严重损坏房		一般损坏房	小 计			基本完好房		完好房
				幢	建筑面积	面积占%	幢	建筑面积	幢 建筑面积	幢	建筑面积	面积占%	幢	建筑面积	幢 建筑面积	幢	建筑面积	面积占%	幢	建筑面积	幢 建筑面积
按用途分	合计																				
	住宅用房																				
	非住宅用房																				
按结构分	合计																				
	钢筋混凝土																				
	混合结构																				
	砖木结构																				
	其它结构																				

第四节 危险房屋的鉴定

危险房是严重损坏房的发展,它不但主要部分严重损坏,影响正常使用,而且主要结构构件已严重损坏到不能确保住用安全的程度。它虽然属于房屋完损等级中的一个等级,也需要进行评定和鉴定,但由于《房屋完损等级评定标准》中不把它的具体内容列入,国家建设部另行制定了一个更有针对性的《危险房屋鉴定标准》,因此有必要对危险房屋作专门的研究。

一、危险房屋鉴定的概念

（一）对房屋结构的基本要求

为了保证房屋的正常使用,要求结构及构件必须安全、坚固、耐用,具体是:

1. 满足强度要求。建筑结构的任务是要承担房屋所受的各种荷载并安全传递到地基上,保持房屋的空间形状,不致因变形过大而倒塌。

2. 满足刚度要求。刚度是结构构件在受到外荷载时抵抗变形的能力,其大小与结构形式、几何尺寸、结构材料有关。刚度越大,结构构件的变形越小。

3. 满足稳定性要求。对于屋架、基础、柱等重要的受压构件特别要注意其稳定,一旦失稳,会导致房屋倒塌的严重后果。

4. 满足耐久性要求。对结构构件的寿命,总是希望越长越好。如钢筋混凝土受弯构件,其受拉区的裂缝宽度不宜过大,避免钢筋因此而锈蚀。

（二）危险房屋的定义

危险房屋(简称危房)是指承重构件已属危险构件,结构丧失稳定和承载能力,随时有倒塌可能,不能确保住用安全的房屋。

当房屋承重构件已老化、承载能力降低、变形增大,或墙柱倾斜,基础下沉并在继续发展,这些危险迹象如不能保障住用安全的,均属危险房屋。

承重构件主要是指基础、墙柱、梁板、屋盖等基本结构构件,这些构件的破损能直接影响房屋倒塌。

（三）危险房屋的形成

危房结构事故的发生,均由一系列综合原因所致。形成危房原因很多,可归纳为以下四个方面:

1. 设计考虑不周。结构不合理,计算有错误,造成承重构件强度降低,结构变形,构件断裂,或因地基基础承载力严重不足而形成危房。

2. 施工质量差。违反施工程序,图进度、抢时间,或长期缺乏维修管理,材料老化、超期使用等,容易形成危房。

3. 住户随意改变使用功能。或乱堆重物、超载使用,或任意加层而形成危房。

4. 自然灾害影响,或因酸碱气体等腐蚀、高温高湿,或白蚁蛀蚀严重,造成对木结构的破坏等而形成危房。

（四）危险房屋的划分

危房分整幢危房和局部危房:整幢危房是指随时有整幢倒塌可能的房屋,此时房屋大部分均有不同程度的破坏,不能确保住用安全,房屋已无维修价值。局部危房是指随时有局部倒塌可能的房屋,此时房屋大部分结构尚好,只是局部结构出现了险情,对整幢房屋无太大影响,只要排除局部危险就可继续安全使用。还有一种情况,单个承重构件、或围护构件、或房屋设备处于危险状态,但对整幢房屋不构成直接威胁的称为危险点。

（五）危险房屋的检测

目前的检测方法有:

1. 直观检查。旧房鉴定一般由直观检查入手,如对砌体结构的裂缝变形,木结构的弯曲、腐烂、白蚁虫蛀等危害程度观察判断。

2. 仪器检查。采用回弹仪、经纬仪、水平仪等。

3. 计算检查。如复核荷载,验算墙、柱的高厚比,对梁、板进行受力分析等,隐蔽工程要查阅原始资料和记录。

4. 重复检查。房屋的不均匀沉陷引起墙体开裂,应设沉降观测点,作多次重复观测,掌握裂缝发展速度、沉陷的变化以及沉降是否终止。

例题 1-1 某房屋位于一个开发小区内,由八幢七层楼房组成,房屋建成投入使用 2年后,逐渐出现墙体裂、楼房倾斜的现象,对居民的使用造成较大的影响。

查勘与检测:

1. 查对施工资料发现,楼房桩的施工质量记录有问题。打完桩后当时抽查验桩,用静载方法试验九根,就有 3 根承载力达不到设计要求,属不合格桩;再用水电效应法试验 4 根,又有 1 根不合格,这表明桩的质量是差的;对此,设计人员仅作了扩大桩承台的补救措施,就继续上部工程的施工,这样的处理,就使这些楼房留下了事故的根子。

2. 对问题最严重的一幢楼的基础进行现场开挖,发现桩承台处于严重的受弯受剪状态,承台底筋已被拉断,底部出现裂缝,最宽处达 80mm,楼房处于十分危险的状态。

3. 了解设计资料,但设计单位提供不出有关的计算数据。因此,只有按现楼的荷载作一次核算,确定桩承台所能承受的弯矩、剪力和竖向力。计算结果与承台现状比较,承台设计抗弯值只达到实际受荷的 30%,抗剪能力接近一半不合格。

分析判定楼房出现问题的原因是:(1)桩基础施工质量差;(2)对不合格桩的处理方法不当;(3)桩和承台设计有严重失误。

（六）危险房屋鉴定标准适用范围

《标准》适用于房地产管理部门经营管理的房屋。对单位自有和私有房屋的鉴定,可参考《标准》,它不适用于工业建筑、大型公共建筑、高层建筑及文物保护建筑。

二、危险构件鉴定标准

危险构件是指构件已经达到其承载能力的极限状态,并出现不适于继续承载的变形。

（一）危险构件的计量单位

1. 基础。独立柱基以一根柱的单个基础为单位;条形基础以一个自然间的单面长度为单位;满堂红基础以一个自然间的面积为单位。

2. 墙以一层高、一个自然间的一面为单位。

3. 柱以一层高、一根为单位。

4. 梁、檩条等以一个跨度、一根为单位。

5．预制板以块、捣制板以一个自然间的面积为单位。

6．屋架以一榀为单位。

（二）构件危险的标准

1．地基、基础

（1）地基因滑移，因承载力严重不足，或因其他特殊地质原因，导致不均匀沉降，引起结构明显倾斜、位移、裂缝、扭曲等，并有继续发展的趋势。

（2）地基因毗邻建筑增大荷载，因自身局部加层增大荷载，或因其他人为因素，导致不均匀沉降，引起结构明显倾斜、位移、裂缝、扭曲等，并有继续发展的趋势。

（3）基础老化、腐蚀、酥碎、折断，导致结构明显倾斜、位移、裂缝、扭曲等。

2．钢筋混凝土结构构件

（1）柱、墙。柱产生裂缝，保护层部分剥落，主筋外露；柱的一侧产生明显的水平裂缝，另一侧混凝土被压碎，主筋外露；或产生明显的交叉裂缝。墙中间部位产生明显的交叉裂缝，并伴有保护层剥落。柱、墙产生倾斜，其倾斜量超过高度的 1/100。柱、墙混凝土酥裂、碳化、起鼓，其破坏面超过全面积的 1/3，且主筋外露，锈蚀严重，截面减少。

（2）梁、板。在单梁、连续梁跨中部位，底面产生横断裂缝，其一侧向上延伸达梁高的 2/3 以上；或其上面产生多条明显的水平裂缝，上边缘保护层剥落下面伴有竖向裂缝。连续梁在支座附近产生明显的竖向裂缝；或在支座与集中荷载部位之间产生明显的水平裂缝或斜裂缝。框架梁在固定端产生明显的竖向裂缝或斜裂缝，或产生交叉裂缝。简支梁、连续梁端部产生明显的斜裂缝，挑梁根部产生明显的竖向裂缝或斜裂缝。捣制板上面周边产生裂缝，或下面产生交叉裂缝。预制板下面产生明显的竖向裂缝。各种梁、板产生超过跨度 1/150 的挠度，且受拉区的裂缝宽度大于 1mm。各类板保护层剥落，半数以上主筋外露，严重锈蚀，截面减少。预应力预制板产生竖向通裂缝；或端头混凝土松散露筋，其长度达主筋的 $100d$ 以上的。

（3）屋架。产生超过跨度 1/150 的挠度，且下弦产生缝宽大于 1mm 竖向裂缝。支撑系统失效导致倾斜，其倾斜量超过屋架高度的 2/100。保护层剥落，主筋多处外露、锈蚀。端节点连接松动，且有明显裂缝。

3．砌体结构构件

（1）墙。墙体产生缝长超过层高的 1/2、缝宽大于 2cm 的竖向裂缝，或产生缝长超过层高 1/3 的多条竖向裂缝。梁支座下的墙体产生明显的竖向裂缝。门窗洞口或窗间墙产生明显的交叉裂缝或竖向裂缝或水平裂缝。产生倾斜；其倾斜量超过层高的 1.5/100（三层以上，超过总高的 0.7/100）。相邻墙体连接处断裂成通缝。风化，剥落，砂浆粉化，导致墙面及有效截面削弱达 1/4 以上（平房达 1/3 以上）。

（2）柱。柱身产生水平裂缝，或产生竖向贯通裂缝，其缝长超过柱高的 1/2。梁支座下面的柱体产生多条竖向裂缝。产生倾斜，其倾斜量超过层高的 1.2/100（三层以上，超过总高的 0.5/100）。风化，剥落，砂浆粉化，导致有效截面削弱 1/5 以上（平房达 1/4 以上）。

（3）过梁、拱。过梁中部产生明显的竖向裂缝；端部产生明显的斜裂缝；支承过梁的墙产生水平裂缝；或产生明显的弯曲、下沉变形。筒拱、扁壳、波形筒拱，拱顶母线产生裂缝；拱曲面明显变形；拱脚明显位移；拱体拉杆松动，或锈蚀严重，截面减少。

4．木结构构件

（1）柱。柱顶撕裂，榫眼劈裂，柱身断裂。因腐朽变质，使有效截面减少，柱脚达1/2以上，柱的其他部位达1/4以上。蛀蚀严重，敲击有空鼓声。明显弯曲，曲背产生水平裂缝。

（2）梁、搁栅、檩条。中部断裂，产生明显的斜裂缝，或产生水平裂缝，其长度与深度分别超过构件跨度与构件高度的1/3。梁产生超过跨度1/120的挠度，搁栅、檩条产生超过跨度1/100的挠度。因腐朽变质，使有效截面减少达1/5以上。蛀蚀严重，敲击有空鼓声。榫头断裂、支座松脱。

（3）屋架。支撑系统松动失稳，过度变形，导致倾斜，其倾斜量超过屋架高度的4/100。上、下弦杆断裂，产生明显的斜裂缝，或产生明显的弯曲变形。上、下弦杆因腐朽变质，使有效截面减少达1/5以上。蛀蚀严重，敲击有空鼓声。主要节点，或上、下弦杆连接失效。钢拉杆松脱，或严重锈蚀，截面减少达1/4以上。

5．其他结构构件

（1）土墙。墙体产生倾斜，其倾斜量超过层高的1.6/100。墙体风化、硝化深度达墙厚的1/4以上；或有墙脚长度的1/4，其受潮深度达墙厚。产生两条以上的竖向裂缝，其缝深达墙厚、缝长超过层高的2/3。

（2）混合墙、乱石墙。墙体产生倾斜，其倾斜量超过层高的1.2/100。墙体连接处产生竖向裂缝，其深度达墙厚、缝长超过层高的1/2；或墙体产生多条竖向裂缝，其缝深达墙厚、缝长超过层高的1/2。

三、危险房屋鉴定标准

危房以幢为鉴定单位，以建筑面积平方米为计量单位。整幢危房以整幢房屋的建筑面积平方米计数。局部危房以危及倒塌部分房屋的建筑面积平方米计数。

（一）房屋危险的判断

危房鉴定应以地基基础、结构构件的危险鉴定为基础，结合历史状态和发展趋势，全面分析，综合判断。在地基基础或结构构件发生危险的判断上，应考虑构件的危险是孤立的还是关联的。若构件的危险是孤立的，则不构成结构的危险；若构件的危险是相关的则应联系结构判定危险范围。在历史状态和发展趋势上，应考虑下列因素对地基基础、结构构件构成危险的影响。

1．结构老化的程度；

2．周围环境的影响；

3．设计安全度的取值；

4．有损结构的人为因素；

5．危险的发展趋势。

（二）危险范围的判定

1．整幢危房。因地基基础产生的危险，可能危及主体结构导致整幢房屋倒塌的。因墙、柱、梁、混凝土板或框架产生的危险，可能构成结构破坏，导致整幢房屋倒塌的。因屋架、檩条产生的危险，可能导致整个屋盖倒塌并危及整幢房屋的。因筒拱、扁壳、波形筒拱产生的危险，可能导致整个拱体倒塌并危及整幢房屋的。

2．局部危房。因地基、基础产生的危险，可能危及部分房屋，导致局部倒塌的。因墙、柱、梁、混凝土板产生的危险，可能构成部分结构破坏，导致局部房屋倒塌的。因屋架、檩条产生的危险,可能导致部分屋盖倒塌,或整个屋盖倒塌但不危及整幢房屋的。因搁栅产生的危险,可能导致整间楼盖倒塌的。因悬挑构件产生的危险,可能导致梁、板倒塌的。因筒拱、扁壳、波形筒拱产生的危险,可能导致部分拱体倒塌但不危及整幢房屋的。

四、各类危房结构的检查重点

1. 地基基础重点检查其变形、稳定、地下水及排水条件等。

2. 钢筋混凝土结构检查重点是:梁支座附近,集中力作用点,跨中;柱与梁的联系处,柱脚,柱顶;板支座附近,跨中;屋架的弦杆,腹杆,节点;悬挑构件的根部;房屋支撑系统;装配式结构构件连接点。

3. 检查砌体结构时,要检查房屋墙柱的高厚比,墙体的整体性和稳定性,并重点检查以下部位的变形(倾斜、裂缝)情况:

(1) 房屋整体倾斜(测量倾斜的程度)。

(2) 房屋内外墙的连接处、房屋转角处和两端山墙。

(3) 承重墙、柱的变截面处。

(4) 砌体弓凸、倾斜、开裂处。

(5) 不同材料的结合处。

(6) 悬挑构件(楼梯、阳台、雨篷、挑梁)上部的砌体。

(7) 基础和墙脚的变形、风化剥落情况,基础顶面防潮、以及周围环境和排水情况。

4. 检查木结构要注意结构的变形和稳定性;受力构件的工作情况;木材的腐朽和虫蛀;木材质量的其他缺陷。重点检查以下部位:房屋的整体变形和稳定性;受压构件的倾斜、弯曲;受弯构件的挠度;受拉构件裂缝、节点连接的可靠性;支撑系统的可靠性;吊顶的下垂、开裂;构件受潮、腐朽、虫蛀、裂缝以及木节和斜纹。

5. 除了房屋结构部分,其他部位常见的危险内容需要重点检查的有:

(1) 屋面严重漏水。

(2) 屋面覆盖木材掀起;烟囱倾斜。

(3) 顶棚抹灰及其他外抹灰起壳、开裂(包括面砖、雨篷、阳台栏杆等)。

(4) 外墙面落水管损坏断裂,铁栏杆、遮阳架等铁件的锈烂松动。

(5) 门窗玻璃所嵌油灰脱落。

(6) 电线绝缘破损漏电。

五、危险房屋的安全措施

根据《城市危险房屋管理规定》,对被鉴定为危险房屋的,一般可分为以下四类进行处理:

1. 观察使用。适用于采取适当安全技术措施后,尚能短期使用,但需继续观察的房屋。

2. 处理使用。适用于采取适当技术措施后,可解除危险的房屋。

3. 停止使用。适用于已无修缮价值,暂时不便拆除,又不危及相邻建筑和影响他人安全的房屋。

4. 整体拆除。适用于整幢危险且已无修缮价值,需立即拆除的房屋。

对危房和危险点,必须采取有效措施,确保住用安全:

1．立即安排抢修。对房屋的个别构件损坏或构件局部损坏、危险点和危险范围很小的局部危房，因修缮工程量不大，一般不须搬迁住户，应立即安排抢修。有些危险构件是单独、孤立的，拆除后不致影响相邻部分的安全时，可以采取临时拆除的措施，留待以后修复；有些危险构件拆除后，仍可以保留房屋的一部分或大部分的使用，这叫局部淘汰拆除，也是经常使用的一种安全措施。

2．采取支撑和临时支撑。有些危险房屋构件的变形是由于超载引起的，可采取加设支撑和临时支撑保证住用安全，以及变更用途等措施，减轻房屋的荷载，缓解危险程度。

3．搬迁住户，安排修缮。当房屋损坏和危险范围较广，修缮工程量大，必须先搬迁住户，以保安全。

4．建立危险房屋监护。对危险房屋使用进行日常监护，随时掌握危险房屋险情的发展，防止危险房屋突然倒塌，确保住用安全。

对于危险房屋的鉴定，主要从保证安全的角度出发，来处理有关问题。它未包括房屋鉴定的全部内容。对一幢房屋的鉴定，除了确定其是否能安全使用外，还有适用性和耐久性评定等内容。适用性是指结构在正常使用条件下，满足预定使用要求的能力；评定时可根据功能要求、结构所处的工作环境，作出分级评定的具体标准，如结构满足正常使用必须控制的变形、裂缝等。耐久性是指结构在正常维护条件下，随时间变化而仍满足预定功能要求的能力；结构的目标耐久年限是根据建筑物的性质、等级确定的，但往往尚未到达耐久年限之前，由于种种原因而终止预定的功能；被鉴定的结构的耐久性状态往往已成事实，只能根据现有结构的耐久性性能及使用中的耐久性累积损伤信息反馈，确定其继续使用是否满足下一个目标使用年限，得出耐久性鉴定结果。

复习思考题

1．实行房屋鉴定的目的有哪些？
2．什么是房屋的完损等级，房屋完损等级是按照什么来评定的？
3．《房屋完损等级评定标准》规定房屋结构按什么来划分，分成哪几类结构？
4．试述房屋完损等级的评定方法，房屋完损等级的分类。
5．如何区别危险点和危险房屋？
6．危险房屋的检测方法有哪些？
7．危险房屋怎样鉴定？
8．对被鉴定为危险房屋的有哪些处理方法？

第二章　钢筋混凝土结构的维修

第一节　钢筋混凝土结构的一般知识

一、钢筋混凝土的一般知识

(一) 混凝土的概念

混凝土是由砂、碎石、水泥及水按适当比例配合,经拌匀、成型和硬化而制成的人造石材。

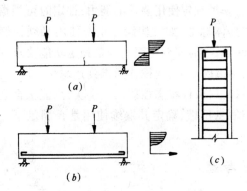

图 2-1　混凝土与钢筋混凝土

(*a*) 混凝土梁;(*b*) 钢筋混凝土梁;

(*c*) 钢筋混凝土柱

混凝土是脆性材料,它具有较高的抗压强度,但抗拉强度很低,约为抗压强度的 1/8～1/17。所以,由素混凝土制成的梁在不大的外力作用下,受拉区首先破坏,而受压区的潜力还很大。如果在构件的受拉区配上抗拉强度很高的钢筋,并使钢筋和混凝土形成整体,共同受力,构件所受的拉力由钢筋承担,所受的压力由混凝土承担,则可大大提高构件的整体强度。这种配有钢筋的混凝土,称为钢筋混凝土。如图 2-1 所示。

(二) 混凝土的强度

不同工程或用于不同部位,对混凝土的要求也不同。为此,需要把混凝土按强度(立方体试件抗压强度)大小分为不同的等级,以便结构设计时选用。混凝土强度等级分为 12 级:C7.5、C10、C15、C20、C25、C30、C35、C40、C45、C50、C55 和 C60。

C7.5～C15——用于垫层、基础、地坪及受力不大的构件;

C15～C25——用于梁、板、柱、楼梯、屋架等普通钢筋混凝土构件;

C20～C30——用于跨度较大的结构、预制构件、耐久性要求较高的结构等;

C30 以上——多用于预应力钢筋混凝土构件、承受动荷载的结构构件以及特种结构等。

混凝土结构在实际使用中,受压构件不是立方体,而是棱柱体。也不仅仅是轴心抗压、还有弯曲抗压、抗拉、抗裂等多种受力情况。混凝土是一种非匀质材料,因此它在受力方式不同时,其强度也各不相同。弯曲抗压强度比轴心抗压强度高,抗拉及抗裂强度比轴心抗压强度低很多。应根据构件的实际受力情况,采用由大量试验资料统计所得的各种设计强度。混凝土的设计强度见表 2-1。

混凝土的设计强度(MPa)　　　　　　表 2-1

项次	强度种类	符号	混凝土强度等级								
			C7.5	C10	C15	C20	C25	C30	C40	C50	C60
1	轴心抗压	f_c	3.7	5	7.5	10	12.5	15	19.5	23.5	26.5
2	弯曲抗压	f_{cm}	4.1	5.5	8.5	11	13.5	16.5	21.5	26	29
3	抗拉	f_t	0.55	0.65	0.9	1.1	1.3	1.5	1.8	2	2.2

（三）混凝土的收缩和徐变

混凝土在空气中结硬的过程其体积减少的现象称为收缩。混凝土的收缩对构件会产生十分有害的影响。例如,构件受到约束时,混凝土的收缩会使构件产生收缩应力,收缩应力过大,构件会出现裂缝,以致影响结构的正常使用。因此,应当设法减少混凝土的收缩,如设置变形缝、在适当位置配构造钢筋等。

混凝土在长期不变的荷载作用下,其应变随时间继续增长的现象称为徐变。混凝土的徐变对结构构件产生十分不利的影响。例如,增大混凝土构件的变形,在预应力混凝土构件中引起预应力损失等,应当在混凝土配合比设计及混凝土工程施工条件等方面采取措施,减少混凝土的徐变。

（四）钢筋

钢筋混凝土结构中,常用的钢筋有:

Ⅰ级钢筋:为 Q235 钢(3 号钢),这种钢塑性好,但强度低,用途较广;Ⅱ级钢筋:为 20 锰硅钢,它比 Q235 钢强度高,在普通钢筋混凝土中使用时可节约钢材,应用较广;Ⅲ级钢筋:为 25 锰硅钢;Ⅳ级钢筋:为 40、45 硅锰钒钢。

此外,还有Ⅰ~Ⅳ级冷拉钢筋,各种钢筋的强度见表 2-2。

工程中常用的钢筋直径有 6、8、10、12、14、16、18、20、22、25、28、32、36、40(mm)等。

钢筋的设计强度(MPa)　　　　　　表 2-2

项次	钢筋种类	受拉强度	受压强度	项次	钢筋种类	受拉强度	受压强度
1	Ⅰ级钢筋(Q235 钢)	210	210	2	冷拉Ⅰ级钢筋 (≤ϕ12)	250	210
	Ⅱ级钢筋(20 锰硅钢)	310	310		冷拉Ⅱ级钢筋 ($d \leqslant 25$) ($d = 28 \sim 40$)	380 360	310 290
	Ⅲ级钢筋(25 锰硅钢)	340	340		冷拉Ⅲ级钢筋	420	340
	Ⅳ级钢筋(40 硅锰矾钢) (45 硅锰矾钢)	500	400		冷拉Ⅳ级钢筋	580	400

注:Q235 钢即原 3 号钢。

（五）混凝土与钢筋的粘结

在钢筋混凝土结构中,钢筋和混凝土所以能够共同工作,主要是依靠钢筋与混凝土之间的粘结强度。粘结强度取决于钢筋埋入混凝土中的长度、钢筋种类(直径、表面粗糙程度等)、混凝土强度等级。一般光面钢筋的粘结强度为 1.5~3.5MPa,变形钢筋的粘结强度为

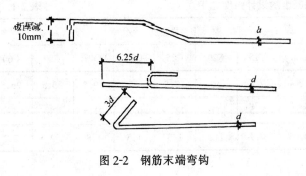

图 2-2　钢筋末端弯钩

2.5～6MPa。光面钢筋与混凝土之间的粘结强度小,为了保证钢筋在混凝土中的粘结效果,要求在钢筋的端部,延长若干长度(锚固长度),并加做弯钩,见图 2-2。变形钢筋与混凝土之间的粘结强度大,故变形钢筋端部可不做弯钩,按《混凝土结构设计规范》(GBJ 10—89)规定的锚固长度,就可保证钢筋的锚固效果。

二、钢筋混凝土结构设计原则

(一)常用结构型式

1.砖混结构:竖直承重构件用砖墙、砖柱,而水平承重构件用钢筋混凝土梁、板所建造的结构。

2.框架结构:由纵梁、横梁和柱组成的结构。

3.框架-剪力墙结构:在框架纵、横方向的适当位置,设置几道厚度大于 140mm 的钢筋混凝土墙体而组成。

(二)构件的使用要求

一般承重构件都应保证有足够的强度,对于特殊的构件,除满足强度条件外,还需有足够的刚度,防止因变形过大而影响使用。

1.强度要求

构件强度是指其抵抗外力的能力。它取决于构件截面的几何形状、配筋数量以及材料的设计强度。要求结构处于失效状态的概率足够小,保证结构安全可靠。结构的荷载或其它作用所产生的效应 $S \leqslant$ 结构的抵抗力 R。

2.变形要求

构件在外力作用下会产生变形,受弯构件尤为显著,因此,必须加以控制。

$$f_{max} \leqslant [f]$$

式中　f_{max}——在荷载短期效应组合下,并考虑荷载长期效应组合影响受弯构件最大挠度,可用力学方法计算得出;

　　　$[f]$——受弯构件允许变形值,见表2-3。

3.裂缝要求

受弯构件的允许挠度　表 2-3

钢筋混凝土结构	一般梁、板	$l_0/200$
	吊车梁	$l_0/600$

注:l_0 为计算跨度。

$$w_{max} \leqslant [w]$$

式中　w_{max}——在荷载短期效应组合下,并考虑荷载长期效应组合影响构件最大裂缝宽度;

　　　$[w]$——构件允许裂缝宽度,见表2-4。

钢筋混凝土结构构件最大裂缝宽度允许值　表 2-4

项　次	结构构件类型及工作条件	$[w]$ (mm)
1	正常条件下的屋架、托架重级工作制吊车梁	0.2
2	处于正常条件下的一般构件、屋面梁、托梁	0.3

（三）梁、板、柱的构造要求

1. 梁

梁内通常配置以下几种钢筋(图 2-3)。

（1）纵向受力钢筋

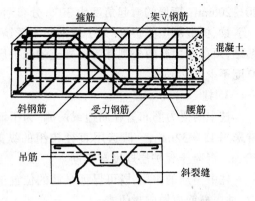

图 2-3　梁内通常配置的几种钢筋

纵向受力筋的作用主要是承受由弯矩产生的拉力，因此，纵向受力筋一般放在梁的受拉一侧，其数量通过计算确定，一般不少于 2 根，直径通常采用 12～25mm。为便于浇注混凝土，受力筋之间的净距应大于或等于钢筋直径。在绑扎钢筋骨架和浇注混凝土时，应注意保持受力钢筋的正确位置，防止车压人踩、降低钢筋的有效能力。

（2）箍筋

箍筋的主要作用是承受由剪力和弯矩引起的主拉应力。同时，箍筋通过绑扎或焊接把其它钢筋联系在一起，形成一个空间的钢筋骨架。

箍筋的数量应根据计算确定，一般采用封闭双肢箍，常用直径是 $\phi 6$、$\phi 8$。

（3）弯起钢筋

弯筋是由纵向受力筋弯起成型的。它的作用除在跨中承受正弯矩产生的拉力外，在靠近支座的弯起段则用来承受弯矩和剪力共同产生的主拉应力。

弯筋的弯起角度为 45°。

（4）架立钢筋

为了固定箍筋的正确位置和形成钢筋骨架，在梁的受压区外缘两侧，布置平行于纵向受力筋的架立钢筋。架立筋还可承受因温度变化和混凝土收缩而产生的拉力，防止裂缝的产生。架立筋的直径一般是 $\phi 6$、$\phi 8$、$\phi 10$。当梁高大于 700mm 时，在梁的两侧沿梁高度每隔 300～400mm 应设置不少于 $\phi 10$ 纵向构造钢筋，称腰筋。腰筋主要是为了防止梁侧由于混凝土的收缩或温度变形而引起的竖向裂缝，同时也能加强整个钢筋骨架的刚性。

在主梁和次梁相交的部位，为防止梁在交叉点被拉坏，需要设置吊筋来抵抗可能出现的裂缝。

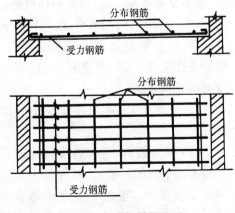

图 2-4　板内钢筋的配置

2. 板

板因荷载较小，相对截面较大，通常不会出现斜截面破坏，故板中仅配有两种钢筋：受力筋和分布筋(或称温度筋)。受力钢筋沿板的跨度方向在受拉区布置；分布钢筋则垂直于受力钢筋布置(图 2-4)。

分布钢筋的作用是：将板的荷载有效地传递到受力钢筋上；防止由于温度或混凝土收缩等原因沿跨度方向引起裂缝；固定受力钢筋的正确位置。

受力筋直径多采用 6～12mm，钢筋间距

31

70～200mm。弯筋的弯起角度为30°。分布钢筋直径一般为6mm，间距为250mm或300mm。

梁、板混凝土保护层：为了使钢筋不受锈蚀和满足防火要求，保证钢筋与混凝土的有效粘结，须在受力筋的外侧有留混凝土的保护层。板的保护层厚度为10～15mm，梁的保护层厚度不少于25mm。

3.柱

柱中的受力筋布置在周边或两侧，为了增加钢筋骨架的刚度，纵筋的直径不宜过细，通常采用12～32mm，一般选用直径较粗的纵筋为好，数量不少于4根。纵筋的净距不少于50mm，混凝土保护层厚度与梁同。

柱中箍筋的作用，既可保证纵筋的位置正确，又可防止纵筋压曲，从而提高柱的承载能力，柱中箍筋应做成封闭式。

第二节　钢筋混凝土结构各种基本构件受力破坏形态

一、钢筋混凝土各种基本构件受力破坏形态

（一）受弯破坏

房屋建筑中，梁、板是典型的受弯构件。在外力作用下，受弯构件承受弯矩和剪力的作用。

1.受弯构件正截面的破坏形态，如图2-5。

（1）适筋破坏：配筋率正常，破坏始于受拉区钢筋的屈服和受压区混凝土呈塑性性质，破坏前钢筋先达到屈服强度继而受压区混凝土被压碎，受拉区裂缝开展很宽，挠度较大，能给人以破坏的预兆。

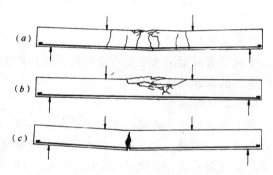

图2-5　受弯构件正截面破坏形态
（a）适筋破坏；（b）超筋破坏；（c）少筋破坏

（2）超筋破坏：配筋率偏大，破坏始于受压区混凝土被压碎，破坏时钢筋应力尚小于屈服强度，受拉区裂缝开展不大，挠度亦小，破坏是突然发生的，没有明显预兆。

（3）少筋破坏：配筋率过少，构件一旦开裂，受拉钢筋立即达到屈服强度，裂缝往往集中一条、宽度较大，破坏前没有明显预兆。

2.受弯构件斜截面破坏形态，如图2-6。

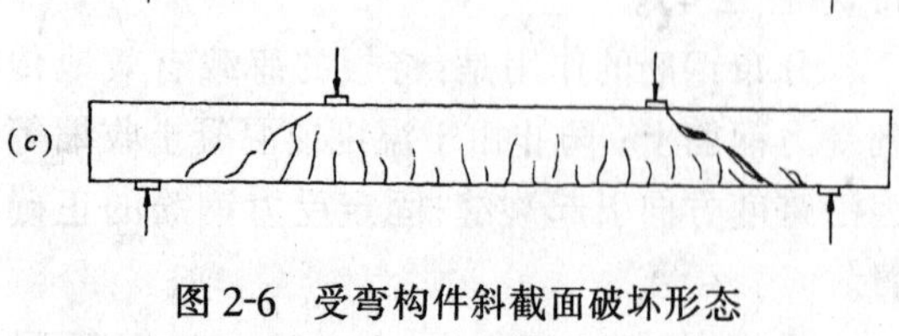

（1）斜压破坏：在构件腹部出现若干根大体平行的斜裂缝，形成若干个倾斜的受压柱体。混凝土在弯矩和剪力的复合作用下被压碎，构件破坏时箍筋

图2-6　受弯构件斜截面破坏形态
（a）斜压破坏；（b）剪压破坏；（c）斜拉破坏

32

往往并不屈服。斜压破坏多发生在剪力大而弯矩小的区域内。

(2) 剪压破坏：斜裂缝由垂直裂缝延伸斜向集中荷载作用点，并形成一根主要的临界斜裂缝。与临界斜裂缝相交的箍筋达到屈服强度，同时，剪压区的混凝土达到极限强度而破坏。破坏时的荷载一般明显大于斜裂缝出现时的荷载。

(3) 斜拉破坏：斜裂缝一出现，很快形成临界斜裂缝，并迅速延伸到集中荷载作用点处，使构件斜向被拉断而破坏。

(二) 受拉破坏

桁架下弦、圆形水池及筒仓的周壁等均为受拉构件。在荷载作用下产生的裂缝均沿正截面开展，构件产生裂缝后，全部拉力由钢筋承担，当钢筋应力达到屈服强度，裂缝迅速开展而破坏。

(三) 受扭破坏

在钢筋混凝土结构中，单纯受扭的情况是少见的，一般都是弯扭同时存在。如框架的边梁、雨篷梁等均属弯扭构件 (图 2-7)。在扭转作用下，构件产生的

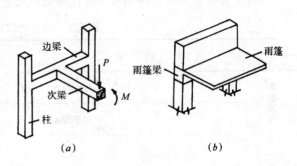

图 2-7
(a) 边梁；(b) 雨篷梁

裂缝为连续的螺旋形裂缝，一般呈 45°倾斜角，随着外扭矩的不断增加，首先钢筋达到屈服强度，然后主裂缝迅速开展，促使一个面的混凝土受压破坏而构件破坏。

(四) 受压破坏

1. 轴心受压破坏形态

(1) 短柱：在柱四周出现明显的纵向裂缝，箍筋间的纵筋发生压屈而外凸，混凝土被压碎破坏。

(2) 长柱：由于各种偶然因素造成的初始偏心距在柱内产生附加弯矩，而附加弯矩及其产生的水平挠度，又加大了原来的初始偏心距，这样相互影响的结果使长柱最终在弯矩及轴力共同作用下发生破坏。对于细长比很大的长柱，还有可能发生"失稳破坏"的现象。

2. 偏心受压破坏形态

(1) 受拉破坏情况 (偏心距较大且受拉钢筋不太多时)：首先距纵向力较远一侧有明显主裂缝，受拉钢筋的应力达到屈服强度，受拉变形的发展大于受压变形，最后受压区混凝土达到极限应变而被压碎，构件破坏。

(2) 受压破坏情况 (偏心距较小时)：破坏时，在靠近纵向力一侧的混凝土应力达到抗压极限强度，受压钢筋应力达到抗压屈服强度，而离纵向力较远一侧的钢筋不屈服，横向裂缝发展不明显，受压变形的发展大于受拉变形的发展。破坏前无明显预兆。

二、钢筋混凝土各种受力构件破坏属性

受力构件破坏有两种性质。

(一) 脆性破坏

特点是破坏前没有明显的预兆而突然发生，因而具有较大的危险性。属于这种破坏的情况有：素混凝土各类受力构件的强度破坏；钢筋混凝土小偏心受压构件正截面强度破坏和

丧失稳定；受弯构件超筋破坏、少筋破坏以及斜拉、斜压破坏等。

（二）塑性破坏

特点是受力构件断面上都出现裂缝。这些裂缝是否标志着结构受力的危险状态，应视其位置、长度、宽度和发展速度而定。属于这种破坏的情况有：钢筋混凝土受拉构件的强度破坏；大偏心受压构件正截面强度破坏；受弯构件适筋破坏、剪压破坏；受扭构件强度破坏等。

典型受力构件的破坏特征和裂缝性质归纳见表2-5。

典型受力构件的破坏特征

表 2-5

构　件　及　受　力　情　况		破坏形式
受拉构件	素混凝土	脆性破坏
	钢筋混凝土	塑性破坏
受压构件	1. 中心受压 2. 小偏心受压 3. 大偏心受压(受拉区钢筋不多时)	脆性破坏和类似脆性破坏
	大偏心受压(受拉区钢筋不多时)	塑性破坏
受弯构件	素混凝土	脆性破坏
	钢筋混凝土结构正截面强度　一般情况(含钢率正常，混凝土具有一定强度)	塑性破坏
	钢筋混凝土结构正截面强度　超筋情况下	脆性破坏
	钢筋混凝土结构正截面强度　混凝土强度极低，或严重丧失强度	不典型
	钢筋混凝土构斜截面	脆性破坏
受扭构件	素混凝土	脆性破坏
	钢筋混凝土	塑性破坏

第三节　钢筋混凝土的缺陷

一、钢筋混凝土缺陷的表现

1. 外观缺陷：如麻面、蜂窝、露筋、孔洞、层隙、胀裂、掉角、磨损、剥落、风化、表面腐蚀、制作及安装偏差、构件的变形、倾斜等。

2. 隐蔽缺陷：如混凝土的强度等级不足；混凝土内部空洞和蜂窝；钢筋的数量不足、位置不对；钢筋绑扎、焊接质量不良；钢筋锈蚀等。

二、造成缺陷的原因

1. 设计方面:如设计承载力及工作条件与实际不符造成裂缝、变形、腐蚀等破坏;设计截面过于单薄,配筋不足或布置不当而造成裂缝;基础处理不当造成结构物过大沉降差;地震区房屋设计未考虑按抗震设防等。

2. 施工方面:如混凝土浇灌方法、振捣或养护时间不当形成缺陷,所用材料强度偏低、混凝土的配合比不准而影响质量,混凝土拌合不均或由于运输的原因而造成混凝土的胶结不良、成型困难等质量缺陷,模板强度不够或安装不善造成构件变形或位移等。

3. 维护使用方面:由于混凝土表面缺陷使氧和水渗入造成钢筋锈蚀,由于使用超载造成结构变形,混凝土自身应力形成各种裂缝(如收缩裂缝、温度裂缝等),此外,还有火灾、地震、台风、风化破坏等对混凝土结构产生损坏。

三、缺陷对结构性能的影响

1. 钢筋锈蚀的发生及其对结构的影响。在钢筋混凝土内,钢筋受到混凝土的保护一般不会生锈,但保护能力不足时,钢筋将发生锈蚀。影响钢筋锈蚀的因素还有湿度、周围介质侵蚀(如酸、盐液)、钢材的材质等。钢筋发生锈蚀后,削减了受力截面,特别是高强度钢丝的表面积大而断面小,对结构的危害甚大。此外,铁锈膨胀可引起混凝土开裂,破坏了构件截面内部的协调工作,降低了材料的耐久性能。

2. 结构的偏差与变形造成的影响。结构偏离于设计要求的位置有两种情况:施工过程中造成的偏差(简称施工偏差)及荷载作用下形成的变形(简称变形)。

偏差是结构的一种缺陷,变形不但是结构的缺陷,而且是结构内其它缺陷的表现和标志。

(1)偏差和变形对结构的影响:

1)影响建筑物的美观、安全感和其它使用条件。

2)改变了结构的受力条件,增大受力的偏心距,从而使构件产生新的附加内力,降低了构件的承载能力。

3)降低了结构的刚度,使构件倾斜挠曲,增大了结构倾覆、丧失稳定的可能。

(2)梁、板、柱的偏差和变形的特征:

梁、板的偏差是由于施工支撑不当,造成梁、板尺寸偏差和类似挠曲变形,或由于钢筋放置不准确造成露筋。梁、板过大的变形主要表现为挠度超过设计规范允许挠度(一般取跨度的 1/200~1/250)。

立柱的偏差是由于施工不当造成柱凸肚或倾斜,柱的变形主要表现为轴线变形,细长的柱变形主要表现为纵向弯曲。

3. 由于设计与施工造成的缺陷,使混凝土强度降低。

4. 缺陷降低了构件的抗裂性,导致结构抗裂度不足,从而又加剧裂缝的产生和发展,加剧钢筋被腐蚀。

四、影响混凝土耐久性的因素及耐久性破坏的主要表现

混凝土的耐久性一般优于木材、钢材、砖等建筑材料。质量良好的混凝土在正常条件下

其耐久性是很好的,但在混凝土质量上存在缺陷,以及混凝土处于不利工作条件下,材料也会提早发生破坏。

1. 影响混凝土耐久性的因素:混凝土材料耐久性破坏是一系列复杂的物理变化、化学变化的结果。其具体原因是:水泥安定性不良;搅拌用水、用砂、用石不符合设计要求,或其中含有异常成分(粘土和杂质);外加剂使用不当;水灰比配合不当;养护操作方法不当;在外界因素方面,主要是大气中含二氧化碳、酸碱液体等使混凝土被碳化、被腐蚀等。

2. 混凝土耐久性破坏的主要表现:

(1) 外观表现:如抹灰层脱落、麻面、磨损、起皮、裂缝、剥蚀、风化、碳化等。

(2) 隐藏的表现:如材料变质、酥化、内部空洞蜂窝、强度降低等。

五、钢筋混凝土裂缝的分析

(一) 混凝土自身应力形成的裂缝

混凝土自身应力形成的裂缝有收缩裂缝和温度裂缝。

1. 收缩裂缝

当混凝土强度较低时发生较大的收缩会产生收缩裂缝,收缩裂缝的特征与养护条件有关。如图 2-8。

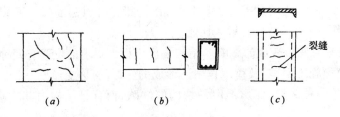

图 2-8 收缩裂缝

(a)凝固前裂缝;(b)凝固前后裂缝;(c)凝固后期裂缝

混凝土收缩引起不均匀下沉形成的裂缝又称下沉收缩裂缝。这类裂缝常发生在级配较差、振捣不够及水灰比过大的混凝土中,裂缝的分布特征与混凝土下沉相对应,即与模板位置、构件几何尺寸、钢筋粗细等有关,如图 2-9 所示。

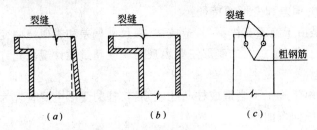

图 2-9 混凝土沉陷裂缝

(a)模板移动造成开裂;(b)构件形状影响沉陷开裂;

(c)钢筋影响下沉裂缝

2. 温度裂缝

混凝土受水泥水化热、大气及周围温度、电焊等因素影响而冷热变化时,会发生收缩和膨胀,产生温度应力,温度应力超过混凝土强度时,即产生温度裂缝。

（二）荷载作用下裂缝的分布和特征

1．构件受弯矩作用产生微细裂缝，宽度为 0.1～0.2mm，如图 2-10。如宽度超过 0.2mm 或产生剪切裂缝是不正常的。

2．由于构件截面及钢筋用量不足而产生的裂缝，如图 2-11。

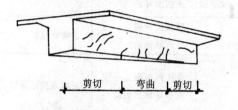

图 2-10　受弯矩作用产生微细裂缝

图 2-11　截面及钢筋用量不足产生的裂缝

3．因地震时的水平推力产生的裂缝，如图 2-12。

4．由于支座的沉降差产生的裂缝，如图 2-13。

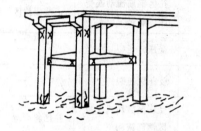

图 2-12　地震时的水平推力产生的裂缝

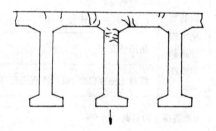

图 2-13　支座的沉降差产生的裂缝

例题 2－1　某车间钢筋混凝土屋面大梁为 12m 跨度截面 T 形薄腹梁，混凝土达到设计强度以上，吊装前无裂缝。铺设屋面板之后，发现薄腹梁多处裂缝，裂缝宽度为 0.2～0.3 毫米，裂缝在支座处稍呈倾斜，在梁中呈垂直方向，裂缝长度 10～40cm，梁断面配筋及裂缝如图 2-14。

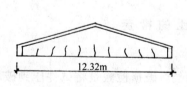

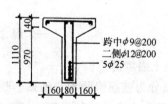

跨中φ9@200
二侧φ12@200
5φ25

图 2-14　某梁裂缝及断面图

对梁进行荷载试验，试验荷载为使用荷载的 1.67 倍时，挠度 $f＝35$mm，符合有关规定。试验证明，梁的强度满足规范要求，裂缝宽度较大只反映梁的抗裂性较差。

处理时仅用水泥浆涂抹。此后裂缝没有发展，使用效果良好。

受力裂缝形式如表 2-6 所示。

构　件　及　受　力　情　况			受　力　裂　缝　形　式	
			破坏开始产生的裂缝	受力正常可产生的裂缝
受拉构件	素混凝土		正截面开裂	—
	钢筋混凝土		正截面开裂且钢筋流动	正截面拉裂
受压构件	1．中心受压 2．小偏心受压 3．大偏心受压(受拉区钢筋不多时)		受压区混凝土夺裂或拉区钢筋流动	正截面拉区裂缝
	大偏心受压(受拉区钢筋不多时)		拉区钢筋流动或受压区破裂	正截面拉区裂缝
受弯构件	素混凝土		正截面拉区裂缝	—
	钢筋混凝土构件正截面强度	一般情况 (含钢率正常,混凝土具有一定强度)	拉区钢筋流动或受压区破裂	正截面拉区裂缝
		超筋情况下	受压区压裂	—
		混凝土强度极低,或严重丧失强度	受压区压裂	—
	钢筋混凝土构斜截面		受压区破坏或受拉区钢筋流动	拉区斜裂缝
受扭构件	素混凝土		扭转裂缝 (同向斜裂缝)	—
	钢筋混凝土		扭转裂缝且钢筋流动	扭转裂缝

第四节　钢筋混凝土结构缺陷的检查

一、混凝土的检查

（一）混凝土强度的检验

强度检验,分为破损检验和非破损检验两类。破损检验是将试件压到破坏而测定其强度。非破损检验分为机械的和物理的检验两种。机械检验有敲击法、回弹仪法等。物理检验有共振法、超声波脉冲法等。其中应用最广泛的方法有：

1．敲击法:检验时先在被测混凝土表面上选取代表性的部位、清理出一定大小的平面,将一根钳工凿子的刃部垂直地安置在混凝土的表面上(注意躲开石子),然后用约 $0.3\sim0.4$kg 重的小锤,以中等力量敲击凿子顶端(也可以用小锤直接敲击混凝土表面),根据敲击的痕迹,按表 2-7 查得混凝土的近似强度。同样的敲击作 10 处,取平均值。此法操作简单,缺点是误差较大。

敲击法测定混凝土强度

以中等力量用小锤(重 0.3～0.4kg)敲击的结果		混凝土的强度(MPa)
小锤直接打击混凝土表面	凿刃安置在混凝土表面	
在混凝土表面上留下不很深的痕迹锤击梁胁时无薄片脱落	不深的痕迹 无薄片脱落	大于 20
在混凝土表面上留下明显的痕迹,环绕着痕迹周围可能有些薄片脱落	较深的痕迹 混凝土表面脱落	20～10
混凝土被击碎而散撒脱片 当锤击梁胁时混凝土成块脱落	凿子没入混凝土内深约 5mm 混凝土被击碎	10～7
留下较深的痕迹	凿子被钉入混凝土内	低于 7

2．回弹仪法:回弹仪的体积很小,便于携带,操作方便,测量误差不大,目前应用较普遍,适用于测定有一定刚度的新混凝土,不适用于严重丧失强度的混凝土,测定时按回弹仪产品说明书操作与查表。

3．从结构中挖取试块测定:在非破损检验不能取得足够的精度时,可考虑从结构中直接挖取试块,在试验机上加荷试验。试块最好采用钻机切取,切取部位应有代表性,且为构件使用和安全所允许。此法常用于测定精度要求较高、含钢量较少的大体积混凝土。

(二)混凝土材料耐久性破坏的检查

常用目测进行,检查时选取代表性部位,用手锤或风动工具进行局部清理,暴露内部混凝土,观测并记录材料变质、破坏的分布位置、深度、特征,结构的裂缝和变形等。必要时要切取混凝土试件测试密实度、强度、抗渗性等指标。

(三)混凝土裂缝的检查

首先观察裂缝型式,分析其成因,并区分清楚裂缝的类别,是荷载作用产生的裂缝还是混凝土自身应力形成的裂缝,然后用放大镜测定裂缝宽度。要了解开裂的时间,裂缝有无规律性,是表面开裂还是贯通,裂缝的深度如何等。

二、钢 筋 的 检 查

(一)钢筋锈蚀的检查

取有外部迹象或可代表部位,凿去保护层,暴露钢筋,用刻度放大镜观察锈蚀状况,用千分尺(游标卡尺)量测锈蚀削减后钢筋的断面,记录锈蚀的分布和程度。

(二)钢筋受力情况的检查

1．钢筋锈蚀断面削减后要对结构强度进行复核,如强度不足,必须加配钢筋、型钢或拆卸重新配筋捣制。

2．设计误差造成钢筋用量不足,构件必然产生变形和结构裂缝。因此,必须对构件进行调查及计算校核,然后采取有效的加固措施。

三、结构变形的检查与量测

结构过度的变形可产生对应的裂缝,过度的裂缝又可以扩大结构的变形,因此,两者的检查和量测应结合起来。结构变形的量测项目,对梁式构件要测量最大挠度,必要时还应测量挠度曲线形式;对拱式结构应测定水平位移和轴线变形曲线;对竖向结构应测定其最大位移和倾斜曲线。测定的具体项目应针对可疑的迹象,根据测定的要求、目的加以选定。

第五节　钢筋混凝土结构的维修

一、新旧混凝土的结合

在钢筋混凝土结构的维修、加固的过程中,往往需要在旧有混凝土上增加一层新的混凝土,新旧混凝土结合面往往是一个薄弱的环节。新旧混凝土结合面与整体混凝土相比,存在以下弱点:结合面上抗拉、抗剪、抗弯强度降低;新混凝土的变形与旧有混凝土存在差异,甚至出现裂缝;结合面上抗渗性能降低。为了确保新旧结构共同受力的可靠性和耐久性,需要从施工工艺上采取适当的措施,以提高新旧混凝土的粘结强度、减少新混凝土的收缩,必要时还应在维修、加固的设计中采取适当的构造措施(如加配钢筋等)。

在施工工艺方面,影响新旧混凝土结合的因素有:新旧混凝土接头型式(平缝、斜缝、阶梯缝等)和结合面方向(水平、倾斜、垂直等)、旧混凝土结合面的加糙处理、结合面上涂抹的胶结剂、新浇混凝土的配比和坍落度、新旧混凝土的养护等。

因此,其施工应注意以下几个问题:

1. 新旧混凝土结合面的型式与方向。采用斜缝代替平缝结合,从而增大新旧混凝土的接触面,这是提高粘结力的有效措施。采用新浇混凝土在上、旧混凝土在下的水平方向及斜向的结合面,粘结效果较好,而新浇混凝土在下的水平方向结合面的粘结效果最差,必要时须配合灌浆、使用膨胀水泥等措施。

2. 旧混凝土结合面处理。旧混凝土表面的抹灰层均应铲去。旧混凝土质量较好时,应根据所需的粘结强度将结合面凿糙处理(以露出石子颗粒的一半为度)。旧混凝土结构层已风化、变质、严重损坏时,应尽量清除彻底,直至坚实层为止。

3. 结合面上涂抹胶结剂。在旧混凝土结合面上涂抹掺有铝粉的水泥净浆或砂浆、环氧树脂等,能大大提高新旧混凝土的粘结强度,并增强结合缝处的抗渗能力。

4. 新浇混凝土的配比和坍落度。新浇混凝土的强度越大、水灰比和坍落度越小,则结合面粘结强度越大。故新浇混凝土宜采用低流动性、高强度的混凝土,如果新浇混凝土厚度较大,可考虑在结合缝附近浇一层低流动性、高强度的混凝土作为过渡层。

5. 结合体混凝土的养护。新旧混凝土结合体的养护不良,如早期脱水、过早地经受振动、温度应力等因素影响,除降低粘结强度外,甚至会造成结合缝的开裂。

当旧有混凝土为坚实混凝土时,只要采取适当的施工措施,就能保证新旧混凝土结合的质量。这种情况下,在维修或加固的设计中,可以将新旧混凝土视为整体混凝土加以考虑。反之,在应有的施工措施没有得到保证时,或在旧有混凝土为软弱混凝土时,则应在维修或加固设计中采取相应的措施,如加配新旧混凝土之间连系的钢筋等,必要时只得将新旧混凝土结构视为独立工作,分别计算。

二、混凝土表层缺损的维修

混凝土的表层缺损,主要是指钢筋混凝土结构或构件,在建造过程中产生的缺陷及在使用过程中形成的侵蚀破损。这些缺损的严重程度仅在混凝土表层,尚未超过钢筋的保护层,缺损不影响结构近期使用的可靠性,但其发展对结构长期使用的耐久性有影响,若年久失修后患无穷。因此,维修的目的是使建筑物满足外观使用要求,防止风化、侵蚀、钢筋锈蚀等,以免损害结构构件核心部分,提高建筑物的使用年限和耐久性。

具体处理方法有:

1. 抹水泥浆面层

混凝土构件表面的麻面及小蜂窝,可用涂抹水泥浆的方法修补。其修补方法是先在修补部位用钢丝刷刷去表面浮渣,再用压力水冲洗干净,待充分湿润后,用水泥浆($W/C = 0.4$)抹平。

2. 抹水泥砂浆维修

混凝土结构构件表层缺损,如蜂窝、露筋、裂缝、缺棱掉角、酥松、腐蚀、保护层胀裂、以及小破损等,都可用抹水泥砂浆的方法进行修补。

在修补前应先作好清理基层的工作。对缺棱掉角及小破损,应检查是否有松动部分,松动的可用小锤轻轻敲掉;对蜂窝可用凿子把不密实部分全部凿掉;对裂缝可沿其走向凿宽成 U 形或 V 形槽(如图 2-15);对因钢筋锈蚀而胀裂的混凝土保护层,应凿去直至露出新鲜混凝土;对酥松层以及经风化后的腐蚀层,应凿去直至露出强度未受损失的新鲜混凝土。凿去表层缺损后,用钢丝刷刷去混凝土表面的浮渣碎屑,刷去已外露钢筋的锈蚀层,再用压力水冲洗干净并充分湿润。

图 2-15　填充用 V 形及 U 形沟槽

在清理干净的基层上,用 1:2 或 1:2.5(水泥:砂)的水泥砂浆填满压实抹平即可。为提高修补层与原混凝土之间结合面上的粘结力,可在混凝土基层上先涂刷一层纯水泥浆或界面处理剂,再抹压水泥砂浆。修补后需及时进行适当的湿水养护,保证修补层的质量。

三、混凝土深层缺损的维修

混凝土结构构件的深层缺损,其深度超过了构件的混凝土保护层,削弱了构件的有效截面,以致影响构件的强度和结构近期使用的可靠性,因此对深层缺损进行维修,不仅要有表层维修的外观要求,而且更要求达到补强的效果,这就要求用作补强的材料具有足够的强度,应采用比原构件混凝土强度高一级的材料,并且具有良好的粘结性能,与原构件混凝土基层粘结在一起,形成整体共同工作。另外还要采用有效的补强工艺技术,保证结构构件维修部分的密实性及定位成型。

例如维修混凝土结构构件上较大或较集中的蜂窝、孔洞及破损,其共同的特征是较集中地在某一部位削弱了构件的有效截面,因此维修方法也类同。

常用比构件原混凝土强度高一级细石混凝土进行灌注。灌注前先要将蜂窝或孔洞的不密实部分凿去,并要凿成外口大的坡形,便于灌注混凝土。凿成后要把松动了的部分混凝土敲干净。为使新旧混凝土结合良好,应把剔凿好的孔洞用清水冲洗干净,并充分湿润,保持湿润 72h 后,再灌注新拌好的细石混凝土。细石混凝土水灰比控制在 0.5 以内,最好掺水泥用量的万分之一的铝粉,用小型振捣棒分层仔细捣实,并须认真浇水养护,保证达到混凝土设计强度。

现浇板上的补洞方法:

(1) 当洞口宽度在 30cm 以内时,可以把洞口凿毛并凿成 45°～60° 斜面,支模后浇灌高一级强度的混凝土,补平即可。

(2) 当洞口宽度大于 30cm、小于或等于 1m 时,应对洞边的钢筋进行核算,并可采取如图 2-16 所示的修补。

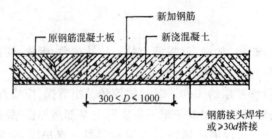

图 2-16　洞口大于 30cm 或小于等于 1m 时的修补

若需在现浇板上开洞,可按下述方法处理:

(1) 当洞口宽度在 50cm 以下时,用如图 2-17 方法进行处理,但要核算原板上钢筋被截断后是否仍满足承载力要求方可施工。

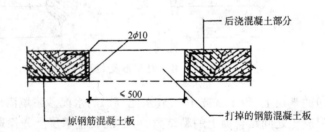

图 2-17　洞口在 50cm 以下的处理方法

(2) 当洞口宽度大于 50cm,应在洞边设混凝土小梁,其中一个方向的二根小梁应伸到原有的梁上,按图 2-18 的方法进行处理。

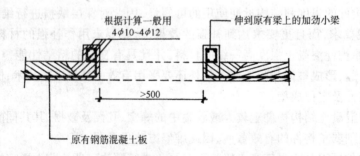

图 2-18　洞口大于 50cm 的处理方法

第六节 钢筋混凝土结构的加固与补强

一、加大截面加固法

加大截面加固法,也称外包混凝土加固法。通过增大构件的截面和配筋,达到提高其强度、刚度、稳定性和抗裂性等目的。根据构件受力特点、几何尺寸和施工方法,可分为单侧、双侧、三侧及四面包套的加固;根据不同的加固目的和要求,又可分为加大断面为主的加固、加配钢筋为主的加固或两者兼有的加固,加固中必须将新旧钢筋加以焊接,保证新旧混凝土的结合。

加大截面加固法一般采用普通混凝土,强度等级不低于C20;当加厚层较薄,钢筋较密时,可用细石混凝土;条件允许时还可采用钢纤维混凝土加固。配置的钢筋除普通钢筋外,还可采用型钢、钢板等。

（一）板的加厚补强

1．当板的厚度不够以致其强度或刚度不足时,如果板面经凿毛清洗后能保证新旧混凝土之间有可靠粘结力,可在旧板上加做一层厚度不少于3cm的碎石混凝土板,新旧钢筋混凝土视作整体板共同工作。这种加固,旧板底部钢筋必须全部承担加厚后的跨中弯矩,而支座上部的负弯矩,则在新混凝土内配置钢筋来承担,如图2-19所示。

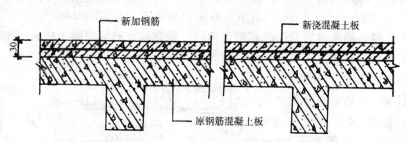

图 2-19 在上部加固的整体钢筋混凝土板示意图

2．由于板面被油污或过脏,以致不能保证新旧混凝土间有可靠的粘着力,则可在旧板上加做一层厚度不少于5cm的新钢筋混凝土板。这种加固,是考虑新旧两层板共同受力,分担全部荷载,新板的厚度及钢筋(跨中及支座)数量可按新旧板刚度比分配的原则计算决定。

3．如果不能在板上部进行加固(由于不能拆除地板及设备),那么可在钢筋混凝土板下部进行加固补强,如图2-20所示。

例题 2－2 某砖混结构住宅楼,

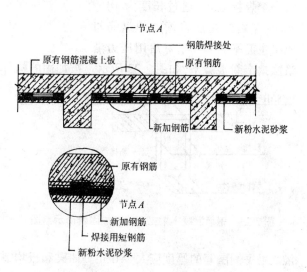

图 2-20 钢筋混凝土板下部的加固补强示意图

新建后不久部分板面周边出现环状裂缝或龟裂现象,板下凹,上人后有颤动感,外观检查混凝土含泥量较大。

对楼板强度进行评定。首先对现浇板实配钢筋取样检验其机械性能,然后用回弹法评定混凝土强度,再用堆载法进行非破坏性试验核定其设计承载力。

经综合检测及调查分析,板面出现的龟裂裂缝是因施工中未按规定计量混凝土配合比,搅拌振捣不佳,导致在同一板块上质量不一,发生不均匀的收缩开裂;板面抗弯负筋的数量、规格均满足设计要求,但布置不规则、位置偏差较大,在混凝土强度未达到规定值拆模而导致出现板面环状裂缝。

针对上述情况,为避免过大的经济损失及事故扩大,不宜将楼板全部拆除,决定采取在板面上加铺现浇叠合层的处理方法。

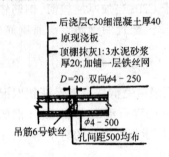

图 2-21 楼板补强

用 C30 细石混凝土 40mm,内配双向 $\phi4@250$ 构造筋增加抗收缩能力及整体性,施工时二次压光直接形成楼面。施工面层前,将出现环状裂缝处凿成 V 形槽,深约 20mm,连同原现浇板面用压力水冲洗干净后用素水泥浆填塞铺底;在原楼板每隔 500mm 钻一直径为 30mm 的通孔,内设 6 号铁丝做吊筋,将板底 $\phi4@500$ 的钢丝网与面筋连接固定(如图2-21),增加板底抹灰与现浇板的结合力;将原顶棚抹灰混合砂浆改为增加一道水泥砂浆,总厚度仍为 20mm。

处理后,楼板的承载力及刚度都得到增强,质量较差的原混凝土板夹于中间从而增加了结构的耐久性。其施工简便、经济、效果好。

(二)梁的抗弯能力补强

通过计算,在梁中增加纵向受力钢筋。做法是:将梁底保护层凿去,使原主筋露出,每隔 $50\sim100$cm 为一个焊接区段,通过长度为 $10\sim20$cm 左右的短筋将增加的纵筋与原梁主筋平行焊牢,然后用压力灌浆法捣上新混凝土,如图 2-22 所示。

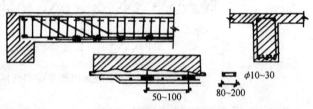

图 2-22 梁的抗弯能力补强

被加固的构件截面高度约增加 5cm 左右。

(三)梁的围套加固

当梁抗剪和抗弯强度均不足时,可用三面围套方式加固,在梁两侧的板上每隔 50cm 凿开一洞槽以便通过箍筋,钢箍直径一般采用 $\phi8$,加固后断面见示意图2-23。

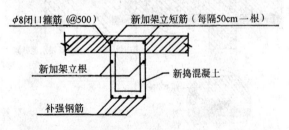

图 2-23 钢筋混凝土梁三面围套加固断面示意图

用三面围套加固,如在楼板下浇捣施工有困难,可在梁侧的板上打孔浇灌,梁每侧围套的厚度应大于 6cm。如梁和板均需加固时,应先完成梁的加固后再作板的上部增厚加固。

（四）连续梁的加固

在连续梁底靠近支座处加捣承托从而减少跨中正弯矩,并使支座截面足以承受该处的全部负弯矩和剪力,如图2-24。

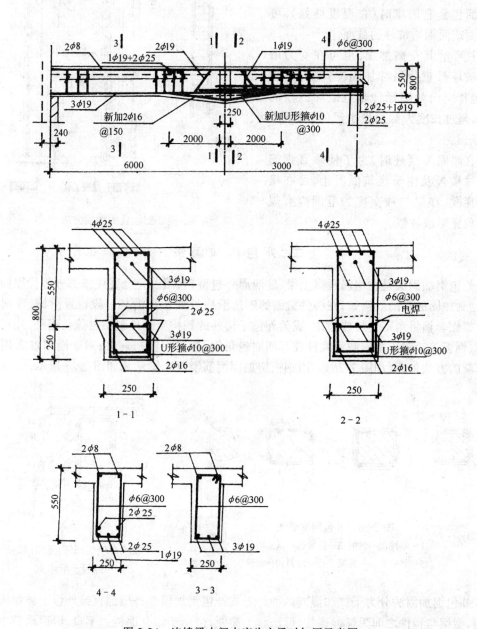

图2-24　连续梁中间支座为主梁时加固示意图

（五）柱身加固

可在柱的各个侧面进行加固,并要保证新旧混凝土的粘结,较常采用四面包套的办法加固(配有纵向钢筋及箍筋),如图2-25。

箍筋间距不大于附加纵向钢筋直径的10倍,在包套与楼面(或基础)交接处,箍筋间距不大于柱截面最小尺寸的1／2。

包套如在横板内灌注时,壁厚不少于 5cm,如采用喷浆法时不得少于 3cm,加固前应将柱面凿毛并将柱棱角切去。如四面包套有困难时(在温度缝处),可自一面或两面增加柱的截面。

柱可沿其全高加固,也可在受力最大或破坏严重处局部加固,当局部加固时,包套应向两端延伸超过破坏区段的范围,超过长度为截面最小尺寸,且不少于 50cm。

在加固多层柱时,为了使垂直钢筋能通过楼板及便于浇筑混凝土,可在楼板中穿孔,在梁与柱交接的范围内有规律地放宽形成柱帽。

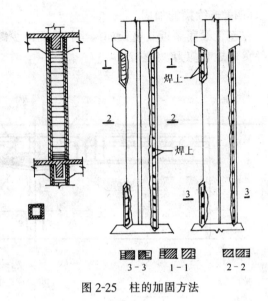

图 2-25 柱的加固方法

二、外包钢加固法

外包钢加固法是在钢筋混凝土梁、柱四周外包型钢,用以完全替代或部分替代原构件工作,达到加固的目的。例如,在构件截面的四角沿构件通长或沿某一段设置角钢,横向用箍板或螺栓套箍将角钢连接成整体,成为外包于构件的钢构架。外包钢材除角钢外,还可采用槽钢、钢板等。对于矩形截面构件在其四周包角钢,横向用箍板连接;对于圆形柱采用扁钢加套箍的方法加固(如图 2-26)。用钢桁架加固钢筋混凝土梁示意如图 2-27 所示。

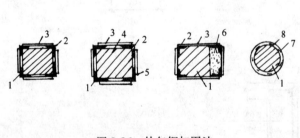

图 2-26 外包钢加固法

1—原柱;2—角钢;3—箍板;4—填充砂浆
5—胶粘剂;6—混凝土;7—扁钢;8—套箍

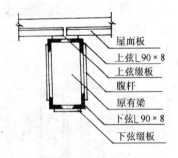

图 2-27 用钢桁架加固钢筋
混凝土梁示意

外包钢加固法分为干式和湿式两种。干式外包钢加固是将型钢直接外包于被加固构件四周,型钢与构件之间无任何连接,此法施工简便,但由于结合面传力不良,因而承载力提高不如湿式外包钢法有效。湿式外包钢加固是用乳胶水泥浆粘贴或以环氧树脂化学灌浆方法,将角钢粘贴在构件上。若在角钢与构件之间留一定间距,中间浇注混凝土,就成为外包钢和外包混凝土相结合的复合加固方法。

外包钢加固的优点是:(1)加固后混凝土受到外包钢缀板的约束,原构件的承载力和延性得到提高;(2)构件截面尺寸增加不多,但承载力可大幅度提高。但外包钢应作防腐处理,以提高其承载力。

（一）干式外包钢施工要点

构件表面必须打磨平整，无杂物和尘土，使角钢能贴紧。角钢和缀板必须平直，角钢与柱面间空隙，应采用 1:2 不泥砂浆干捻塞紧、填实。施焊缀板时，需用夹具夹紧角钢；用螺旋套箍时，拧紧螺帽后，宜将螺帽与垫板焊接。

（二）环氧树脂化学灌浆湿式外包钢施工要点

先将混凝土表面打磨平整，四角磨出小圆角，并用钢丝刷刷毛，用压缩空气吹净，刷环氧树脂浆一薄层；然后将型钢除锈并用二甲苯擦净，贴附于构件表面，用卡具卡紧、焊牢，用环氧胶泥将型钢周围封闭，留出排气孔，并在灌浆处粘贴灌浆嘴，间距为 2～3m，待灌浆嘴粘牢后，通气试压，即以 0.2～0.4MPa 的压力将环氧树脂浆从灌浆嘴压入；当排气孔出现浆液后，停止加压，以环氧胶泥堵孔，再以较低压力维持 10min 以上方可停止灌浆。

（三）乳胶水泥浆粘贴湿式外包钢施工要点

配制乳胶水泥浆：乳胶含量不少于 5%，一般采用 425 号硅酸盐水泥，加水适量，抹合成粘稠膏状体。在处理好的角钢、柱角抹上乳胶水泥浆，厚约 5mm，立即粘贴角钢，并用夹具在两个方向将四角角钢夹紧、校准，夹具间距不宜大于 500mm，然后将钢箍与角钢焊接，必须分段交错施焊，在胶浆初凝前整个焊接完成。

三、预应力拉杆加固法

用预应力钢筋补强钢筋混凝土梁，不须将原来梁表面的混凝土全部凿掉来补焊钢筋，而是用预应力补强钢筋从构件外部补强，施工时只在其接头处凿出孔槽，将补强钢筋锚固即可，并可在不停止生产的条件下进行。

用于加固的拉杆一般是两根，在某种情况下也可由四根拉杆组成，将拉杆借助螺栓装置成对张拉而具有预应力。预应力拉杆的形式有：水平拉杆、斜拉式拉杆、组合式拉杆等。

施工要点：

采用预应力拉杆加固时，其预加应力的施工方法宜根据工程条件和需加预应力的大小选定；拉杆在安装前必须进行调直、校正，几何尺寸和安装位置必须准确；张拉前应对焊接接头、螺杆、螺帽的质量进行认真检查，并做好记录，以保证拉杆传力可靠，避免张拉过程中断裂或滑动，造成事故。

例题 2-3 某试验楼的楼板梁为现浇钢筋混凝土结构，跨度 6.92m，建成后根据新的使用要求，梁上荷载需要增加 10kN·m，经验算证实梁的承载力不足，必须加固。

采用斜拉式预应力拉杆加固，在梁的两侧设置 2ϕ22 圆钢拉杆，拉杆于梁端 1/4 跨度处弯起成折线形，拉杆端点锚焊于梁端附近的楼板配筋上，锚焊拉杆时凿开楼板混凝土后用高强度等级砂浆修补，拉杆弯起点与梁的底之间设有传力支托，拉杆中间位置安螺栓，拧紧螺栓使拉杆伸长靠拢直至加固设计规定的位置，即建立了拉杆的预应拉力（见图 2-28）。加固后进行荷载试验，情况良好，使用一年后复查，无异常现象出现。

四、框架节点加固法

在钢筋混凝土框架结构中，梁柱相交处形成节点。框架节点的基本形式主要有：边柱节点、中柱节点、角柱节点等(2-29)。

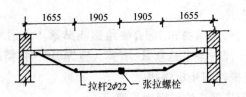

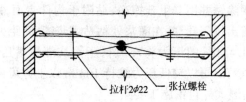

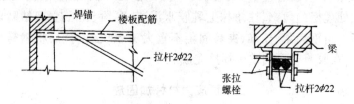

图 2-28　某楼面梁加固示意图

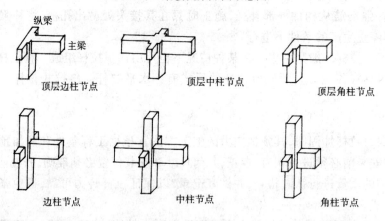

图 2-29　框架节点类型

由于节点处梁柱相交的状况不同,节点的受力也不一样。其中角柱节点的受力最为不利;中柱节点由于四周有梁的约束,受力较好,但在地震作用下,也容易发生核心区剪切破坏;边柱节点则容易发生梁筋和柱筋的粘结滑移。对已损坏的节点进行加固,首先要了解各种节点的受力状态和变形特点,然后根据其破损性质、程度采取可行的加固措施。

(一) 中柱节点

可采用钢结构进行加固,要求加固后节点能承受较大弯矩,且所加的钢结构在节点处有可靠的锚固措施(如图 2-30)。

上下柱端分别用四根角钢加固,角钢之间用钢缀板和钢箍相焊紧,以提高整体性和稳定性。考虑到弯矩的作用,上下柱端的外包角钢应锚固可靠,可用圆钢或扁钢穿过楼面把上下

48

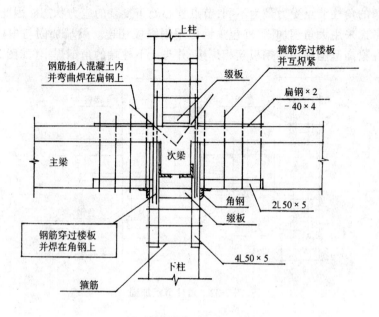

图 2-30　中柱节点加固

角钢连接起来;左右梁端分别用两根角钢包住梁底两角,梁面两侧用扁钢-40×4与穿过楼板的箍筋焊紧连接;主梁底与柱头的连接用短角钢(长度同柱宽)焊接加固;最后在节点上面混凝土内插入钢筋,并弯折焊在梁面的扁钢上。

用外包角钢进行体外加固,其加固长度参照抗震构造要求,并在角钢与混凝土之间灌胶粘剂(如甲凝、环氧树脂等)进行粘结处理,整个节点加固完成后,做钢丝网水泥砂浆面层。

(二) 边柱节点

边柱节点的上下柱端和梁端的加固方法与中柱节点基本相同,不同的是在节点外侧粘结一块钢板,并与柱端外包的角钢焊牢,钢板厚度与角钢肢厚同(如图 2-31)。

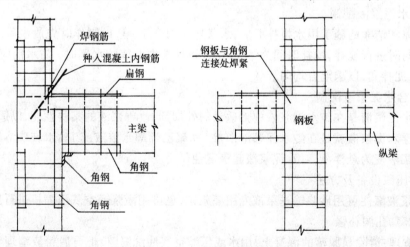

图 2-31　边柱节点加固

(三) 角柱节点

框架四角的角柱节点受力最为不利,节点核心处于复杂的应力状态。因此,角柱节点的上下柱端可考虑采用大角钢加固,外包角钢可用钢缀板相连。梁端加固与中柱节点同。角柱节点外侧在梁高范围内粘贴钢板互相焊接,并与上下柱端的角钢焊牢(如图2-32)。

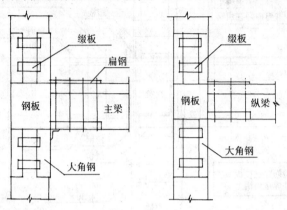

图2-32 角柱节点加固

五、水泥压浆补强

水泥压浆补强是将水泥浆液压注到结构构件的蜂窝、孔洞或裂缝中,充填并固结这些缺陷以达到补强加固的目的。这种方法用于:(1)混凝土结构构件中集料间存在空隙,形成较深的蜂窝或孔洞,不能用表面抹浆法或填细石混凝土进行补强时;(2)钢筋混凝土结构构件在外力作用下产生较大的裂缝,但钢筋尚无明显塑性变形,混凝土未严重损坏时。

水泥灌浆具有强度高、材料来源广、价格低、运输和贮存方便,以及灌浆工艺比较简单等优点,是应用最广泛的灌浆材料。

(一)浆液配制

水泥压浆补强所用浆液,有纯水泥浆液及混合水泥浆液两类。

1.纯水泥浆液配制

由水泥和洁净的施工用水搅拌而成,水灰比应为0.7~1.1,制作时先放水后放水泥,在放水泥的同时进行搅拌,搅拌时间为2~3min,如浆液中要掺防水剂时,防水剂应先放入水中,后放水泥拌和,以求混合均匀。

2.混合水泥浆液配制

混合水泥浆液是在纯水泥浆液中掺适量的外加剂,改善浆液的某些性能,以适应工程需要。如悬浮水泥浆液就是在纯水泥浆液中掺2%聚乙烯醇水溶液或1%水玻璃溶液,使易沉淀的水泥浆液变为悬浮液,对水泥浆液起稳定性作用。

(二)压浆设备及方法

水泥浆液灌注可用砂浆输送泵或专用灌浆泵,也可用灌浆罐空气压缩机进行压力灌浆。

1.蜂窝、孔洞补强

(1)清理:清除易脱落的混凝土,用水或压缩空气冲洗缝隙,把石屑粉渣清理干净,并保持潮湿。每个外露孔洞的上口要凿成向上的斜坡形,避免死角,以便填补混凝土能密实。

(2)埋管:灌浆嘴用 ϕ25mm 的管子,管长视孔洞深度及外露长度而定,一般外露8~10cm。管子最小埋深及管子周围覆盖的混凝土都不应少于5cm,以免松动。每一灌浆处埋管 2 根,一根压浆,一根排气或排除积水。管的外端约朝上倾斜 10°～12°,以免漏浆。埋管间距视灌浆压力的大小、蜂窝性质、裂缝大小及水灰比而定,一般为 50cm。用比原设计高一级的混凝土或用 1:2.5 的水泥砂浆固定埋管,并养护 3d。埋管时用混凝土把外露孔洞填补密实,在填补混凝土的同时埋入管子。

(3) 压力灌浆:在填补及埋管的混凝土凝结 3d 后就可以灌浆。预先配好浆液,用灌浆泵进行压力灌浆。压力一般用 6～8 个大气压,最小为 4 个。在第一次压浆初凝后,再用原埋入的管进行第二次压浆,并且从排气管排出清水。压浆 2～3d 后割除管子,管子孔隙用砂浆填补。

2. 裂缝补强

(1) 裂缝调查:查清裂缝的宽度、长度、深度、走向及贯穿情况,以便确定处理方法及布置灌浆嘴的位置。

(2) 裂缝处理:清除裂缝两侧破碎酥松的混凝土及浮渣等,对较深的裂缝,需沿缝凿 V 形槽,以便有效地封缝。在布嘴位置上,需凿深度为 3～4cm 的槽,便于埋嘴。

(3) 埋设灌浆嘴:凿槽处需清理干净,先在槽内用水泥净浆涂刷,再用 1:2 水泥砂浆把灌浆嘴固定。

(4) 封缝:在已清理的裂缝及两侧用水淋洒 1～2 次,并用水泥净浆涂刷,再用 1:2 水泥砂浆填缝抹平封闭。

(5) 试漏:待封缝砂浆有一定强度(常温季节 3d)后进行压水试漏。如有漏水则重新修补。

(6) 浆液配制及灌浆:根据不同情况及条件选用纯水泥浆液或悬浮水泥浆液。灌浆时,机具及方法同前。

六、化 学 灌 浆 补 强

化学灌浆补强是将一定的化学材料配制成浆液,用压送设备将其灌入缝隙内,使其扩散、胶凝或固化,达到补强的目的。

(一) 灌浆材料

化学灌浆材料具有较好的可灌性,而且能按工程需要调节浆液的胶凝时间。用于结构补强的化学灌浆材料,主要是环氧树脂和甲基丙烯酸酯类灌浆材料(表 2-8)。

主要化学灌浆材料一览表 表 2-8

类　　别	主　要　成　分	起始浆液粘度（MPa·s）	可灌入裂缝宽度（mm）	聚合物或固砂体的抗压强度（MPa）
环氧树脂	环氧树脂、胺类、稀释剂	10	0.1	40.0～80.0 1.2～2.0 (粘结强度)
甲基丙烯酸酯类	甲基丙烯酸甲酯、丁酯	0.7～1.0	0.05	60.0～80.0 1.2～2.2 (粘结强度)

1. 环氧树脂灌浆材料:可灌 0.2mm 以上的裂缝,具有化学稳定性好、可以室温固化、

收缩小、强度高、粘结力强等优点,而且其粘结力和内聚力均大于混凝土的内聚力,因此能有效地修补混凝土的裂缝,恢复结构的整体性,是一种较好的补强固结化学灌浆材料。环氧树脂灌浆材料除主剂环氧树脂外,还有固化剂、稀释剂、增塑剂、填料和其他改性剂等。

2. 甲基丙烯酸脂类材料(甲凝):是无色液体,粘度比水低,表面张力为水的1/3,有良好的可灌性和渗透性。能灌入0.05mm的微细裂缝,在0.2~0.3MPa压力下,浆液可渗入混凝土内4~6cm深处,凝结时间可任意控制在几分钟至数小时内。材料本身对混凝土、钢筋无腐蚀作用,与构件粘结强度高,灌入混凝土干裂缝能恢复混凝土的整体性;灌注有水的混凝土裂缝,如采用亲水性较好的配方和适当的工艺,也能部分恢复整体性。由于它的延伸率大,能承受混凝土热胀冷缩的变形,耐老化、能抗水、抗烯酸和碱的侵蚀,耐久性好。

甲基丙烯酸脂类灌浆材料由主剂甲基丙烯酸甲脂、引发剂过氧化苯酰、促进剂二甲基苯胺和除氧剂对甲苯亚磺酸四种主要成分组成。为在高温环境下有较长的诱导期,可添加阻聚剂焦性没食子酸。根据被灌部位的特点,还可以选加1~2种改性剂。

(二) 灌浆设备及工艺

灌浆设备包括灌浆泵、灌浆嘴、管路及配浆装置等,选用合适的设备是保证灌浆质量的重要环节之一。

灌浆工艺流程:

1. 裂缝调查:全面查清裂缝的性质,以便确定处理方案。用读数显微镜等测缝仪测量裂缝的宽度,而裂缝的深度和走向可用超声波、压水、或钻孔取样等方法检查。

2. 裂缝处理:

(1) 清理裂缝:用钢丝刷等工具清除混凝土裂缝表面的松散层等污物,用毛刷刷去浮渣,再用毛刷蘸甲苯、酒精等有机溶剂,把沿裂缝两侧2~3cm处擦洗干净。

(2) 凿槽:沿裂缝用钢钉或风镐凿成V形槽,槽宽5~10cm,深3~5cm。凿槽时先沿裂缝打开后向两侧加宽,凿完后用钢丝刷及压缩空气将混凝土碎屑粉尘清除干净。

(3) 钻孔:对不太深的表面裂缝采用骑缝钻孔,孔内埋设阻塞器和灌浆管;对较深裂缝、走向不规则的裂缝,钻孔不易全部骑缝,必须加钻斜孔,必要时可布置多排斜孔,使钻孔与裂缝相交点能成排成行分布。一般风钻的孔径为$\phi 56cm$,斜孔深度应超过缝面0.5m。孔径和排距应视裂缝的宽度和畅通情况、浆液粘度及允许灌浆压力而定。如缝宽大于0.5mm、浆液粘度较小、灌浆允许压力较大,孔距、排距可2~3m。如缝宽小于0.5mm,应适当缩小距离。如孔径过大,孔距过小,会损伤混凝土构件,反之,则灌浆不易密实。钻孔后应清除孔内粉尘与碎屑,并用粒径为1~2cm的干净卵石填入孔内至离阻塞位置约20cm左右处。

3. 设置灌浆嘴:设置位置在裂缝的交错处、裂缝较宽处及裂缝端部,如有贯通裂缝则必须在两面交错设置。钻孔灌浆装置设在钻孔内。设置间距要根据裂缝大小、走向及结构形式而定,一般缝宽0.5mm为30~50cm,缝宽5mm的为50~100cm。在一条裂缝上必须设置有进浆、排气、出浆的灌浆嘴。灌浆嘴的埋设方法,是先在其底盘上用油工刀抹一层厚度约1mm的环氧胶泥,再将进浆孔骑缝粘贴在预定位置上。钻孔设置灌浆装置的方法,是在预先准备好的钻孔内埋设阻塞器,根据钻孔直径,选择合适的橡塞直径,孔口接灌浆装置。

4. 封缝:封缝质量的好坏直接影响灌浆效果,根据不同裂缝情况及灌浆要求有多种封缝方法。对不凿槽的缝面,可用环氧胶泥或环氧树脂基液粘贴玻璃丝布封闭;对凿V形槽的缝面,可用水泥砂浆封闭;对较宽裂缝且漏水时,可用水玻璃、五矾及水配制的材料密封堵漏。

5. 压气试漏:试漏需要在封缝胶泥固化或封缝砂浆养护一定时间、具有一定强度(常温季节三天)后方可进行。试漏前在裂缝处涂刷一层肥皂水,从灌浆嘴压入压缩空气。若封闭不严,漏气时肥皂水起泡。封闭不密漏气处,可用水玻璃快硬水泥浆密封。

6. 配浆:根据不同浆材的配方(表2-9~表2-13)及配制方法配制一定数量的浆液备用。

环氧胶泥配方　　　　表2-9

材　料　名　称	规　格	配合比(重量比)	
		I	II
环氧树脂	6101号或634号	100	100
邻苯二甲酸二丁酯	工　业	30	10
甲　苯	工　业	—	10
二乙烯三胺(或乙二胺)	工　业	13~15(8~10)	13~15(8~10)
水　泥		350~450 (250~300)	350~400 (250~350)

环氧基液配方　　　　表2-10

材　料　名　称	规　　格	配合比(重量比)
环氧树脂	6101号或634号	100
邻苯二甲酸二丁脂	工　业	10
甲　苯	工　业	50
乙二胺	工　业	8~10

封缝用水泥砂浆配合比(重量比)　　　　表2-11

材　料　名　称	数　　量
水　泥	100
中　砂	200
水	30

五矾水玻璃材料配方(重量比)　　　　表2-12

名　　称		数　量
五矾	硫酸铜1	5
	铬酸钾1	
	硫酸亚铁1	
	铝钾矾1	
	钾铬矾1	
水		60
水玻璃		400

五矾水玻璃配制方法:将五矾倒入沸水中,不断搅拌至全部溶解,冷却到50℃左右,再倒入水玻璃溶液中搅拌均匀,30min后即可使用。

水玻璃快硬水泥浆配方

表 2-13

材料名称	规 格	配合比(重量比)	备 注
水玻璃	工业	400	配好溶液的相对密度为1.5左右
硫酸铜	工业	1	
重铬酸钾	工业	1	
水	工业	适量	

水玻璃快硬水泥浆配制方法:先将硫酸铜和重铬酸钾溶于适量的热水中,待冷却到室温后,将此溶液分数次倒入水玻璃中,充分搅拌均匀即成防水剂,亦称二矾水玻璃。使用时取出部分防水剂加入适量硅酸盐水泥,即成水玻璃快硬水泥浆。

7.灌浆:备齐灌浆机具,接通管路,灌浆嘴上如无转心阀门的,可套上8cm长的乳胶管。灌浆前应将所有孔上的阀门打开,用压缩空气将孔及缝吹干净,达到无水干燥状态。根据裂缝区域大小,采用单孔灌浆或分区群孔灌浆。在一条裂缝上灌浆可由浅到深、由下而上、由一端到另一端,开始进浆后注意观察,待下一个孔出浆时立即关闭转心阀(或扎紧乳胶管)。灌浆压力常用0.2MPa,在允许范围内使用较大压力可使浆液扩散范围加大,但压力需逐渐升高,达到最大压力后,应保持压力稳定,直到结束灌浆为止。然后关闭进浆嘴上的转芯阀门(或扎紧进浆嘴上的乳胶管),使缝内浆液在受压状态下胶凝或固结。灌浆结束标准一般以吸浆率小于0.1L/min,再继续压注几分钟即可(具体应视浆液凝结时间而定)。关阀门后,立即拆除管路,并用丙酮冲洗管路和设备。

8.封口结束工作:待裂缝内浆液反应到初凝不流后,拆下灌浆嘴及其他孔口装置,用环氧树脂胶泥或渗入水泥的灌浆液把灌浆嘴处抹平封好,清除灌浆嘴及孔口装置上的浆液。

(三)安全防护技术

施工时必须采用有效的防护措施:

1.有挥发性的化学灌浆材料应密封贮存,并应在阴凉通风的室内保存。

2.存浆桶应加盖,并采用封闭式灌浆设备。

3.室内试验应在通风橱中进行。在地下工程作业应布置鼓风、排风设备,作业应在浆液的上风位置操作。

4.施工操作人员应穿防护服及专用袖套,戴橡胶手套及防护口罩和眼镜。不允许用手直接接触化学灌浆材料,不得用丙酮等渗透性强的溶剂洗涤。施工操作人员在现场不进食、不吸烟。

5.灌浆结束后剩余的浆液及冲洗设备、管路的废液,应集中妥善处理,防止污染环境。

6.丙酮、甲苯等易燃易爆材料贮存处,必须远离现场,隔绝火源。在现场使用时不得用明火加热易燃品,现场应备有化学灭火器及黄砂等消防设施。

7.化学灌浆材料着火时,应迅速灭火。泡沫灭火机适用于乙醇、丙酮等的灭火;四氯化碳适用于对丙酮、苯、甲苯等的灭火;二氧化碳适用于对电气设备的灭火;黄砂适用于燃烧范围较小的液体或固体的灭火。

七、喷射混凝土补强加固

喷射法施工,由于高速高压作用,混凝土能射入宽度 2mm 以上的裂缝,并与被加固的结构紧密结合,形成整体,因此用于建筑物的补强加固速度快、效果好。喷射混凝土可作建筑物的抗震加固,也可作常见缺陷的补强加固;可整体加固,也可局部加固。

(一) 补强加固设计

补强加固方案的确定,要根据建筑物的缺陷情况、破损程度及结构特点、使用要求、施工条件综合考虑,采用相应的合理补强加固方案。

1. 喷射混凝土补强

结构构件表面的缺陷与破损,没有损害钢筋、没有引起结构变形、没有影响结构的承载能力,则可用喷射混凝土补强。

(1) 露筋:构件大面积露筋和重要构件的钢筋保护层太薄时可喷补混凝土保护层。喷补前首先清除混凝土表层的浮渣等酥松部分,外露钢筋要除锈,如伴有其他缺陷应按要求同时清理,为喷补准备好基层;喷补厚度按结构的不同使用要求而定,一般为 3~5cm,分一层或二层喷补。

(2) 蜂窝、孔洞:如构件质量较好,只是局部有较严重的蜂窝、孔洞,只需局部喷补。如整个结构构件或一个面有较多蜂窝、孔洞,则应全面喷补。

喷补前要作表面处理,清除表面及蜂窝、孔洞内的浮渣及酥松部分,尽量把蜂窝、孔洞外口凿大,避免死角,便于喷补密实。

喷补层厚度根据补强要求而定。如为局部蜂窝、孔洞的喷补,则喷补到结构构件表面平齐,再用水泥砂浆抹平即可;如为全面喷补,则喷满蜂窝、孔洞后,再在整个结构构件表面喷补 3~5cm 厚混凝土,分一层或二层喷补;如有外观要求,表面可用水泥砂浆抹平;如有防渗要求,则喷补蜂窝、孔洞后,结构表面应喷补 3~5cm 厚细石混凝土,再喷 2cm 厚水泥砂浆后抹平压光(图 2-33)。

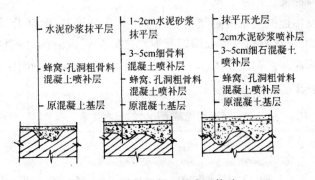

图 2-33　喷补混凝土的表面构造

(3) 腐蚀及小破损的喷补:混凝土遭受腐蚀,致使表层酥松,或由于磨损、碰撞等机械作用造成表层小破损,但深度不大(不超过保护层),钢筋没有受损或仅是表面略有薄层锈蚀,均可喷补细石混凝土。喷补厚度一般只需恢复保护层或保证原结构设计尺寸即可。喷补前必须进行基底处理,凿除混凝土表层酥松部分,至露出内部新鲜混凝土为止,钢筋要除锈,残渣要清除干净。

(4) 防渗堵漏：钢筋混凝土水池及其他容器，因混凝土不密实，或因干缩及其他非外力产生的微裂缝，引起水（或贮液）渗漏现象，可用混凝土喷补。

被喷补表面的处理：表面如为刚浇灌不久的新鲜混凝土，只需清除浮渣及酥松部分即可；如为较陈旧的混凝土，则必须凿去已受污或已腐蚀的表层，至露出新鲜混凝土为止，并清理干净。

喷补分二层进行：第一层为 5cm 厚的细石混凝土，第二层为 2cm 厚水泥砂浆。表面如需要平整光滑，再抹一层水泥砂浆找平压光。

2. 配筋喷射混凝土补强加固

构件的缺陷或破损较严重、有明显变形，影响构件的承载能力时，需用配筋喷射混凝土加固，根据需要配置钢筋或型钢。

加固方法是在构件的外面，按加固设计要求绑扎一定数量的钢筋或焊接型钢骨架，喷射一定厚度的混凝土，形成配筋混凝土外包围套。

梁、柱加固喷射混凝土的厚度：配钢筋时不小于 5cm，配型钢时不小于 10cm。在绑扎钢筋或焊接型钢骨架之前，必须对原构件进行清理，混凝土表面凿毛，严重破裂酥碎部分要凿除，钢筋应除锈。混凝土破裂处，可先用环氧树脂浆液或用 1:2 水泥砂浆填密实。

(二) 材料组成及性能

由于喷射混凝土工艺的特殊性，因此对原材料的要求也和普通混凝土有所不同。

1. 原材料

(1) 水泥：优先选用普通硅酸盐水泥，也可用火山灰硅酸盐水泥或矿碴硅酸盐水泥，不得采用矾土水泥。采用不低于 325 号水泥，水泥性能应符合现行国家水泥标准要求。

(2) 砂：采用坚硬耐久的中砂、粗砂或中粗混合砂，不宜用细砂，砂的含水率以 4%～6%为宜。砂的技术要求见表 2-14。

(3) 石：应用坚硬耐久的卵石或碎石，粒径不大于 20mm。石子的技术要求见表 2-15。

(4) 水：与普通混凝土用水相同。

(5) 速凝剂：使用速凝剂主要是使喷射混凝土速凝快硬早强，防止喷射时因重力作用引起混凝土脱落，加大一次喷射厚度及缩短喷射层之间的间歇时间，并具有粘结力强、抗渗性能好的特点。要求速凝剂初凝不大于 5min，终凝不大于 10min。使用时注意防腐与安全，并要严防受潮。

喷射混凝土用砂的技术要求　　　　　　　　　　　　　　　表 2-14

颗粒级配	筛 孔 尺 寸 (mm)	0.15	0.30	1.20	5
	累计筛余(以重量%计)	95～100	70～95	20～55	0～10
泥土、杂物含量(用冲洗方法试验)，按重量计不大于(%)		3			
硫化物和硫酸盐含量(折算为SO)，按重量计不大于(%)		1			
有机质含量(用比色法试验)		颜色不应深于标准色，如深于标准色，则以混凝土进行强度对比试验加以复核			

颗粒级配	筛孔尺寸(mm)	5	10	20
	累计筛余(以重量%计)	90~100	30~60	0~5
品　　　　种		碎　石		卵　石
强度	以岩石试块(边长≥5cm 的立方体)在饱和状态下的抗压极限强度与混凝土设计强度之比不小于(%)	200		
软弱颗粒含量,按重量主不大于(%)				5
针状、片状颗粒含量,按重量计不大于(%)		15		15
泥土、杂物含量(用冲洗法试验),按重量计不大于(%)				1
硫化物和硫酸盐含量(折算为 SO),按重量计不大于(%)		1		1
有机质含量(用比色法试验)		颜色不应深于标准色,如深于标准色,则以混凝土进行强度对比试验加以复核		

2．配合比

喷射混凝土配合比一般为:

(1) 水泥与砂石的重量比 1:4~1:4.5;每立方米混凝土水泥用量 375~400kg;

(2) 砂率:45%~55%;

(3) 水灰比 0.4~0.5。

常用配合比:1)侧喷:水泥:中砂:石子＝1:(2.0~2.5):(2.5~2.0);2)顶喷:水泥:中砂:石子＝1:2.0:(1.5~2.0)。

(4) 速凝剂掺量应按不同品种的性能试验而定,常用掺量为水泥用量的 2%~4%。

(三) 施工机具和工艺

喷射混凝土施工的主要机具有喷射机、上料机、搅拌机、空压机,还有输料管、供水设施等辅助设备。

施工工艺要点:

1．混合料的搅拌与运输

(1) 材料称量的允许偏差:水泥、速凝剂各为 2%;砂、石各为 5%。

(2) 砂的含水率应控制在 5%~7%。

(3) 混合料应搅拌均匀,颜色一致。

(4) 混合料应随拌随用。搅拌好的混合料存放时间:不渗速凝剂时,不应超过 2h;掺速凝剂时,不应超过 20min。

(5) 混合料在运输存放过程中,应严防淋雨及大块石等杂物混入,混合料在进入喷射机前必须过筛。

2．混凝土喷射作业

(1) 喷射作业面较大时,应分区分段进行。分段长度一般不超过 6m。喷射前应埋设喷射厚度标志,喷射顺序由下而上。

喷射过程中,如发现混凝土表面干燥、松散、下坠滑移或拉裂现象时,应及时清除,重新喷射。

（2）喷射作业参数选择：

1）工作压力。即在喷射混凝土正常作业时，喷射机内的工作风压。风压大小主要与混合料输送方向及距离有关。

a. 水平及垂直向下输送时：

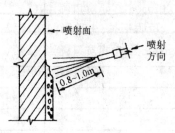

图 2-34　喷射方向及喷头距离

$$空载压力 = 0.01 \times 输料管长(m)$$
$$工作压力 = 1 + 0.013 \times 输料管长(m)$$

b. 垂直向上输送时：

风压比水平输送时要大，约每 10m 增大 0.02～0.03MPa。工作风压还与输料管弯曲程度、喷射机生产率、砂的含水率等许多因素有关，作业时应根据实际情况具体掌握。

2）喷头与喷射面间的距离，一般为 0.8～1m。喷头喷射方向与喷射面基本保持垂直，并略倾向喷射面已部分落料处（如图 2-34）。

3）一次喷射厚度。如一次喷射过厚，容易脱落；过薄，则回弹量大、质量差。一次喷射的适当厚度与喷射方向及有无掺速凝剂有关，可参考表 2-16。

一 次 喷 射 厚 度　　　　　　　　　表 2-16

喷 射 方 向	一 次 喷 射 厚 度 （mm）	
	掺 速 凝 剂	不 掺 速 凝 剂
侧　　喷	70～100	50～70
顶　　喷	50～60	30～40

4）喷射层间歇时间：当设计喷补厚度较厚时，需分层喷射作业，后一层喷射应在前一层混凝土终凝后进行。前后喷射层间的间歇时间，与水泥品种及有无掺速凝剂等因素有关。若终凝 1～2h 后再进行喷射，应用水清洗前一层混凝土表面。

（3）操作喷射机及喷头应注意：

1）作业开始时，应先给风，后给电，再给料。结束时，应等料喷完后再停电，然后关风源。

2）向喷射机供料应连续均匀。喷射时，料斗应保持足够的存料。

3）施工中因故不能继续作业时，喷射机和输料管内的积料，必须及时清除干净。

4）喷射机中的工作风压，一般应满足使喷头处的压力在 0.1MPa 左右。

5）喷射时严格控制水灰比。应根据喷出料流动情况，密切注意保持混凝土表面平整，呈湿润光泽、粘性好、无干斑或滑移流淌现象。

3．混凝土养护

喷射结束终凝后 2h 即应喷水养护，连续养护 14d。

（四）质量检验

1．对原材料及配合比检查

2．作喷射混凝土厚度及构件尺寸检查

3．喷射混凝土强度检查。主要是作抗压强度试验，评定试块抗压强度合格的条件是：

（1）同批试块的抗压极限强度平均值,应符合设计要求。

（2）任意一组试块的抗压极限强度平均值,不得低于设计强度的 85%。

（3）限制低于设计强度的试块组数。当同批试块为 3～5 组时,不得多于 1 组;当同批试块为 6～16 组时,不得多于 2 组;当同批试块为 17 组以上时,不得多于总组数的 15%。

例题 2-4 钢筋混凝土水池补强

1. 工程概况

某水池为 1000m³ 的圆形全封闭式钢筋混凝土结构,直径 19m,高 4m,壁厚:底部为 220mm,顶部为 120mm,顶、底板厚度为 100mm。混凝土设计强度为 20.0MPa。抗渗要求达到 0.6MPa 不渗水。

水池施工质量较差,池壁内外表面麻面、蜂窝、孔洞现象严重,仅内表面蜂窝、孔洞有 47 个,占内壁总面积的 3% 左右。

2. 补强方法

（1）在池内共喷补四层:先在孔洞部位喷补粗集料混凝土填实蜂窝、孔洞。再在内壁全喷 5cm 厚的细集料混凝土。第三层喷 2cm 厚的水泥砂浆。第四层抹水泥砂浆找平层(如图 2-35)。这样喷补使池壁具有补强、抗渗、平整、光滑的效果。

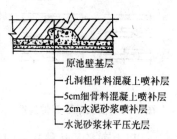

——原池壁基层
——孔洞粗骨料混凝土喷补层
——5cm细骨料混凝土喷补层
——2cm水泥砂浆喷补层
——水泥砂浆抹平压光层

图 2-35　水池内表层喷补

（2）主要材料配合比:425 号以上的普通硅酸盐水泥,纯净的粗细混合砂,粒径为 5～15mm 的碎石。混凝土配合比均为 1:2.5:2.5(水泥:砂:粗或细碎石),水灰比控制在 0.45 左右。水泥砂浆配合比为 1:3(水泥:砂)。

3. 补强效果

水池喷补后进行了检查。留取喷射混凝土试块的强度超过设计强度 20%,水池放满水,经一个多月的观察,没有渗水现象,抗渗性能良好。

八、粘贴钢板加固

粘贴技术是一门既古老又年轻的技术。目前,无论是粘贴用胶,还是粘贴对象、粘贴规模、粘贴工艺等各方面都有了很大发展,已研制了各种不同性能的粘贴用胶,其中,结构胶粘剂已广泛应用于建筑物的各种修补、连接、加固、修复工程。特别是用结构胶粘剂在混凝土构件的外部粘贴钢板,其补强效果非常好。这种外部粘贴钢板的方法主要用于以下几种情况:

（1）因设计或施工有误,造成的配筋不足。

（2）由于施工不填,发生钢筋错位。

（3）因使用情况改变,构件需要增加承载力。

（4）其他原因需要补强。

粘贴钢板的牢固程度,除与所选用的胶粘剂有关外,正确的粘贴技术是关键。粘贴技术包括:

（一）粘贴接头的设计

粘贴接头是通过胶粘剂将两个部件粘贴为一体的过渡受力部位。部件的外形、材质与受力状态不同,粘贴接头设计的要求也不同,其关键在于保证受力均匀,充分发挥粘贴效果。

不同外形的部件其接头型式如下：

1. 板形或条形部件的连接型式

常用的几种部件接头型式如图2-36,图中粗黑线表示胶粘剂层。

2. T形连接

T形连接的接头型式如图2-37所示。图中箭头表示受力方向。从图中可知:(d)、(e)两种接头具有较好的受力性能。

3. 直角连接

直角连接或增强连接的接头型式如图2-38。

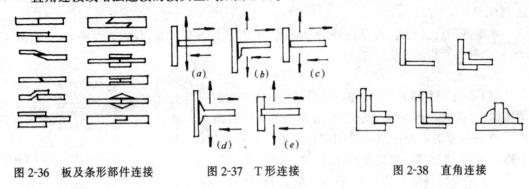

图2-36 板及条形部件连接　　图2-37 T形连接　　图2-38 直角连接

以上列举了几种常用的连接型式。在应用时要根据工程具体情况,设计最合理的连接型式,以期增加粘贴面积,并使外力作用于粘结强度较大的方向,取得较好的粘贴连接效果。

（二）表面处理

被粘贴件的表面处理是取得良好粘贴效果的重要一环。粘贴前,要除去被粘贴件表面的水分、灰尘、油污等多种杂质及疏松的表面氧化膜,形成牢固的新的表面氧化膜。

1. 对旧混凝土构件的粘贴面,可用硬毛刷沾高效洗涤剂,刷除表面所沾油腻污物,用冷水冲洗。再进行打磨,除去 $1\sim2$ mm 厚的表层,并用无油空气吹去细粉粒。然后以盐酸:水 $=15:85$ 配成的溶液涂在表面,在常温下放置 20min。接着用有压冷水冲洗,用试纸测定其表面的酸碱性,若呈酸性时,可用 2% 的氨水中和至中性,再用冷水洗净,完全干燥后即可涂胶粘剂。

如混凝土表面不是很脏很旧时,可对粘贴面凿毛磨平,去掉 $2\sim3$ mm 厚的表层,完全露出新面,用高压风除尘或用清水冲洗干净,干燥后用脱脂棉沾丙酮擦拭表面即可。

2. 对新混凝土构件的粘贴面,先用钢丝刷将表面松散浮渣刷去,用硬毛刷沾洗涤剂洗刷表面,用有压冷水冲洗。再用盐酸:水 $=1:2$ 配成的溶液在常温下涂敷,放置 15 min。表面与酸接触后会产生小气泡,可用硬尼龙刷刷除,再用冷水冲洗。随后用氨:水 $=3:97$ 配成的氨水中和。用有压冷水冲洗干净,完全干燥后即可涂胶粘剂。

对较干净的新混凝土构件表面,可用钢丝刷刷去松浮物,用脱脂棉沾丙酮擦拭,直至无污渍为止。如粘合面较大时,在刷去松浮物后,用高压风除尘或用清水冲洗干净,干燥后再用脱脂棉沾丙酮除去油污。

（三）配制胶粘剂

表2-17列出几种常用胶粘剂的形态、胶粘条件、粘结力、耐热、耐寒及耐化学性的综合情况,以供参考。胶粘剂配方与性能见表2-18。

合成胶粘剂的种类与性质 表 2-17

胶粘剂（主要成分）	形态	加热	加压	时间	剪刀	剥离	高温	低温	水	酸	碱	石油类	醇	酮	酯	芳烃
聚氨酯	V	×△	△	×	+	○-	-○	++	+	○			-	-		
环氧树脂	P Pa Fi	×△	×	△	+	-	○	-	+○	+	+	○+	+○	-	-	+○
酚醛树脂	F,S	×△	△	△	+		+	+	+	+	+		+	+	+	+
酚醛树脂改性乙烯类	F,S	△	△	△	+	-	+	-	○-	+		○+	-	-		+
酚醛树脂改性氯丁	F,S	△	△	△	+	+	+	-	+	+	+		+			+
丁脂橡胶改性酚醛树脂	F,S	○+	○+	○+		+	+	+	+	+	+		+	+	+	+
酚醛树脂改性聚酰胺	F,S	△	△			-○		+	+	+			+			+
酚醛树脂改性环氧	F,I	×△			++	-					○+					+
环氧改性聚酯	V	×△	△		-											○
环氧改性聚酰胺	V	×△	△	△	+	+	○+	+	○	○		○+	-			-
环氧改性聚硫橡胶	V	×△	×	△	○+	○	+	+	+	+						+

注：1. 形态代号：S—溶液；F—薄膜；P—粉末；Pa—糊状；；Fi—液体；V—粘稠液体
 2. 胶粘条件代号：△—需要，×—不需或略需。
 3. 粘结力及耐久性代号：++—优；+—良；○—可；-—差；---—很差。

胶粘剂配方与性能 表 2-18

配 方		粘 结 性 能（剪切强度 MPa）	
名 称	用 量（重量计）	常温 7d（固化）	60°（12h 固化）
主剂：环氧树脂 6101 号	100		
增韧剂：邻苯二甲酸二丁酯，分析纯	15	13.0	15.0
稀释剂：丙酮，工业纯	15		
固人剂：乙二胺，分析纯	7～8		

（四）粘贴工艺

胶粘时先将配制好的粘合剂,用抹刀同时涂抹在已处理好的混凝土表面上(胶层厚度约 1.5～2mm)和钢板上(中间胶层厚约 2～3mm,边缘胶层厚约 1～1.5mm),然后把抹好胶的钢板立即粘贴到混凝土预定的部位。若是立面粘贴,而且粘贴面之间的间隙较大(超过 4mm)时,为防止胶液流淌造成空隙,影响粘贴质量,在胶层中可加一层玻璃布。即先抹一层薄胶,贴一层经脱蜡的玻璃布,再抹一层胶后贴上钢板即可。粘贴好钢板后,用手锤沿粘贴面轻轻敲击钢板,如无空洞声音,表示已粘贴密实。若内部空洞声音范围较大,应揭下钢板进行补胶处理后,再把钢板粘贴上。钢板粘贴好后,立即用夹具夹紧或用方木支撑,将钢板固定好,保持 6h 内不移动,固定压力约 0.05～0.1MPa,压力需均匀,保持在 15℃ 以上 24h,然后可拆去夹具或支撑,三天即可受力使用。

复习思考题

1. 试述梁、板、柱中各种钢筋的作用和构造要求。
2. 试述钢筋混凝土各种基本构件受力破坏形态及其属性。
3. 钢筋混凝土常见的质量缺陷有哪些? 试分析其产生的原因。
4. 试述钢筋混凝土裂缝的种类及其特征。
5. 为保证新旧混凝土的结合,维修时应注意哪些问题?
6. 框架节点有哪些基本形式? 各种节点如何进行加固?
7. 试述水泥压浆补强的优点、适用条件及施工方法。
8. 环氧树脂和甲基丙烯酸脂(甲凝)这两种灌浆材料在使用上有何异同?
9. 试述化学灌浆的工艺流程。
10. 喷补混凝土有哪几种构造作法。
11. 试述粘贴钢板加固的粘贴工艺。
12. 粘贴钢板前对混凝土构件如何进行表面处理?
13. 试述加大截面加固法的类型和适用范围。
14. 试述外包钢加固法的类型和特点。

第三章　砖砌体结构的维修

第一节　砖砌体结构的一般知识

一、砖砌体结构构件的作用

砖砌体房屋结构主要由三部分组成:墙(柱),楼(屋)盖和基础。

楼、屋面荷载是通过梁传到墙(柱),然后通过墙(柱)传到基础和地基。因此,对于砖混结构房屋,砖墙(砖柱)的主要作用是承受荷载,即承受楼、屋面传来的垂直荷载(包括自重)、风荷载和地震荷载,并把它们传到基础。砖基础包括柱基础和墙基础,它的作用是承受砖墙(砖柱)传来的荷载并传递到地基。

砖砌体除上述作用外,还起着防风、雪、雨的侵袭,保温、隔热、隔声、防火等作用,按使用要求起分隔作用。因此,砖砌体应有足够的强度和稳定性,以保证建筑物坚固耐久。

二、砖 砌 体 强 度

砖砌体是用砖和砂浆砌筑而成,因此砌体的强度主要取决于砖和砂浆的强度。砖包括普通灰砂砖、炉渣砖等。常用的砂浆有水泥砂浆、混合砂浆等。

1．砌体材料的选用

(1) 一般房屋承重砌体,砖的强度等级有 MU20、MU15、MU10、MU7.5,砂浆强度等级有 M10、M7.5、M5、M2.5。

(2) 地面以下或潮湿环境的砌体,一般选用 MU10、MU15 的砖,M10、M7.5、M5 的砂浆。

2．砖砌体强度

砖砌体强度包括抗压强度、抗拉强度和抗剪强度。砖砌体的抗压强度按规范规定的试验方法确定。抗拉强度包括轴心抗拉强度和弯曲抗拉强度。轴心受拉砌体有两种破坏形式:沿齿缝破坏或沿砌体截面与竖直灰缝形成的直缝破坏;弯曲受拉砌体有三种破坏形式:沿齿缝、通缝或直缝破坏,这几种破坏情况决定于砌体的灰缝抗拉强度和砌块本身抗拉强度的大小。砌体的受剪情况可分为沿灰缝成阶梯形破坏及沿通缝截面破坏,由于阶梯形中竖缝的抗剪强度很低,因此,两种破坏的抗剪强度取值相同,主要决定于砖与砂浆的切向粘结力,因而只与砂浆的强度有关。砖砌体强度的各项指标应按规范采用。

三、砖砌体结构的构造要求

(一) 墙、柱的构造要求

1．受振动或层高为 6m 以上的墙、柱所用材料,砖为 MU10 以上,砂浆为 M5 以上。

2．承重独立砖柱最小截面尺寸 240mm×370mm。

3．砖砌体的转角处、交接处应同时砌筑,对不能同时砌筑必须留槎时,应砌成阶梯形斜槎。实心砖砌体的阶梯形斜槎长度不应小于高度的 2/3。如做直槎,必须做成阳槎,并加设拉结筋,其数量每 120mm 墙厚放置 1φ6 的钢筋,埋入长度每端不应小于 500mm。钢筋末端应有 90°弯钩。

4．在跨度大于 6m 的屋架或跨度大于 4.8m 的梁支座处,应设置混凝土垫块,或按构造要求配置双层钢筋网的钢筋混凝土垫块。当墙中设有圈梁时,垫块与圈梁宜浇成整体。

5．用砌体的挑出层做屋檐时,屋檐的全部挑出长度不超过墙厚的 1/2。而每一皮的挑出长度,不超过砖长的 1/4～1/3。

6．因需要在墙体中开洞时,要考虑墙体受力情况,孔洞宜设在非承重墙或受力较小的墙体中。

7．在纵横墙交接处,砌体应相互搭砌,否则应设置拉结筋,如图 3-1 所示。

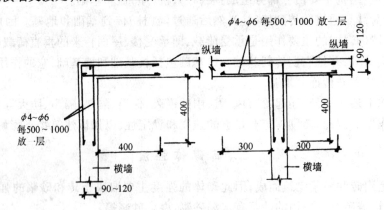

图 3-1　纵横墙拉结筋

（二）过梁的构造要求

1．砖砌过梁的砖强度不宜低于 MU7.5。砖砌平拱用竖砖砌筑部分的高度不小于 240mm。砂浆强度不宜低于 M2.5。

2．钢筋砖过梁底面砂浆层处的钢筋,直径采用 φ6、φ8,根数不少于 2 根,间距不大于 120mm,钢筋(带 90°弯钩)伸入支座砌体内不小于 240mm,砂浆厚度为 30mm,应用 1:3 水泥砂浆,其强度不宜低于 MU5。

（三）圈梁的构造要求

1．圈梁应连续设置在墙的同一水平上,形成封闭圈,并应与横向墙、柱连接,连接的间距不宜大于 25m。

2．当圈梁被洞口切断时,应在洞口上部砌体中设置相同截面的附加圈梁。附加圈梁与被切断的圈梁搭接长度如图 3-2 所示。当圈梁被大梁或其它构件隔断时可在大梁等构件端部的相应位置预留穿筋孔或预埋搭接钢筋,搭接长度每边不小于 30 倍的钢筋直径。

3．钢筋混凝土圈梁的宽度一般应与墙厚相

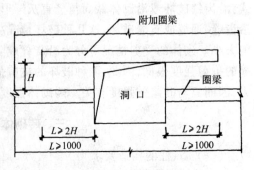

图 3-2　洞口处附加圈梁的搭接长度

等,当墙厚 $d>240$mm 时,不宜小于 $2/3d$;高度应等于砌体每皮砖厚度的倍数,并不应小于 120mm;其纵向钢筋不宜小于 $4\phi8$,钢筋搭接长度不少于 30 倍钢筋直径,箍筋间距不宜大于 300mm,混凝土强度等级一般不宜低于 C15。圈梁在房屋转角处及丁字交叉处的连接构造如图 3-3 所示。

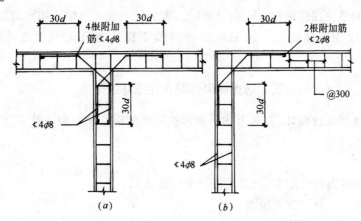

图 3-3 圈梁连接构造
(a)丁字交叉处连接构造;(b)转角处连接构造

第二节 砖砌体结构耐久性破坏的主要表现及防止措施

一、砖砌体结构耐久性破坏的主要表现

砖砌体结构在不良的环境和不利的工作条件下,其耐久性会降低,从表面的轻微破坏开始,逐渐扩大和深化,直至砌体失去工作能力。

耐久性破坏的过程为:抹灰层起壳、碎裂脱落→砌体表面起麻面、起皮、酥松、鼓泡→砌体表面剥落→腐烂部分向砌体深度发展、向四周扩大连成片→灰缝粉化、砌体受力截面减少→腐烂砌体通透、块体松动掉出、砌体完全破坏。由此看出,砌体耐久性破坏的过程就是其腐烂的过程,其实质就是砌体受腐蚀的结果。

二、砖砌体结构受腐蚀的主要部位、原因

(一) 受腐蚀的主要部位

1. 基础:土壤中含有侵蚀性介质的地下水,使砖基础的砖及灰浆受腐蚀。同时,地基土在腐蚀后变得疏松,诱发基础的不均匀下沉。

2. 墙身:主要是外墙勒脚部位、内墙经常潮湿的部位和檐口等较为多见和严重。勒脚及其以上砌体是由于受地下水位毛细管作用,水被上吸和扩散,水将砖里的硅酸盐、铝酸盐溶解,发生碱蚀。外墙、柱是因风雨影响、干湿交替作用的次数多和太阳光紫外线照射而发生碱蚀所致。

(二) 受腐蚀的原因

1. 砖是多孔制品,受雨水、地下水湿润后,孔隙内的水对孔壁周围会发生物理、化学作用。

2．大气中含有水分和各种化学气体和物质，形成酸、碱，由于砖的主要成分是二氧化硅和氧化铝，因此，极易在砖表面起化学反应，受到腐蚀。

3．蒸汽凝结。在防水、防潮失效时，使砖墙反复干湿变化，砌体内产生各种内应力，加速腐蚀的发展。

应该注意的是，在建筑和居住密集地区，人为的因素（如住户用水设备及排污管的渗漏或雨水在房屋中渗漏积存，长期潮湿和通风不良）也会大大加速砖墙的腐蚀和破坏。

三、防止砖砌体耐久性破坏的措施

防止砖砌体耐久性破坏，应对上述因素和被腐蚀的部位采取相应对策，特别是以预防和保护为主。

1．防潮：

（1）及时维修失效的防水层，维护好已有的防水层；

（2）严禁在墙上开洞直接排水；

（3）保持厨、厕管道的通畅；

（4）经常检修屋面，做到不渗不漏；

（5）保持室外场地平整和排水坡标高连续递变，防止房屋周围积水；

（6）地下水位较高时，采取措施降低地下水位：设盲沟、盲井等；

（7）对附近有大量侵蚀性气体或污染的房屋，应抹相应的防护砂浆。

2．加强砌体受腐蚀情况的检查：

（1）定期观察、记录和分析砌体被腐蚀的发展情况；

（2）观察和检查时，宜用手锤、钢钎进行局部开凿，定性时可用试纸、试液测定酸碱性；

（3）对容易被腐蚀的特殊部位要加强观测。

3．采取相应办法对已被腐蚀的砌体及时维修，并防止砌体周围有扩大被腐蚀的可能。

第三节　砖砌体的裂缝

一、砖砌体裂缝概述

砖砌体的裂缝是常见的，是砌体结构的一种常有缺陷。造成砌体裂缝的原因很多，一般根据裂缝是否与荷载有关、是否影响安全而加以区别。当裂缝的发生不是由于砌体受荷造成的，称之为非受力裂缝。出现非受力裂缝，不会明显降低结构的强度，不会导致房屋的破坏，但是会造成几方面的危害：(1)渗漏会影响房屋美观和正常使用；(2)破坏房屋的整体性，各种内力的传递受到阻隔；(3)降低房屋的刚度和稳定性；(4)加速墙体被腐蚀。因此，砌体裂缝的发生，不管是受力或非受力裂缝，对房屋的正常使用都有一定影响，必须足够重视。

二、砖砌体非受力裂缝产生的原因及基本型式

由于砖砌体的抗拉、抗剪强度很低,在较小的拉应力和不大的剪应力作用于砌体内部时,都有可能超过其抗拉、抗剪强度,从而使砌体拉裂或剪裂。一般地,拉裂的裂缝走向与拉应力方向垂直,而剪裂则是与该对剪力的方向相一致。对砌体而言,内应力方向往往与竖向成一定角度,造成非受力的斜裂缝。非受力裂缝的主要型式有:

(一) 沉降裂缝(如图 3-4)

1. 由砌体沉降变形不一致引起。裂缝发生在房屋轻重悬殊的两部分交接部位,通常在较轻一侧墙体中上段出现斜裂缝,或者出现竖向剪裂状的裂缝,部分砖被剪断。

2. 由地基不均匀沉降引起,地基土由于房屋上部荷载差异较大或基底土质不均匀而发生不同程度的压缩沉陷,导致上部砌体开裂,其形式与砌体沉降变形引起的裂缝相似,但裂缝多在墙体下段发生,并且更明显、严重。这类裂缝通常发生在下列部位:

(1) 地基土压缩性有明显差异处;

(2) 分批建造的房屋交界处,新建的影响到旧房开裂,尤其是新房基础埋深大于旧房基础时更易发生;

(3) 建筑结构或基础类型不同者的相联处;

(4) 建筑物高度差异或荷载差异较大处;

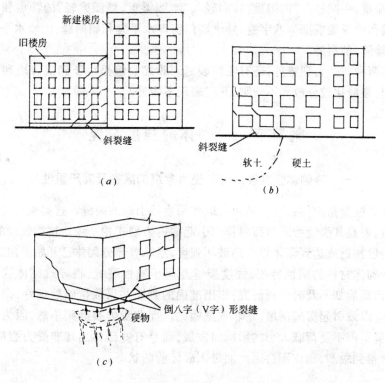

图 3-4　基础沉降裂缝

(a)新建筑影响;(b)地基不均匀下沉;(c)硬物影响

(5) 局部软弱地基土的边缘或局部地下坚硬部分的边缘处;

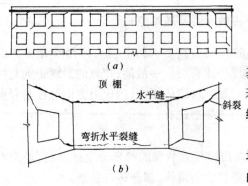

图 3-5　温度变化胀缩裂缝
（a）纵向外墙温度裂缝（主要在顶层）；
（b）端开间室内裂缝

(6) 建筑平面的转角处；

(7) 承重墙与非承重墙交接处；

沉降裂缝与基础、墙体质量有一定关系：若基础刚度大，可能出现整体倾斜而不一定开裂；若墙体均匀，受削弱面较少，适当设置圈梁，则裂缝不易发生。

必须指出，沉降裂缝本质上是属于强度破坏，但它和荷载作用下产生的强度裂缝是不一样的。前者的发生和发展取决于沉降差的大小和分布、砌体的整体性和构造连接；而荷载作用产生的强度裂缝，其形式与位置是和荷载引起的内力型式、承载截面位置相对应的。

（二）温度裂缝（如图 3-5）

通常结构是各部分互相联系、互相牵制的，不允许无约束地自由变形。当温度变化大、墙体热胀冷缩而又受到各种连接约束时，砌体内部产生的温度应力相当大；当砌体温度变化所发生的变形与相连接的构件变形不一致，尤其是砌体处于受拉状态时就很容易开裂，所以受阳光照射机会较多的砌体，其温度裂缝的发生就更容易、更严重。温度裂缝具有"顶层重，下层轻"、"两端重，中间轻"、"向阳重，背阴轻"、"半圈梁重，整圈梁轻"的特点和规律。裂缝的形态是横墙和内纵墙端部为八字缝；外纵墙门窗口水平缝和斜向缝；山墙水平裂缝以及屋面板底（纵向接缝）的裂缝。

除了上述两种非受力裂缝外，还有收缩裂缝。收缩裂缝是由于砌筑砖块和灰浆的体积不稳定而引起，裂缝比较分散和不规则，开裂表现不明显。

第四节　砖砌体的强度裂缝

一、砖砌体强度裂缝与非受力裂缝的区别及其严重性

砌体强度裂缝是指砌体强度不足及荷载作用直接引起的裂缝。这类裂缝常发生在砌体直接受力部位，而且其裂缝型式与荷载作用引起的内力型式相一致。这类裂缝的出现，说明构件内的应力已接近或达到砌体相应的破坏强度，意味着部分砌体已开始退出工作，是破坏的预兆。由于砌体材料的脆性特征，强度裂缝是属于脆性裂缝，将导致砌体脆性破坏。因此，这类裂缝出现后如不及时分析研究，作出准确的判断并采取措施处理好，砌体则很容易发生突然破坏，以致引起房屋倒塌，是非常危险的。而非受力裂缝则不然，因为与荷载的关系不直接，裂缝不但不受荷载大小的影响而发展，而且有些砌体出现非受力裂缝后，内部的应力状况还会得到缓和，砌体不会因此而进入破坏前的状态。

二、砌体强度裂缝的主要型式

为了便于对照，现将 9 种主要的强度裂缝形式列于表 3-1。

	构件及受力形式		构件举例	裂 缝 形 式
1	轴心受压及小偏心受压构件	竖向荷载	墙、柱、基础等	
2	轴心受拉构件	水平拉力	圆形水池	
3	受弯构件及大偏心受压构件	水平受弯	扶壁式挡土墙	
4		侧向受弯	承受水平荷载的墙柱	
5	受弯构件及大偏心受压构件	垂直受弯	砖砌平拱的跨中	
6		弯矩与剪力共同作用	门窗过梁支座附近	
7	受剪构件	水平剪力	挡土墙水平滑动面等	
8		竖向剪力	承受竖向荷载的砖挑檐等	
9	局部挤压	竖向集中力	承受竖向荷载的大梁支座等局部范围	

三、造成砌体强度裂缝的原因

（一）设计上的失误

1. 构件不能满足承载力的要求：如构件截面尺寸、块材及砌筑砂浆选用不当造成；

2. 连接节点构造不合理：如由于连接构件不当，造成节点受力状态与设计要求不一致或削弱了砌体受力截面；

3. 对构件受力变形和构件间的变形差异考虑不足：如对受荷轻重不同的变形缺乏计算；

4. 砌体稳定性不足，尤其对某一方向的稳定欠考虑；

5. 加强整体性的措施不够，墙段联结差，传递及扩散荷载的能力差。

（二）施工质量不良

1. 砌体垂直度、平整度、灰缝饱满度差，咬搓不良，造成砌体强度下降；

2. 违反操作规程施工：如分段砌筑时，其连接高度过大；垂直通缝等。

（三）维护和使用不当

1. 改变用途，加大荷载：如楼房改建时，任意加层，或者上部增加较多的隔墙等；

2. 水平构件挠曲变形，使墙体受推动，以致受力状态改变；

3. 受力砌体因其它因素所损坏，以致承重截面被严重削弱。

四、砖砌体强度裂缝的判定方法

砌体出现裂缝后，只有正确地分析和判定裂缝的属性、类型以及强度不足的程度，才能及时采取适当的措施，保证房屋的安全。判定砌体裂缝的属性和类型，主要根据如下几种途径。

1. 根据裂缝的形态，判定引起裂缝的应力种类。如为斜裂缝，一般是剪应力或主拉应力引起的；

2. 根据裂缝所在部位和这些部位受荷的应力状态，以及构件各种部位可能发生裂缝的特点，综合考虑裂缝发生的原因。首先应从受荷应力与墙体开裂的形式对照，然后再综合分析其它因素的可能性。

3. 对可能是受荷载引起的强度裂缝，应测定该砌体的有效承载截面尺寸和材料强度（可依据设计与施工资料或取样测定），然后根据实际承载状态，对砌体构件进行承载能力的核算，以确定是否属强度裂缝及估算承载能力不足的程度。核算工作应按照国家有关结构设计规范及施工规程进行。

第五节　砖砌体结构的维修与加固

一、砖砌体结构的维修

（一）砖砌体受腐蚀的基本维修方法

1. 剔碱：剔除表面受腐蚀部分后，及时用 1:3 石灰黄砂灰浆或 M2.5 混合水泥砂浆修补，防止腐蚀继续发展。当剔碱面较深较大，面积超过 $1m^2$ 时，应间隔陶通几块砖再进行粉补;剔碱后砌复的砖墙最上一道水平缝,除灌足灰浆外,还要用铁片等楔紧。此法适用于砖墙轻度腐蚀的情况。

2．掏碱:是对受腐蚀较严重的局部砖墙采取局部挖换的处理方法。所掏补的墙身使用顶砖处理,必须用整块的顶砖,补砌的墙身应搭接牢固,咬槎良好,灰浆饱满,掏补所用灰浆与剔碱相同。

3．架海掏砌:对受腐蚀较严重的多层房屋底部墙身,采用钢、木支撑后,对受腐蚀的墙带或大片墙体进行分段拆掏,留出接槎,分段接槎掏砌,连续施工直至把腐烂部分全部掏换干净。掏换部分的顶部水平缝应用坚硬的片料楔紧并灌足砂浆。掏砌灰浆至少为 M2.5,按不同要求可用 M5、M7.5 等较高等级的砂浆。应该注意,架海掏砌时分段长度不宜超过1.0m;条件较好时,最大分段长度也不要超过 1.2m,否则应采取特殊支撑和构件支托等措施。

(二) 砖砌体非受力裂缝的维修

1．消除引起开裂的原因

主要是消除地基沉降差异、墙体压缩沉降差异、温度变化应力等方面对产生裂缝的影响,避免修复后的墙体再产生裂缝,也防止已有裂缝的继续发展。但这些措施仅局限于裂缝开展尚不严重,还未影响房屋安全的情况下使用。

(1) 消除地基沉降差异的影响。在地基下沉量较大部位的上方砖墙作好支撑加固,然后拆除已开裂分离的墙体、基础部分,重做扩大补偿基础。对墙体开裂范围较宽者,可加做地梁;对沉降差异不大且已经基本稳定的,可对开裂部位用 1:1 水泥砂浆填塞裂缝(也可采用垂直于裂缝的钢梢嵌入墙体内并抹水泥砂浆保护),将开裂的两部分重新拉结,而不用拆除开裂的墙体。

(2) 消除墙体压缩沉降差的影响。在设计和修建房屋时,应按规范要求控制好墙体的高低差,必要时设置变形缝;当必需要高低墙连成整体时,应设置分散压力的垫梁,以避免裂缝的发生。裂缝出现后,应在其稳定时采用加钢梢和水泥砂浆填缝的办法解决;当裂缝较大时,可拆去高低连接处的砖带,浇捣一段抗剪能力强的钢筋混凝土垫梁,然后补砌、填缝。

(3) 消除和减轻温度变化应力的影响。温度裂缝产生的原因有屋面隔热性能不满足规范要求、砌体砂浆强度过低、圈梁构造较弱等,因此,应根据应力的大小、方向和被作用砌体的可变形能力,设法减少温度变化值和避免变形累积,以减少温度变形或把不可免的温度变形分散作用于房屋的各部分,以减少墙体的开裂。具体措施有:

屋面设置通风降温效果良好的隔热层。隔热层与屋面基层应留有较大空隙,表面涂以反射色并覆盖至屋面基层的最外缘。

加强顶层钢筋混凝土圈梁的设置,以提高砖墙的整体性。

房屋的长高比控制在 2.5~3.0 之间,以保证房屋的整体刚度。沿外纵墙长度每隔20m,在圈梁上设变形缝(圈梁可不断开)。

设计时考虑增加墙的厚度。外墙粉刷吸热系数小的淡色灰浆或涂料。

屋面结构每隔一定距离设置分隔缝,缝内填以弹性油膏或其它弹性防水材料。

鉴于建筑物端部的开间是裂缝多发区,因此,应重点加强:外纵墙与内横承重墙交叉处、山墙与内纵墙交叉处设构造柱,内纵墙与内横承重墙交叉处视具体情况增设抗裂柱,抗裂柱一般只在顶层设置,其上下端锚固于上下圈梁内,也可将抗裂柱伸至下一层,即两层抗裂柱,

71

其下端锚固于更下一层的圈梁内;为增强顶层端部砌体强度,在顶层端部从山墙起两开间范围内,内外纵墙及承重横墙处设水平缝钢筋,一般 240mm 墙沿竖直方向@500 设 2ϕ6,也可加 ϕ4 钢筋网片,网片以点焊为宜。为增强砌体抗剪强度,并为砖缝配筋考虑,顶层砂浆不得低于 M5。

由于屋面挑檐为外露结构,对温度十分敏感,不仅本身容易开裂,同时对墙体裂缝也有一定影响。为此,对挑檐的纵向配筋要适当加强;施工时要注意控制水灰比和坍落度,减少用水量,以防止或减少裂缝的出现。

  2．砌体出现裂缝后的维修

砌体出现非受力裂缝后,首先考虑消除引起开裂的因素,采取相应的措施使裂缝得以稳定和抑制。此外,还要解决已出现裂缝的消除问题,具体措施有:

(1) 压力灌浆修复法。当裂缝较轻并已稳定时,可采用压力灌浆法进行修复。其做法是用空气压缩机或手压泵将粘结剂灌入砖墙裂缝内,将开裂墙体重新粘合在一起。试验表明,按这种方法修复后的墙体均可达到原有的强度。这种方法的优点是设备简单,施工方便,价格便宜,很适用于砌体裂缝不严重时的修复。

目前较常用的粘合剂有二种,一种是用 107 胶水泥砂浆作粘合剂,是用普通水泥、砂子和 107 胶(聚乙烯醇缩甲醛)三种材料按一定比例配制而成。掺入 107 胶的目的,是为了增强水泥砂浆的粘着力,提高水泥的悬浮性,延缓水泥沉降时间。要按照裂缝的宽度,配制相应的浆液,如缝宽 5~15mm,水泥:107 胶:水:砂=1:0.2:0.5:1。另一种是用水玻璃砂浆作粘合剂,是由碱性钠水玻璃、矿渣粉、砂和氟硅酸钠四种材料按一定比例配制而成。

灌浆前,应首先用水泥砂浆抹严墙面漏浆的孔洞与缝隙;清水墙砖缝不牢时,应先将松动部位清理,然后进行勾缝封闭;若墙体修复后还需进行水泥砂浆面层或钢筋网砂浆面层补强时,则应先进行抹面;待裂缝处的砂浆封闭层(可用水泥:砂子:107 胶=1:3.0:(0.05~0.15)做封缝浆)有一定强度后(常温季节一般 3d 即可),往每个灌浆嘴注入适量清水,然后即可灌浆。

灌浆应自下而上循序进行,灌浆压力控制在 200kPa 左右,直至不再进浆或邻近的灌浆嘴溢出浆液时,即可停止,然后再依次移至其他灌浆嘴处继续灌浆。灌浆后将灌浆嘴拔出,遗留孔洞用水泥砂浆堵严。

(2) 粉补法。当裂缝较长且比较稳定时,用高等级的水泥砂浆粉刷墙身,将裂缝口封闭、胶粘剂覆盖,达到将墙体外表面均匀拉锚为一个整体的效果。由于外粉的水泥砂浆不能太厚,当裂缝仍有一定活动性或要求墙体有一定的抗裂能力时,常在裂缝两侧表面的粉刷砂浆中挂贴钢筋网(钢丝网),形成抗拉、抗压和抗剪能力较好的钢筋网(钢丝网)水泥砂浆抗力层,使墙体的整体性得到加强。这是一种很有效的方法,但施工比较复杂,费用较高,所以常用的是不贴钢筋网的水泥砂浆粉补,而挂贴钢筋网的则多用于加固补强。

(3) 筒箍法。适用于柱状砌体构件发生非受力裂缝、腐蚀以及质量不良时的加固。柱状砌体构件的非受力裂缝常贯通砌体横断面,大幅度降低了构件的承载能力,必须及时给予补偿。因此,在砌体构件四周箍以钢筋和一定数量的竖向钢筋,浇捣 4cm 厚以上的混凝土,使砌体构件被围箍成整体而且增加了一圈的钢筋混凝土截面,达到消除裂缝并提高砌体构件承载力的效果。

(4) 调整荷载法。砌体开裂后虽经修补,但承载能力不免会有所降低。当房屋的其它构件尚有一定的承载潜力时,可将开裂砌体的荷载调整到有潜力的构件中去,如加支托梁、支柱等。使开裂构件在降低了承载能力的情况下仍能正常工作。

(5)拆砌法。墙体裂缝较大,不拆砌无法恢复结构的原状时,可将裂缝严重的部位局部或大部分拆除,用高强度等级砂浆补砌新墙,以恢复其既有的强度和功能。所拆旧墙要拆出槎子,便于搭接。

为了保持上部砌体或楼屋面结构不动的情况下进行下部大段墙体的拆修,要先做好拆砌范围内上部砌体和各层荷载的全部支托工作,使上部荷载通过支撑结构,稳固地传递到地面上,支托方法可采用临时支撑架或钢筋混凝土托梁;然后进行下部旧墙体的拆除工作,接着砌筑新墙,在新墙砌筑完成并达到预定强度后,方可将临时支撑全部拆除。

当需要拆砌的墙段较长时,为了保证上部砌体结构的稳定与施工安全,可采用分段支托、分段拆砌的方法。逐次分段支撑后,把该段下部砖墙拆成阶梯状,再砌新墙,使各段墙体衔接为一体。

采用临时支撑架进行掏砌大面积墙体时,为了防止可能出现的墙体下陷、松动、开裂等现象,可采用钢筋混凝土托梁的施工方法。

当房屋需要在适当位置新开门洞或在原有门洞上将门口扩大时,如住宅房屋要开大门口改为营业铺面使用,可采用"组合砌体框架"的方法来开设大门洞。此法安全可靠,施工方便,节省材料,并可收到美观的效果(如图3-6所示)。

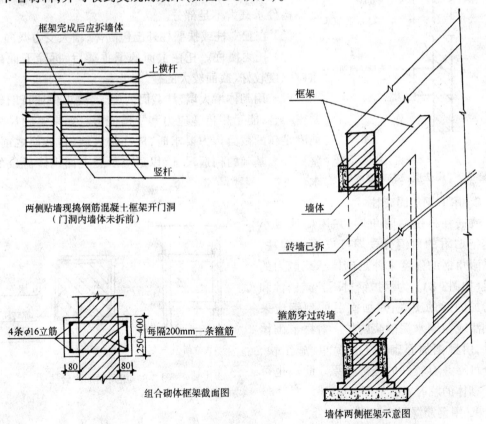

图3-6 开大门洞方法

（三）砖砌体强度裂缝发生后的维修

砌体强度裂缝发生后，其维修方法主要有：加固、局部拆除改砌和减荷使用等。较常采用的是加固方法，加固后可使砌体承载能力提高，满足实际承载力的需要。当砌体构件破损较严重，影响到房屋的其它部位，或加固工艺有困难时，应采取局部拆除重砌的办法。在重砌时可应用强度较高的砌筑材料或用其它强度较高、延性较好的构件代换局部砌体。减荷使用只适合于房屋使用上可以调整荷载分布并且调整后原砌体构件的承载能力足以承担新荷载的情况。不论是局部拆除重砌或是减荷使用，都必须经过验算，保证新砌的砌体构件或是结构减荷后的受力状态均能满足实际承载力要求。

二、砌体结构的加固

（一）墙、柱强度不足的加固

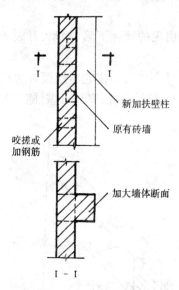

图 3-7 用扶壁柱加大墙截面

墙、柱强度不足的加固，应进行强度核算，根据核算确定承载力不足的差值，合理选定加固材料、构件应有的截面以及相应的施工方法。

1．用砌体增大墙、柱截面

（1）在墙上增砌扶壁柱。利用增砌的扶壁柱与原墙体组合（如图3-7），使承载截面增大，增加的承载能力应能补足原构件承载力不足部分。

（2）在独立柱或扶壁柱外围包砌体，增大受力截面。

（3）托梁换柱。托住上面的承重梁后，拆除下面砌体重砌强度较好、截面较大的柱。

对于用砌体增大墙、柱截面的施工，要求保证新旧砌体紧密结合，能互相传递应力和协调变形。如果基础尺寸不能满足新的截面传力要求时，应在增大墙、柱截面之前，调整和扩大基础的构造尺寸，以适应承受上面砌体荷载的要求。

2．用型钢加固砖柱

在砖柱外围贴附角钢，并用扁铁或小型钢把贴附的角钢分段焊接成为格构柱，以贴附角钢的强度来补足砌体承载能力的不足（如图3-8）。为保护钢材不外露锈蚀和保持加固后的美观，对加固后的型钢应采用油漆或粉刷水泥砂浆防护。对柱形砌体构件，用型钢加固砌体工艺简单、施工快、安全可靠并有较好的经济效果。此法也可用于砌体的临时紧急加固。

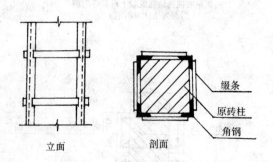

图 3-8 用角钢加固砖柱

3．用钢筋混凝土加固

这种加固型式，新旧结合比较好，增加截面后强度较高，可获得较好的补强效果，常用于墙、柱永久性的加固。但钢筋混凝土加固后需要较长时间才达到要求的强度，所以不宜用于紧急临时加固。

（1）用钢筋混凝土作成扶壁柱加固墙体（如图3-9）。

用钢筋混凝土加固砌体应注意保证新增混凝土与原有砌体的结合并适当用钢筋与原有砌体连接（如图3-10）。

（2）用钢筋混凝土筒箍加固柱状砌体（如图3-11）。

4．增设受力支柱（或墙体）进行加固

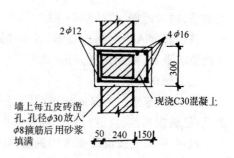

图 3-9　增设扶壁柱加固砖墙（平面）

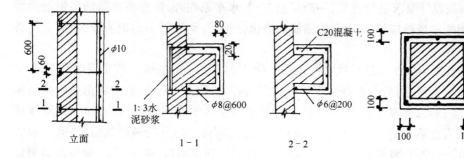

图 3-10　扶壁柱加固示意图　　　图 3-11　用钢筋混凝土套箍加固砖柱

在原有砌体承受荷载最集中、承载能力差值最大的位置增设新的支柱（或墙体），以承受部分荷载，使原有砌体部分卸荷，弥补原砌体承载能力的不足。增设的支柱，可视具体条件采用不同的材料（钢筋混凝土、钢、砌体均可）。对新增支柱本身及其基础必须通过验算，保证其具有足够的承载力和稳定性。

5．对局部挤压开裂的处理

砌体受局部挤压发生开裂后，上面的梁、屋架、柱均有下沉的趋势。维修时，首先对梁、柱等构件作好临时支撑，将支座处开裂的砌体局部拆出，然后浇钢筋混凝土梁垫。梁垫必须经过验算，保证梁垫下有足够的挤压面积。对原有梁垫，应重新验算，不满足要求时应更换。如上述措施仍不能满足挤压的强度要求，则应考虑把局部砌体拆除，换砌强度较高的砌体或换做钢筋混凝土组合钢柱等强度较高的构件。

6．外加面层加固墙体

外加面层有水泥砂浆面层、钢筋网水泥砂浆面层、钢筋混凝土面层。面层可以是双面的或单面的。

（1）水泥砂浆、钢筋网水泥砂浆面层

水泥砂浆面层的砂浆强度等级宜采用 M10，其厚度宜为 20mm。

钢筋网水泥砂浆面层的砂浆强度等级宜采用 M10；砂浆面层厚度宜为 35mm，钢筋外保护层厚度不应小于 10mm，钢筋网片与墙面间空隙不宜小于 5mm。钢筋网直径宜为 $\phi4 \sim \phi6$，网格尺寸宜采用 300mm×300mm。墙体单面加面层的钢筋网应用 $\phi6$L 形锚筋，用水泥砂浆固定在墙体上；双面加面层的钢筋网应用 $\phi6$S 形穿墙筋连接。L 形锚筋和 S 形穿墙筋宜分别间隔 600mm 与 900mm 呈梅花状布置。钢筋网四周应与楼板、大梁、柱、墙体连接，可用锚筋、插入短筋、拉结筋等连结方法。钢筋网的横向钢筋,当遇有门窗洞时,单面加固的墙体宜将钢筋弯入窗洞侧边锚固,双面加固的墙体宜将两侧横向钢筋在洞口相连。加固后的墙面要求平直,阴阳角处方正,无空鼓、干缩裂缝及露筋现象。

施工操作要点:

1）清理基层。为保证加固面层与原墙体粘结牢固,必须认真清理原墙面,刷洗干净并凿毛;已破损部位,要进行局部修补或拆砌,如有裂缝应先修复。

2）在墙面上按设计要求的钢筋网络尺寸,标出周边钢筋、水平和竖向钢筋位置;按梅花形标出拉结筋位置,拉结筋必须布置在钢筋网交叉点上,在拉结筋位置用电钻或电锤钻孔,穿墙孔径应大于钢筋直径10mm。

3）钢筋网按设计要求进行绑扎,一般竖筋在内,水平筋在外,注意将拉结筋与钢筋网绑扎牢固;钢筋网按贴墙面应用 $\phi6$、$\phi8$ 的钢筋头垫出保护层;钢筋网中的钢筋接头,可采用搭接或焊接。

4）水泥砂浆采用 325 号硅酸盐水泥和粒径为 0.2～0.4mm 的砂。砂浆稠度宜为 70～80mm。墙面充分润湿后,分三遍抹水泥砂浆:第一遍厚度约为 10mm,要求将钢筋网与墙体之间的空隙抹实;第二遍厚度约为 10～15mm,要求砂浆将钢筋网全部罩住,如当日不能抹第三遍砂浆,则需在第二遍砂浆表面扫毛或划出斜痕,以利于与第三遍砂浆粘结;第三遍砂浆厚度可为 10mm 左右,砂浆初凝时,压光 2～3 遍,以增强密实度,防止开裂;如墙面尚需做饰面工程,第三遍砂浆压实后在表面上划出斜痕以利粘结。

5）抹水泥砂浆面层,要求气温在 5℃ 以上,可分两遍抹完,每层厚度约为 10mm。分遍抹水泥砂浆时,各遍砂浆的接茬部位必须错开,距离不得小于 400mm。水泥砂浆终凝后,必须进行浇水养护。

(2) 钢筋混凝土面层

板墙厚度宜采用 60～100mm,混凝土强度等级宜为 C20,钢筋宜为 Ⅰ 级或 Ⅱ 级。可配置单排钢筋网片,设在板厚中间,竖向钢筋直径可为 $\phi10$ 或 $\phi12$,横向钢筋可为 $\phi6$,间距 150～200mm。混凝土板墙与楼、屋盖应用短筋连接,锚固长度不少于 40 倍直径;板墙与两端墙应连接,沿墙高每隔 1m 设 2$\phi12$ 拉结钢筋,伸入混凝土板墙长度不少于 1m。

施工操作要点:

1）墙面基层清理,钢筋网片的固定措施与上述钢筋网水泥砂浆面层做法相同。

2）浇筑或喷射混凝土采用 425 号或 325 号普通硅酸盐水泥;采用粒径不大于 15mm 的碎石或卵石;砂子采用中、粗砂。浇筑用混凝土坍落度宜为 40～60mm。

3）模板安装要平直、严密,充分利用原墙面做联接支承点。

4）混凝土须连续浇筑。浇筑混凝土墙的厚度 ≤100mm 时,应用直径为 30mm 的插入式振捣器进行振捣。振捣时不得触动模板。

(二) 墙、柱稳定性不足的加固

对墙、柱稳定性不足的加固原则是加强支承联结,减少高厚比,将倾斜墙体恢复至垂直状态。具体办法有:

1. 加强水平承重结构的刚度,保证水平结构对墙、柱不产生水平推力;

2. 加强屋盖(楼盖)与墙、柱支承点的锚固,如加梁垫、锚固螺栓等;

3. 加大墙、柱厚度,减少高厚比。也可以采用扶壁柱的办法;

4．增加墙、柱的中间锚固支点，减少结构高度，如增加连系梁、增设夹层楼盖等；

5．对倾斜墙、柱进行拉、牮，恢复垂直。对墙体倾斜，可用夹具将墙夹牢，用卷扬机通过钢丝绳拉正或用撬棍利用杠杆原理推顶恢复垂直(如图 3-12)；

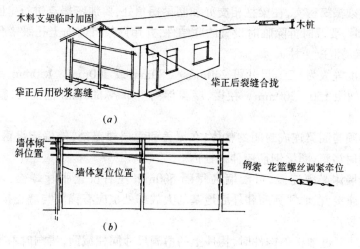

图 3-12　倾斜房屋牮正示意图

(a)外观图；(b)纵剖视图

6．拆去一侧腐烂导致偏心受力的墙体及严重倾斜且不易恢复垂直的墙体，再重砌；

7．加设圈梁和拉杆。

（三）砖过梁的加固

1．用现浇钢筋混凝土过梁替换砖过梁；

2．用型钢作过梁楔入门窗边水平缝支承原有砖过梁；

3．当过梁跨度及荷载均较小时，则直接在原过梁底加配钢筋伸入过梁下墙支座处，外抹水泥砂浆保护层。

（四）增加砌体房屋整体性的措施

1．外加现浇钢筋混凝土圈梁

混凝土强度等级为 C20，钢筋为 Ⅰ级或Ⅱ级，截面尺寸不应小于 $180mm \times 120mm$，纵筋不少于 $4\phi8$，箍筋不小于 $\phi6$，间距不大于 $200mm$。

外加圈梁应在楼、屋盖标高或紧靠楼、屋盖，且在同一水平标高交圈闭合。在阳台、楼梯间等圈梁标高变换处，应有局部加强措施。外加圈梁与墙体的连结可采用螺栓、锚筋或胀管螺栓。锚筋直径不应小于 $\phi12$。胀管螺栓直径可为 $M10 \sim 16$，且适用于砌筑砂浆强度等级不低于 M2.5 的墙体上。

施工操作要点：

（1）支模前，应检查圈梁位置的原墙面是否清理干净，不得有酥碱、油污或强度降低的饰面层等现象。

（2）圈梁主筋在拐角处 1.5m 范围内不宜有接头。必须搭接时，绑扎搭接长度应大于 $40d$，单面焊接搭接长度应大于 $12d$（d 为钢筋直径）。

（3）模板安装应平直牢固，拼装严密。应充分利用原构件作圈梁模板支承点，并尽量采用简便脚手架施工。

（4）钢筋的成型、绑扎或焊接应符合设计及有关规范的要求。混凝土浇筑前，先清理模板内的杂物，再浇水润湿墙体和木模。

（5）圈梁混凝土应连续浇筑，需要留施工缝时，应留在圈梁两支点间距的 1/3 处，并留直茬。混凝土须振捣密实，在梁柱相交处和圈梁拐角处，要加密振点进行捣固。

（6）拆模时，要及时拆除临时设置的联结件，并用砂浆将墙面上孔眼堵严。

2. 外加钢筋混凝土柱

混凝土强度等级为 C20，尺寸可 240mm×180mm 或 300mm×150mm，纵筋可配 4ϕ12，箍筋直径 ϕ6，间距 150～200mm。在楼、屋盖标高上下各 500mm 范围内，箍筋间距不应超过 100mm。

外加柱必须与圈梁连成封闭的整体，在屋盖和每层楼盖处，外墙应设钢筋混凝土圈梁，并与外加柱同时浇筑，圈梁钢筋应伸入柱内。

外加柱与墙体必须连接，可沿墙高每隔 500mm 左右设置胀管螺栓、ϕ14 压浆锚杆或 ϕ12 锚筋与墙连接，在地坪标高和外墙地基的大放脚处也应有锚筋与墙连接。

施工操作要点：

（1）外加柱穿过楼板等构件时，构件上的凿洞尺寸同柱截面，凿洞时不得切断构件内的钢筋。

（2）外加柱内的竖向钢筋，在每层中应保持连续，上下层柱钢筋的搭接，其接头位置应设在圈梁顶面以上部位，搭接长度应符合设计要求。

（3）模板安装应垂直、严密。尽量利用所附墙体做支承点。为防止模板内倾，在已绑扎好的柱筋内要设置水平短筋。支模时，柱子中部的侧模应预留进料口，底部预留清扫口。

（4）浇筑混凝土前，先清除模板内杂物，对所附墙面及木模，要充分浇水湿润。混凝土应分层浇捣，每层浇筑厚度不得超过 500mm。浇筑每层柱子下部混凝土时，混凝土必须从预留的进料口灌入。振捣时，振捣棒应插入混凝土内 50mm。浇筑好的混凝土要认真进行养护。每层柱子必须连续浇筑，施工缝可留在各层圈梁上皮位置。

例题 3-1　某厂食堂建造在填土层上，砖墙围护，砖柱承重。建成后不久地基显著不均匀沉降，导致结构严重裂缝、倾斜和局部破损，被迫停止使用，决定等待沉降稳定后处理（如沉降速率很大，需作临时支撑，以免发生以外）。

一年半后观测资料表明沉降已趋于稳定，结构裂缝不再发展，地基和基础经鉴定未予加固。对于墙体，根据砖结构裂缝、倾斜和破损程度的不同分别进行了处理。

砖墙一般的裂缝并不严重，但分布较广，采用了压浆修补；裂缝较严重的承重砖柱和砖壁柱，采取加大截面方法加固，以恢复砖柱承载能力，加固方法是在原砖柱截面上每边增砌半砖，增砌部分每 5 皮放 ϕ6 钢筋一层；个别砖壁柱倾斜和开裂严重，已达破损阶段需拆除重砌，在拆除前，应搭设脚手架支撑其上部荷载；有个别墙面向外倾斜达 4cm，在外部增设砖墩支撑，以保持砖墙稳定。

经过上述处理后，结构使用情况良好。

例题 3-2　某厂综合大楼为四层砖混结构，楼板为预制钢筋混凝土空心板，纵墙承重，条形基础。由于砖墙砌筑质量差，灰浆厚薄不匀，砌体抗压强度不足，在底层和二层窗间墙的中部产生了许多竖向裂缝，最大裂缝宽 3mm。

采用角钢套箍对窗间墙进行了加固。对于厚49cm、宽1.24m的窗间墙,用四根∟75×6的角钢套住四个墙角,并用临时性夹具将角钢夹紧,角钢之间焊以−60×6的水平连接扁钢。因窗间墙宽度较大,套箍形状过于扁长,不能有效地发挥其箍紧作用,固在窗间墙内外两面各加设一根竖向扁钢,并在墙中间穿设了螺栓拉结,加固示意如图3-13所示。安设角钢前,将墙面原有抹灰层清除刷洗干净,抹M10水泥砂浆一遍,以使角钢与墙面接触严密。钢箍安装后再第二次抹灰,共4cm厚。

加固后未见异常。

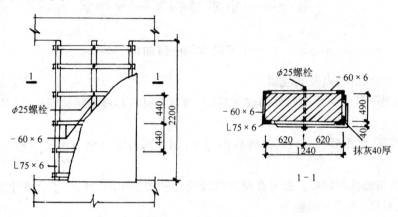

图 3-13　某窗间墙用型钢加固实例示意图

复 习 思 考 题

1. 砖砌体结构为什么要设置圈梁? 试述圈梁的构造要求。
2. 试述砖砌体耐久性破坏的过程及预防措施。
3. 试述砖砌体非受力裂缝产生的原因及基本型式。
4. 试述砖砌体受力构件的类型及强度裂缝型式。
5. 砌体出现裂缝后有哪些维修方法? 其适用范围如何?
6. 墙、柱强度不足有哪些加固方法?
7. 试述外加面层加固墙体法的施工要点。
8. 加强砌体房屋的整体性有哪些措施? 试述其施工操作要点。

第四章 钢木结构的维修

第一节 钢木结构的一般知识

一、钢结构的一般知识

（一）钢结构的特点及其应用

钢结构是一种受力性能较好的建筑结构，与其它材料制造的结构相比，它具有以下的特点：

1. 强度高，自重轻。在一定的荷载作用下，钢结构所需要的截面尺寸较小。便于运输和吊装。

2. 塑性和韧性都较好。钢材在受力时经受比较大的变形而结构不会发生突然破坏；对动荷载适应性强，不会突然脆断。

3. 制作简便。钢材可按结构的需要进行裁截切割加工，型号、品种丰富，便于选用。

4. 连接方便。钢构件连接可以采用焊接、铆接及螺栓连接等方式，既可在工厂也可在施工现场进行，组装和拆卸都较方便。

由于钢结构的上述优点，其维修、拆换以及利用钢构件对结构进行加固都非常便利。但钢结构也有下列的一些缺点：

1. 钢材容易锈蚀，并将会导致结构损毁。

2. 钢材耐火性能差。受到高温时，其受力性能明显降低；在火灾影响时，会导致房屋的倒塌。

3. 由于一般钢构件的截面较小，长细比大，因此稳定性较差，必须有稳定的支撑系统。

根据钢结构的特点和我国钢材生产的情况，钢结构应用于大跨度结构、高层建筑中的骨架、要求灵活组装的结构等。

（二）常用建筑钢及其规格

1. 常用建筑钢

钢结构所使用的钢材主要有普通碳素钢和普通低合金钢。现行的《钢结构设计规范》（GBJ 17—88）中规定，最常用的是 Q235 钢、16 锰钢。

Q235 钢的材料强度、伸长率、可焊性及疲劳强度等力学性能，适合一般的工业与民用建筑中的钢结构使用。同时，此钢种我国生产量较多，价格比较适中，因而成为目前建筑钢中使用最多的钢种。

选用的钢材必须保证其抗拉强度、屈服点、伸长率，冷弯试验值等主要指标达到《钢结构设计规范》的各项要求。

2. 钢材的规格及选用

钢结构所用的钢材主要有钢板和型钢。

（1）钢板

厚度 $\delta > 4mm$ 的厚板,常用于主要受力构件,如梁、柱、屋架等构件的翼板、腹板、连接板;厚度 $\delta \leqslant 4mm$ 的薄板,常用于次要构件或轻型结构。

（2）型钢:常用的有角钢、工字钢、槽钢和钢管等。

角钢一般和其它型钢配合,组成受力构件或作为构件之间的连接件。

工字钢主要用作单梁、柱或组合柱等构件。

槽钢有普通槽钢和轻型槽钢两种,最大型号是 40 号,常用作柱的组合件或受弯构件。

钢管由于截面对称,面积分布合理,作为受力构件很有利;但其价格比较昂贵且是相同截面积中抵抗矩最小的一种形状,不宜作受弯构件,只能有选择地使用在受拉或受压的构件。

除此以外,常使用薄壁型钢。薄壁型钢是用薄钢板或其它轻金属板压制而成,其截面形式及尺寸可合理设计,甚至可按使用要求制作成特殊截面,使其能充分发挥钢材的强度。

3．连接材料的选用

（1）手工焊接用的焊条:焊接 Q235 钢时采用 E4313～E4311 型焊条,焊接 16 锰钢时采用 E5003～E5011 型焊条。

（2）对 Q235 钢的铆接结构常采用 ML2 号钢铆钉,对 16 锰钢的铆接结构常采用 ML3 号钢铆钉。

（3）一般构件的普通螺栓连接,常采用甲类 3 号钢;较重要构件的螺栓连接,常采用 16Mn 钢。

（4）高强螺栓宜采用 45 号钢或 40 硼钢制造,并经过热处理以提高强度、硬度和塑性,是钢结构维修的有效连接材料。

（三）钢构件的受力类型

1．轴心受拉构件,如屋架的下弦杆、竖直腹杆和钢索等。

2．轴心受压构件,如屋架的上弦、斜腹杆及支柱等,支柱的型式分为实腹式和格构式。根据轴心受压构件的受力特征,一般多采用格构式。格构式轴心受压构件,按其设计和制作形式的不同,还可分为缀板式和缀条式两种(如图 4-1)。

3．受弯构件,如屋盖梁、平台梁、吊车梁等。

此外,还有拉弯和压弯构件。对屋架来说,还需设有水平支撑、垂直支撑、交叉支撑和其它连系构件等。

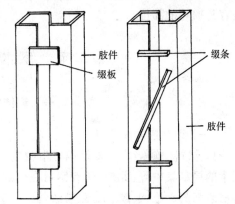

图 4-1　格构式受压构件示意图

二、木结构的一般知识

（一）木材受力的基本知识

1．木材受力的特性。木材的强度有异向性,当受力方向与纹理方向相同(顺纹)时,其强度最大;当受力方向与纹理方向垂直(横纹)时,强度最小;当受力方向与木材纹理方向有一定夹角(斜纹)时,木材的强度随着夹角的增大而降低。

2．承重构件的选材。按照《木结构设计规范》(GBJ 5—88)的规定,材质分为三级,应根据构件的受力种类选用适当等级的木材。

受拉或拉弯构件,如屋架下弦杆和连接板用一等材;

受弯或压弯构件,如屋架上弦、大梁、檩条等用二等材;

受压构件及次要受弯构件,如支撑、连系杆等用三等材;

选用的各等级木材的材质标准,应符合规范对木材缺陷限制的规定。

(二) 木构件的基本形式及受力特点

1．竖向构件,包括整体式和组合式两种。整体式竖向构件是指用一根完整的木料做成的木柱;而组合式是指用两根或两根以上的木料组成一个支柱。一般木柱在工作状态时是处于顺纹轴心受压状态,由于木材的强度较高,因此柱的截面较小,当柱子较长时,必须考虑纵向弯曲的影响,以保证其稳定性。

2．水平构件。其种类主要有:

(1) 木檩条。通常用圆形或矩形木材制成,采用悬臂、简支等支承形式。

(2) 木龙骨。用圆木或方木制成,按间距 400～600mm 平行排列,上面钉木板条。

(3) 木梁。一般用整根圆木或矩形木材制成,也有用各种方式拼接而成。梁式构件在工作时处于受弯状态,对于单跨梁,其截面上部受压,下部受拉,当荷载较大时,挠度比较明显。因此,必须控制梁式构件由荷载引起的挠度,容许挠度值一般控制在跨度的1/250。

(4) 木屋架。其形状由屋面形式和排水方式等要求确定,一般为三角形豪式屋架。屋架的上弦杆和斜杆处于受压工作状态,下弦杆和竖杆处于受拉状态。屋架下弦的跨中节点挠度反应最敏感;而支座节点受力情况比较复杂,由于齿联结的质量、木材的腐朽等原因,是最容易损坏的部位。

第二节　钢木结构的缺陷与检查

一、钢结构的缺陷与检查

(一) 钢结构的缺陷

1．材料的缺陷。主要是钢材本身在生产过程中发生的缺陷,如气孔、夹渣及各种化学元素的局部集中等;此外,还有钢材在熔炼结晶时产生的裂缝;在冷加工时产生的脆化;以及钢材表面的砂眼、起鳞、刻痕、裂纹等。

2．结构强度不足。由于设计方面的失误、使用时超载、构件制作和安装时的缺陷、或者构件连接所用的材料和构造不当等原因,都会造成结构强度不足。此外,当钢结构受到火灾或高温,表面温度达到 1000℃ 以上时,结构本身会被烧伤,使其强度降低或被破坏。

3．钢材生锈和腐蚀。一般分为三种类型:

(1) 表面腐蚀。由于潮湿空气、雨水等的长期作用,使钢材表面布满锈斑。这种锈蚀影响较小。

(2) 穿透锈蚀。由于钢材表面局部遇到雨水而产生电解层,造成局部的、狭小的孔蚀,尽管孔的直径不大,但是孔深会减少钢材的横截面,因而这种锈蚀对构件锈蚀造成影响。

（3）钢材内部晶块腐蚀破坏。由于荷载长期作用产生的应力，加上锈蚀的继续，使钢材内部的晶粒遭到破坏。这种破坏从表面看腐蚀不严重，但其内部的应力损伤很严重，有可能使构件发生断裂。

（二）钢结构的检查

钢结构是由各种构件通过连接而形成的受力整体。因此，钢结构的检查应包括整体性检查、受力构件检查、连接部位检查、支撑系统检查和钢材锈蚀检查等。

1．整体性检查。检查结构的整体是否处于正常工作状况，结构的整体稳定性是否足够，结构是否发生过大的倾斜及变形等。

2．受力构件的检查。检查各构件能否正常受力，是否存在变形、裂缝、压损、孔蚀及其它缺陷等。

3．连接部位的检查（包括焊缝、铆钉和螺栓连接）。焊缝检查应着重注意在使用阶段是否开裂，焊缝的长度、厚度等是否符合设计要求。一般采用外观检查的方法，必要时还要借助力学试验或专用仪器检查。对于铆钉和螺栓连接的检查，应着重注意其连接是否牢固可靠，受力时是否松动和被切断。

4．支撑的检查。包括支撑的布置方式是否正确和符合结构设计的要求，支撑是否出现裂缝、蚀孔和松动等缺陷，其锚固是否可靠等。

5．钢材锈蚀的检查。要进行定期的和经常性的检查，对于严重锈蚀的钢材，应采用较精密的测量工具（如游标卡尺、千分尺等），测定锈缝的深度，查明构件截面削弱的程度，通过计算校核确定是否需要采取维修或加固。

二、木结构的缺陷与检查

（一）木结构容易变形和稳定性不足

木结构发生过大变形后，会产生或增大受力的偏心距，在构件中产生新的附加应力，导致构件破坏，丧失稳定甚至倒塌。

木结构的异常变形可以从顶棚下垂，顶棚抹灰有规律的裂缝以及屋架支座处结构的倾斜等现象观察出来。

木结构变形的测量和检查，对于水平受弯构件来说，主要是测定最大挠度和挠度曲线；对于竖向构件来说，应测定其倾斜度，必要时应当测定侧向变形的挠度曲线。

通常采用水准仪测量水平构件的挠度，采用经纬仪或悬吊线坠的方法测量竖向构件的变形。当不能直接量测时，则可以从墙体的倾斜与开裂来发现木结构的倾斜，从顶棚下垂或屋面局部凹陷了解木结构的挠度变形。并根据经验和间接了解到的情况，估量其变形的严重程度。

结构的挠度变形程度，可根据测量或估量的结果，从相对挠度、挠度曲线形式和变形发展速度三方面来加以判断。

木结构在使用过程中的相对挠度，不得超过《木结构设计规范》（GBJ 5—88）规定的容许限值。

木结构正常挠度曲线形式与结构荷载分布情况和刚度变化有关。一般木屋架的荷载分布和刚度变化都是对称和均匀的，因而挠度曲线也是对称的，如果挠度曲线不对称或者曲线中出现突变点，则反映结构的局部已经破坏。

在正常情况下,木结构的变形会随时间而增大,但变化的速度是越来越慢。如果变形突然增大或变形发展速度突然加快,这是结构出现异常的现象,表明结构已经局部破坏,并有进一步破坏的可能,必须及时组织检查和处理。

木结构的整体稳定,除了基本构件应有足够的强度、刚度外,还与各种支撑的合理布置和可靠的构造连接有关,因此,要从整体稳定的角度对相关部位进行检查,并采取相应的加固措施。

（二）结构强度不足

表现较突出的是构件或连接措施受到破坏或局部退出工作,如构件被折断、劈裂、压弯变形,连接节点局部变形等。

木结构的连接,有齿连接、螺栓连接、钉连接、键连接等。构件在这些部位往往受到构造措施的削弱,内力传递比较集中,出现最常见的缺陷:受剪面裂缝。开裂后,使部分受力面退出工作,增加受剪面的应力,严重时,会导致结构破坏。

（三）木材易腐朽和虫蛀

腐朽和虫蛀的木材,材质本身受到破坏,影响了构件的受力面积。调查表明,因木材腐朽造成的事故占木结构事故的 60%,且腐朽的速度越快,木结构的使用寿命越短。腐朽的速度除与树种及制作时木材的含水率有关外,更主要的影响因素是木材所处的外界环境。如:木屋架埋于砌体中的部分,在受潮后不容易干燥;木柱与潮湿土壤相接触或位于地下水位附近的部分,由于受潮最易腐朽,检查时应特别注意;对处于隐蔽工程中的木结构,可局部拆除隐蔽构造作暴露检查。

（四）木材树种、材质方面的缺陷

由于树种很难完全适应建筑所在地的气候等条件,往往会发生受力不良和干缩、裂缝、斜纹开裂等。木材本身的缺陷如木节、髓心,对结构受力也有一定的影响,其程度取决于缺陷在木构件中的受力位置、木节的大小及数量、髓心断面的数量等。

对于木材裂缝的检查应注意区别干缩裂缝和受力裂缝。受力裂缝的位置与受力情况相对应,而干缩裂缝出现的位置与木材收缩规律相对应。

第三节　钢木结构的维修与加固

一、钢结构的维修与加固

（一）钢结构的防锈

锈蚀是钢材的最大弱点,所以,定期进行防锈检查及除锈处理,成为对钢结构维护的重要内容。

钢材的锈蚀是与外界的工作条件密切相关的。经常处于高温潮湿的环境,受酸碱侵蚀的部位,露天放置受潮,受有害气体侵蚀,凹凸不平处和易于积水的部位等都特别容易产生锈蚀。锈蚀还与钢材的材质有关。

防锈处理常用的方法是油漆。质量好的油漆能使钢材表面产生保护膜,从而作为钢材与外界环境的隔离层,有效地防止外界的有害物质对钢材的侵蚀。

油漆分底漆和面漆。底漆中含粉料多,基料少,成膜粗糙,与钢材表面的粘结力强,并能与面漆很好地结合,常用的底漆有红丹防锈漆、铁红防锈漆、铁红环氧底漆等;而面漆则粉料少,基料多,成膜后有光泽,能有效地保护底漆及钢材免受大气有害物质的侵蚀,常用的面漆有油性调合漆、磁漆等;除此以外,还有防腐蚀性能更好的防腐蚀漆,如:环氧防腐漆、沥青耐酸漆、环氧沥青清漆等。

钢材在涂刷油漆或涂料前,应先把构件的表面清理干净,如有锈迹,应彻底清除,以便增加漆膜与构件表面粘附能力。对需要进行重新油漆维护的钢结构,应根据不同情况分别处理:对大面积漆膜完好只局部有锈时,只需将锈蚀的部分除刷即可;如锈蚀的面积较大或旧漆已失去附着能力,应将旧漆清除,然后重新涂刷。

除锈的方法一般采用敲锈或钢丝刷除锈。较彻底的除锈可采用酸洗除锈或喷砂除锈,如果在酸洗以后再进行磷化处理,使钢材的表面产生一层磷化膜后再进行油漆,防锈效果更好。为了延长钢结构的使用年限,应定期进行油漆维护。如发现钢材的表面失去光泽,或表面出现粗糙、风化、开裂、漆膜起泡及开始出现锈迹等,就应及时进行油漆翻新。

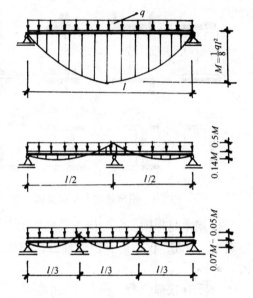

图4-2　增加辅助支承后构件的内力变化示意

（二）用改变结构形式进行加固

1．增加辅助支承。如钢梁的跨中弯矩太大（主要是由于跨度大）,致使出现过大的变形,可用增加辅助支承的办法对结构加固。合理地增加支承后,构件的内力值减少,截面受力趋于均匀,更有利于发挥钢材强度（如图4-2）。

2．简支梁变为加劲梁结构。简支梁如承载能力不足或挠度过大,可在梁下加上杆件成为加劲梁结构（如图4-3）。加劲梁结构具有较好的受力性能,除增强其承载能力外,能有效地减少原简支梁结构的变形,使结构得到有效的加固。

3．增加斜撑或吊杆。如因结构跨度过大,刚度不足,可在结构下方增加斜撑或在上部增加吊杆,以减少计算跨度,达到加固的目的（如图4-4）。

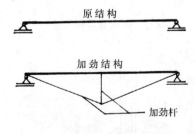

图4-3　简支梁加固补强

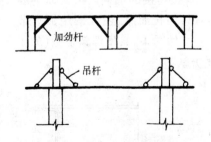

图4-4　增加斜撑或吊杆

（三）用加大构件截面的方法进行加固

用加大构件截面的办法,能有效地增加构件的承载能力和刚度。加大截面所用的材料,可用型钢、钢筋混凝土、木材等。

1．用型钢加大截面。新增加的型钢与原截面的连接可以采用焊接、铆接及螺栓连接，两者必须保证牢固结合、共同工作。连接时力求做到施工方便，不削弱原截面且能更好地发挥其承载能力。增大截面可以采用钢板或型钢，截面的大小按计算确定。新旧截面的连接型式如图4-5所示(新增的型钢截面用粗线表示)。

2．用混凝土加强截面。如钢构件本身出现锈蚀、孔洞、裂缝，使其承载力不足，可在构件中的空隙位置灌注混凝土(如图4-6)。也可在构件的四周装上模板，然后灌注混凝土，把原钢构件作为劲性钢筋使用，这种加固方法不但能大大提高原构件的强度和刚度，而且还可使钢构件免遭锈蚀，效果较好，其不足之处是加固后构件的自重大大增加。

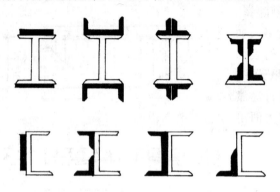

图4-5　用型钢增大截面加固示意

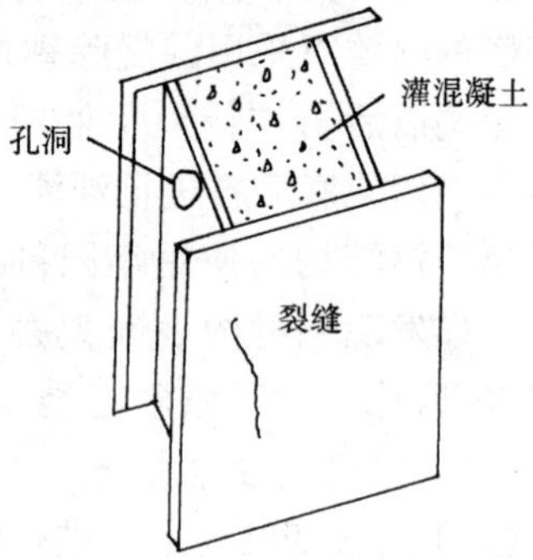

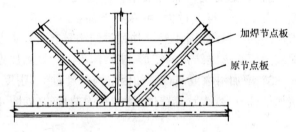

图4-6　用混凝土加强截面示意

3．用木材加固。它的优点是施工方便和较易拆卸，缺点是木材易腐烂，加固效果不够理想，因此，仅适合于钢构件因稳定性不足而发生危险的紧急情况下进行临时性的加固。

（四）连接部位的加固

如果结构内的受力构件尚有较充足的承载能力，但连接部位较薄弱或受到损坏，则可以通过对连接部位进行加固，从而增强整个结构的承载能力。加固的方法有：

1．焊接连接的加固。可对原焊缝进行补焊，加长加厚，还可采用加大节点板尺寸(如图4-7)，增焊新盖板(如图4-8)的方法。

图4-7　加大节点板尺寸

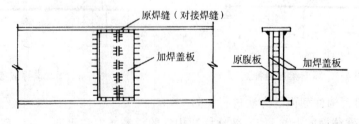

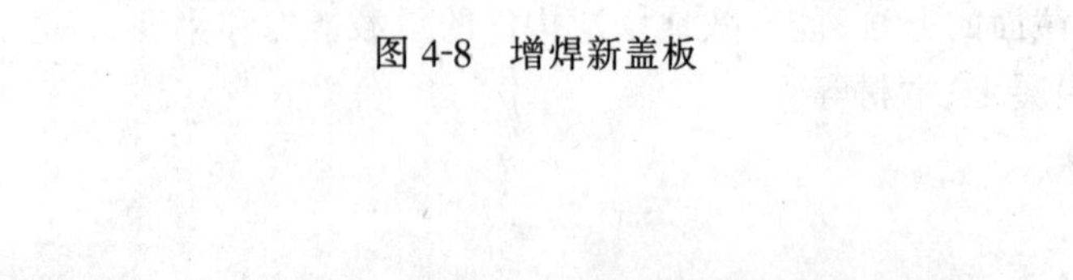

图4-8　增焊新盖板

2．铆接连接的加固。可采用较大的铆钉代替原来的铆钉、增添新铆钉和变单剪铆钉为多剪铆钉等。拆换铆钉时应注意,原铆钉仍处于受力状态,在每次拆换前,必须先卸荷或部分卸荷,拆换的铆钉数不能超过总数的 1/10,如铆钉的总数在 10 个以下时,仅容许一个一个地拆换。

3．螺栓连接的加固。其方法有:更换承载力不足的螺栓、增加螺栓的数目和采用高强螺栓代替普通螺栓等。

（五）结构本身的加固

1．桁架的加固。腹杆、弦杆如果因荷载过大或节间的间距过大,出现某些截面材料强度不足或构件刚度不足时,可采用增添辅助腹杆的办法进行加固,增添辅助腹杆可以缩小某些构件的长细比,提高其承载力（如图 4-9）。

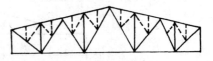

图 4-9　增添辅助腹杆
（图中虚线代表新加的腹杆）

例题 4－1　某屋架上弦由于种种原因出现弯曲,造成屋架承载力不足,急需进行加固。经现场查勘及复核验算,决定在保证屋架继续工作的情况下,对弯曲的上弦加杆支撑,加固的示意图如 4-10 所示。

2．柱的加固。对格构式柱（缀条）的加固可采用增加缀条、用缀板代替缀条、加强缀条间的连接等办法,缩小柱节间计算长度,提高承载力;也可以按需要,在柱主体的内侧或外侧贴附钢材（钢板或型钢）,直接加大承载截面,提高承载力。

3．型钢梁的加固:

例题 4－2　某民用建筑地下室上面的楼板梁,采用热轧工字钢,钢号为工 20,跨度为 6m,因使用时间较长和潮湿,锈蚀严重,截面被削弱,承载力不足,跨中部分的挠度过大,急需进行加固。

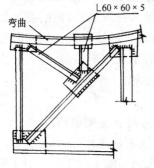

图 4-10　加固示意图

经详细检查,发现原工字钢梁由于锈蚀截面严重削弱,决定首先进行除锈处理,再对原型钢梁加固。加固的方案是在原型钢的下方加 2φ22 圆钢拉杆,用普通粗制螺栓,锚固点采用角钢焊接于梁底（如图 4-11）,加固后对梁进行防锈处理。此加固方法用料少,施工简便。

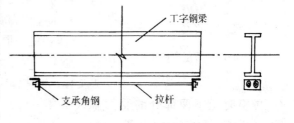

图 4-11　加固示意图

例题 4－3　某工厂使用焊接工字梁作主梁,截面尺寸如图 4-12（a）所示,承受次梁传来的集中荷载〔如图 4-12（b）〕,经多年使用后发现主梁的腹板出现弯曲,有丧失稳定的危险,必须对腹板进行加固。

腹板有屈（鼓）曲,说明该梁承受剪力和弯矩的能力不足,决定加固腹板。加固的方案是在腹板的两侧加肋,增加的肋成对布置在次梁的截面位置,其间距与次梁一致。

加固后,不但增加主梁的刚度,有效地控制腹板的屈曲,而且新增加的肋可把次梁传来的荷载较均匀地分散到主梁的有效截面上,大大地改善原主梁的工作状况。

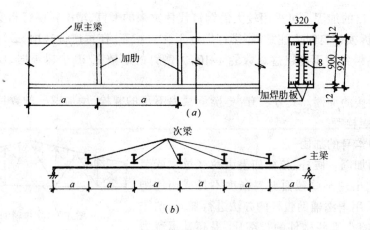

图 4-12　加固示意图

二、木结构的维修与加固

木材具有易于切断和加工,易于和其它木料、钢材(铁板、扁铁、角铁等)相连接的优点。木结构的维修与加固,应充分发挥木材的这种特性,在可能的条件下尽量在原有位置上进行局部的维修或加固。只有在结构普遍严重损坏、或系统性的承载力不足时,经各种方案综合比较后,才采用拆除翻修的方法。

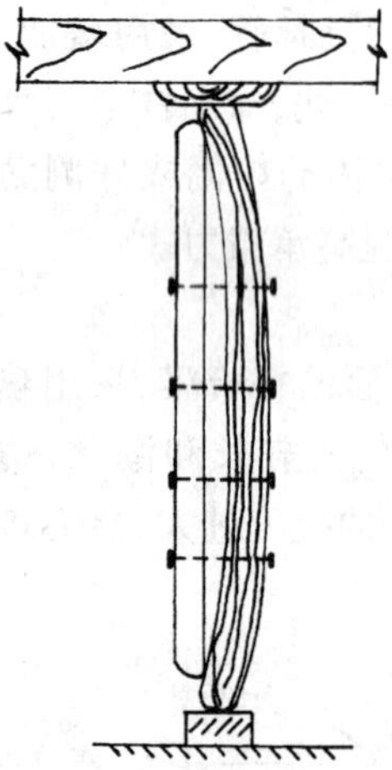

(一)木柱的维修加固

木柱通常发生的问题是屈折和柱脚受潮腐朽。

柱子受压产生屈折后就变为压弯构件,附加弯矩在柱内产生附加应力,促使柱的弯曲加大而不能正常工作。对于整料柱子可以采用矫正－校直、绑条加固等办法(图 4-13);对组合柱可采用夹板或填板进行加固(图 4-14)。

对木柱柱脚腐烂,可采用锯截腐烂部分,并加以防腐处理,下段用钢筋混凝土或混凝土墩支承(图 4-15)的方法维修。注意在锯截前必须进行支撑,待混凝土墩硬结后,再撤去支撑;当柱脚腐朽长度在 800mm 以上时,可更换混凝土柱,更换时上下两部分的受力轴线必须一致,并用铁板和螺栓铆固(图 4-16)。

图 4-13　矫正弯曲木柱
并用绑条加固图

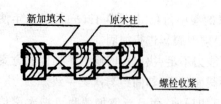

图 4-14　组合木柱用填板加固

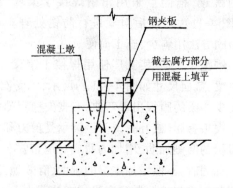

图 4-15　用混凝土墩接驳柱脚

88

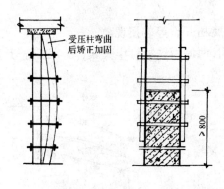

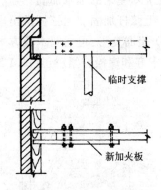

图 4-16　混凝土柱更换木柱脚示意　　　　图 4-17　木梁夹接加固方法

（二）木梁的维修加固

1．木梁承载能力不足，表现为挠曲太大，梁下边缘纤维拉断开裂等。加固的办法有：（1）在梁下加托梁或木柱、砖柱；（2）在梁两侧加夹板（图 4-17）；（3）用钢杆悬吊于上面较坚固的结构上，此法可卸去部分荷载并增加支点，减少了跨度；（4）在梁的两下端加设斜撑；（5）将木梁改造成加劲梁或桁架梁（图 4-18）。

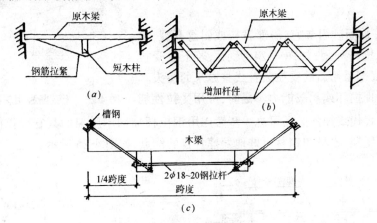

图 4-18　改造木梁加固的三种方法

2．木梁端支座腐朽的维修。木梁端入墙部分容易受潮腐朽，如腐朽不严重，可进行刮腐防腐处理；如腐朽较严重，应将腐朽部分切除，改用槽钢或角钢接长恢复入墙部位（图4-19）；如条件允许，也可在支座旁加柱作长期支撑。木梁支座开裂处，可采用铁箍加固（图4-20）。

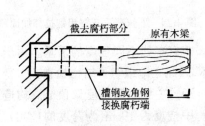

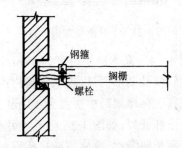

图 4-19　用槽钢或角钢更换梁支座腐朽部分　　　图 4-20　用铁箍加固木梁支座开裂部位

（三）木屋架的维修加固

1．上弦杆加固。上弦杆常出现挠曲变形、腐朽开裂等破损现象。

（1）挠曲变形：可用圆木或方木支撑在节间，两侧用铁板钉牢夹紧（图4-21）。上弦有凸曲可用木方和螺栓拧紧矫正（图4-22）。

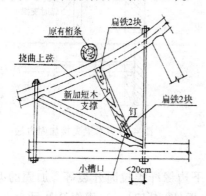

图4-21　上弦挠曲用短木加固示意

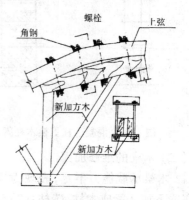

图4-22　上弦凸曲用螺栓夹板加固矫正

（2）上弦断裂、腐朽：用新添夹板加固，如图4-23所示。

2．下弦杆加固。因节疤、局部腐朽或斜纹开裂，采用钢夹板和钢拉杆加固，如图4-24所示。若下弦受拉接头剪裂，可局部采用新的受拉装置代替原来的接头。

当下弦出现损坏或承载能力不足时，可用受拉性能很好的钢拉杆替代或加强。还可进一步考虑用钢拉杆加固木屋架的其它受拉构件，使原木屋架成为钢木屋架，木材和钢材更好地发挥各自的优点，如图4-25所示。

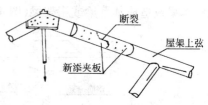

图4-23　上弦断裂用新添夹板加固

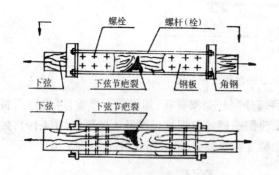

图4-24　下弦断裂加固示意

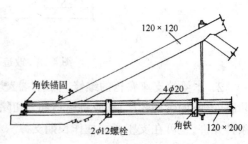

图4-25　下弦严重开裂用钢拉杆加固

例题4-4　某木屋架跨度为17m，目测到整个天棚有多处不同程度的下垂。由于屋架变形速度较快及变形明显，表明结构内产生局部破坏，因此立即组织了结构检查。

发现有三榀屋架跨中挠度为13cm（为跨度的1/130），主要原因是屋架顶节点构造不合理造成上弦杆劈裂，如图4-26所示。另有三榀屋架跨中挠度为19cm（为跨度的1/90），主要原因是屋面长期漏水，致使下弦接头腐朽而拉脱。其余屋架跨中挠度为5～8cm，但也存在着局部的腐朽，挤压变形，劈裂等缺陷。

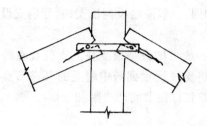

图 4-26 上弦劈裂的情况

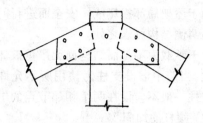

图 4-27 顶节点用钢夹板加固示意图

检查后分析认为,上弦劈裂和下弦接头拉脱的屋架处于危险状态,必须立即组织大修。

对接头拉脱的下弦,将木料腐朽的部分更新。针对上弦劈裂的情况,将全部屋架顶节点的扁铁夹板,改作钢板夹板,如图4-27所示,劈裂的木材局部更新。全部屋架的各种局部缺陷分别作出了检查和维修,在木屋架维修加固之前,结合屋面板更新等其它维修项目进行了部分卸荷。依次维修的过程中,先用千斤顶校正屋架的挠度变形,使之略有起拱。这次屋架大修,因为原有结构保留未动,因而添料不多,人工消耗较少。

3. 屋架端支座加固。此部位损坏主要是齿槽受剪面被剪裂或木材腐朽造成承载力不足。处理方法是将端部腐朽部分全部截去更换新材(图4-28)。若少量腐朽,则刮除腐朽表面,涂刷氟化钠(3%浓度,或2.5%氟化钠加3%碳酸钠),然后用油漆加以保护。

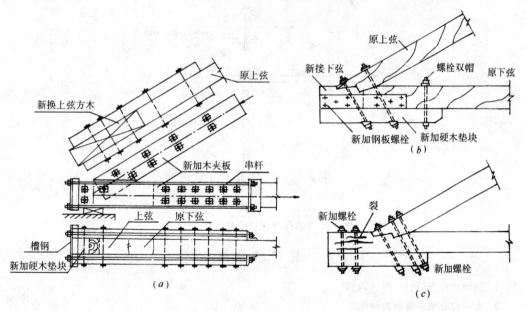

图 4-28 屋架端支座腐朽(剪裂)后加固

(a)俯视图;(b)、(c)屋架端支座节点

4. 木屋架下增设支柱的加固。木屋架下增设支柱的加固适用于屋架系统性承载力不足或严重损坏时。这种加固的优点在于施工方便,用料少,加固效果显著,缺点是增设的支柱不同程度地影响美观和使用。

木屋架下增设支柱后,改变了屋架的受力状态。为了收到预期的加固效果,增设新的支柱应注意下列问题:

(1) 支柱的位置

由于屋架局部损坏威协安全而进行的临时性加固,一般应增设两根支柱,分别安设于损坏点的两侧结构可靠之处。

对于承载力不足而结构尚无严重破坏的加固,一般可增设一根支柱。支柱设在跨中效果最大,当跨中增设支柱为使用所不允许时,也可将支柱设置到跨中附近的其它节点位置上。支柱一般不应设在两个相邻节点的中间,而导致弦杆在节间产生附加弯矩。

(2) 腹杆的加固

在木屋架下增设支柱后,可导致腹杆内应力的大小甚至应力正负符号发生变化,因此应进行验算并根据其结果加固腹杆。

(3) 支柱和柱基

支柱可以根据具体情况选用木柱、型钢柱、砖柱等多种形式。支柱的断面和构造,必要时应按有关设计规范作强度和稳定性计算确定。支柱安装后要求柱顶与屋架下弦接触严密,以保证支柱参予共同受力,为此可考虑屋架部分卸荷→下弦略有起拱→在支柱与下弦交接处夹入楔子等做法。

支柱应设置在受力可靠的基础上。基础的尺寸应根据受力的大小和使用时间的长短加以确定。临时性加固一般可直接支承在水泥地面上或用方木垫上。支柱和基础之间应有可靠的连接,以防止滑移现象,如图 4-29 所示。

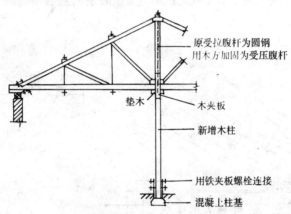

图 4-29　木屋架增设支柱加固示意图

复 习 思 考 题

1. 钢结构检查应包括哪些内容?

2. 木结构有哪些常见的缺陷?

3. 钢结构如何防锈?

4. 钢结构有哪些加固方法?

5. 钢结构构件连接部分如何进行加固?

6. 木结构的连接、节点或杆件局部损坏如何进行维修加固?

7. 试述木屋架各构件(部位)的维修加固方法。

第五章 房屋地基与基础的维修

第一节 房屋地基与基础的一般知识

房屋建筑都要建造在土层(或岩石)上面,土受到压力后会产生压缩变形,为了控制建筑物的下沉并保证其稳定,需要将建筑物与土接触部分的底面积适当扩大,我们通常将埋入土层一定深度的建筑物下部承重结构(扩大的部分)称为基础,把承受由基础传来荷载的土层称为地基(图5-1)。

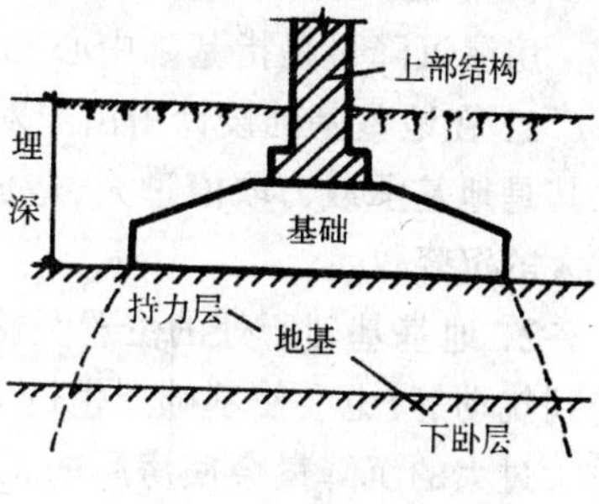

一、地基基础的分类

地基可分为天然地基和人工地基两大类。天然地基是指不需处理而直接利用的地基;人工地基是指经过人工处理(如采用换土垫层、机械夯实、挤密桩等方法)才能达到使用要求的地基。

图 5-1 地基与基础示意

基础的型式很多,按埋置深度可分为浅基础和深基础。一般埋深在 5m 左右且能用一般方法施工的基础属于浅基础;需要埋置在较深的土层并采用特殊方法施工的基础则属于深基础,如桩基础、箱式基础等。

综上所述,地基基础可分为以下三类:

1. 天然地基上的浅基础;
2. 人工地基上的浅基础;
3. 天然地基上的深基础。

二、对地基基础的要求

地基基础是建筑物的根本,它的勘察设计和施工质量以及使用的好坏直接关系到建筑物的安全,影响建筑物的耐久性;实践证明,建筑物事故的发生大多数与地基基础有关,地基基础的缺陷给建筑物造成的影响和危害体现在以下几方面:在结构受力方面,地基不均匀沉降在上部结构内产生新的附加应力,从而使建筑物上部出现裂缝、倾斜;削弱了结构的整体性、耐久性;严重的可导致构件的破坏和建筑物的倒塌。在使用方面,不均匀沉降会引起建筑物内部变形,从而影响正常使用。地基的稳定性不足或失稳会带动上部结构发生各种位移,甚至倾斜倒塌。由于地基基础施工属于地下隐蔽工程,出现缺陷后补救很不容易。因此,对地基及基础提出下列要求:

(一)对地基的要求

1. 地基有足够的强度。即地基的承载力必须足以承受作用在其上面的全部荷载。
2. 地基不产生过大的沉降和不均匀沉降,其沉降量和沉降差均在允许范围内,保证建筑物及相邻建筑物的正常工作。

（二）对基础的要求

1．基础结构本身应有足够的强度和刚度。承受建筑物的全部荷载并均匀地传到地基上去，具有改善沉降与不均匀沉降的能力。

2．具有较好的防潮、防冻和耐腐蚀能力。

3．有足够的稳定性，不滑动，变形不致影响房屋上部结构的正常使用。

三、地基基础的缺陷及其表现

地基基础的缺陷主要表现在过大的地基沉降或不均匀沉降、地基丧失稳定、基础承载力不足等方面。

（一）过大的沉降量

房屋沉降量是指基础中心的沉降量。造成沉降量过大的原因有：

1．在地基基础设计中由于对地基土质物理力学指标使用不准确，基础型式选择不当，尤其是地基承载力取值过大，造成基底面积过小，土层压缩大，在房屋建成后基础就会产生过大的沉降。

2．地基基础所处的位置及施工的原因，如挖方、抽水、相邻建筑物基础严重下沉、土层受到扰动等，也会使基础产生过大的沉降量。

过大的沉降量会使房屋的正常使用受到影响，如：室内地坪凹陷，排水管道断裂，影响相邻房屋下沉、开裂、倾斜等。

（二）不均匀沉降（或沉降差）过大

相邻两单独基础或房屋基础两点沉降量之差称沉降差。造成基础不均匀沉降（或沉降差）过大的原因有：

1．在房屋建造范围内，当地基土承载力相差较大或地基软土层厚度分布极不均匀以及地基中有洞穴、枯井、古墓等局部软土时，如果没有作适当的处理，则地基承受荷载后，就可能产生不均匀的压缩变形，而使基础产生不均匀沉降。

2．当房屋建在靠近边坡位置，而地基未作适当处理时，则边坡受到水的冲刷、地基和上部荷载作用后，就有可能造成地基滑动，使基础出现过大的不均匀沉降。

3．高差较大的房屋，其作用于地基的荷载相差也较大，如果未做适当的处理，则地基由于承载不均匀，就有可能产生不均匀的压缩变形，使房屋高低部分相接处的基础产生不均匀沉降。

4．当地基受地面水、给排水管道渗漏的水等较长时间的浸泡，或地基土中的含水量增减较大时，就有可能使有些地基土的结构产生显著的变化，而使房屋的基础产生不均匀沉降。

5．设计不当，房屋重心与基础形心偏离过大，使基础承受较大的偏心荷载导致不均匀沉降。

不均匀沉降（或沉降差）过大，受力构件内力将会重新调整，当出现较大的拉应力时，构件就会产生裂缝、变位甚至断裂，房屋局部会发生明显的变形和破坏。例如：墙体一侧发生斜裂缝，裂缝总是向沉降较大的方向倾斜；若局部软弱地基位于房屋的中段，则纵墙两端呈正八字缝；过大的不均匀沉降也使板产生不同程度的裂缝。

（三）地基失稳

地基丧失稳定是地基基础缺陷中最严重的情况，有竖向荷载作用下丧失稳定和水平荷载作用下丧失稳定两种。在竖向荷载作用下丧失稳定实质上是地基的强度破坏，其表现是地基土从基础边缘的地面挤出，建筑物外地面呈升高的现象，建筑物随之迅速下沉倾斜；当软弱地基上荷载较大时，可导致建筑物迅速倾覆或倒塌。受水平荷载作用的地基失稳，常见的有挡土墙滑动、建造在斜坡上的建筑物因水平位移而出现各种竖向或斜向裂缝甚至损坏。

（四）基础传力不良

基础是上部荷载与地基土之间的传力桥梁，可能由于两方面的不足，引起传力不良。

1. 基础刚度不足，变形过大。上部荷载传到基础往往是不均匀的，当荷载集度的差异较大，基础的刚度不足时则会发生过大的变形。

2. 基础强度不足造成整体破坏。基础由于受弯（剪）作用，当应力超过材料极限时，基础发生断裂、分离，使上部结构相应产生变形和破坏。

第二节　房屋地基与基础的加固和补强

一、沉降尚在发展阶段的地基处理

当地基不均匀沉降尚未趋于稳定时，一般考虑"等待沉降稳定"、"加速沉降稳定"和"制止沉降"三种方法处理。

1. 等待沉降稳定的目的是不对地基基础进行处理，而仅对上部结构进行相应修补，从而减少地基处理费用，并避免上部结构的再度处理造成浪费。

2. 加速沉降稳定的目的基本上与等待沉降稳定的方法相同，但可以缩短消极等待沉降稳定所需用的时间，一般适用于独立基础下的地基处理。具体做法是临时性的增加荷载，人为地有控制地进行地基浸水等。

3. 制止沉降的目的是终止地基和上部结构变形的发展，具体措施是上部结构减荷或加固、基础加大底面积、地基加固等。上述措施的单独使用或综合运用应根据建筑物地基、基础及上部结构的具体情况并作方案比较后予以选定。

此外，通过减少上部结构的荷载，可以达到减少沉降的目的。针对沉降或不均匀沉降的具体情况，有目的地减少上部荷载，以调节部分基础下土体的应力和降低过大的地基应力，可以减少沉降差对上部结构的影响，同时也可以适当减少总沉降量。减荷也可作为结构加固施工期间的安全措施。

如果沉降是邻近工程挖土方、抽水或地基受新附加应力影响而引起的，则必须采取相应的有效措施，如停止相邻房屋的土方开挖，或采取打木桩、封闭钢板桩、钻孔桩围挡等，尽可能保持地基土和水不致大量散失，减少邻近新应力的传入。相邻房屋抽水经常会引起地基水的渗出造成快速固结而使沉降加快，因此，防止盲目抽水，可以较有效地阻止沉降的发展。

例题 5-1　某办公楼为二层砖混结构，后按住宅楼要求进行室内改建，增设室内承重间墙。误认为地面可以承重，因而未作间墙基础，实际上原地面仅为素土夯实，面层为 20～

30mm 厚砂浆。改建后二个月内,多道间墙均有不同程度下沉、开裂,裂缝宽度为 10～30mm。

分析认为裂缝发展速度逐渐减慢,在该具体条件下进行增设基础或加固地基既困难、又可能引起附加沉降,因此决定等待沉降稳定后处理。经过四个月,从裂缝观察判断地基沉降趋于稳定,然后对间墙作嵌缝填补处理。处理后六年来结构工作良好。

二、地 基 的 加 固

地基的加固是在建筑物已存在的条件下进行的,因而施工比较困难。既要保证施工质量,收到地基加固的效果;又应采取措施保护上部结构的安全。地基的加固分为局部和整体加固两种方法。局部加固包括换土法及补桩法;整体加固包括水泥灌浆、硅化加固、板桩围堰、反压法、掏挖纠偏、锚桩加压纠偏、井点降水等。

在确定地基加固方案前应进行调查研究,了解以下情况:

1. 现场的工程地质和水文地质条件

查清持力层、下卧层、基岩的性状和埋深,掌握局部软弱夹层、地基土的物理力学性质、地下水位的变化。如原有地质资料不能满足要求时,还需对地基进行复查和补勘。

2. 被加固建筑物的结构、构造和受力特性

了解建筑物的荷载分布、上部结构的刚度和整体性、基础型式、构造和受力状况等方面,建筑物各部分的沉降大小及其沉降速率、结构物的破损情况和原因分析。

3. 加固及使用期间周围环境的实际情况

了解使用期间荷载增减的实际情况,加固施工中和竣工后的周围环境变化,其中包括地下水位的升降、地面排水条件变迁、环境绿化、邻近建筑物修建、相邻深基坑开挖以及邻近打桩振动等情况的影响。

在调查研究的基础上,根据不同的地基、基础现状,以及维修加固所能达到的目标,确定地基加固方法。下面就目前一些较为常用的地基加固法及其适用情况作一简明介绍。

(一) 换土法

换土法处理地基的目的在于消除基础以下部分或全部软弱土层,改善土层性能。此法适用于地下水位以上稍湿的地基土,其原理是用内摩擦角大于原地基的粘土、砂及砂石进行代换,并做成四边向下向外倾斜的型式,以加大所换得的新土层的应力扩散角,提高持力层的强度,新基土的强度应能承受该深度处基础传来的总荷载。具体操作方法是:换土时先将上部结构作安全装顶,然后把基础下的软土全部或部分挖出,再分层回填透水性大的土或合适含水量(按试验确定)的土,最后用人工或机械夯实。

按回填材料及压实方法可分为:回填砂或碎石采用平板振捣器分层振实法;回填素土(或灰土)采用夯压法;回填粉煤灰、干渣等材料采用振动法分层压实。

(二) 补桩法

其原理是用桩挤密原有土层,桩的材料有木、砂、灰土等,成桩可用锤击、挖孔填料等方式。应用补桩法应特别注意因此而引起的地基附加沉降及上部结构可能产生的变形。

例如采用石灰(双灰)桩,就是在原有基础周围,分批分段间隔成孔,用石灰(双灰)填孔。用生石灰吸水膨胀以及生石灰熟化吸水的原理,降低地基土的含水量,提高周围地基土的密实度,从而加固了地基。

例题 5-2 某三层砖混结构宿舍楼,外墙基础下有一填土质量很差的古墓,该处地基浸水呈稀泥状,基础发生很大沉陷,在基础顶面和砌体间形成了一条宽8cm,长3m的水平裂缝。

该处地基采用石灰(双灰)灌桩加固。石灰桩位于基础两侧,纵向间距30cm,横向间距20cm,石灰桩直径约10cm,深度为基础下6m。桩孔用套管钻土成型后,钻一孔灌一孔,依次进行。地基加固后,在桩顶部位扩大了基础底面积,如图5-2所示。地基加固后,效果良好。

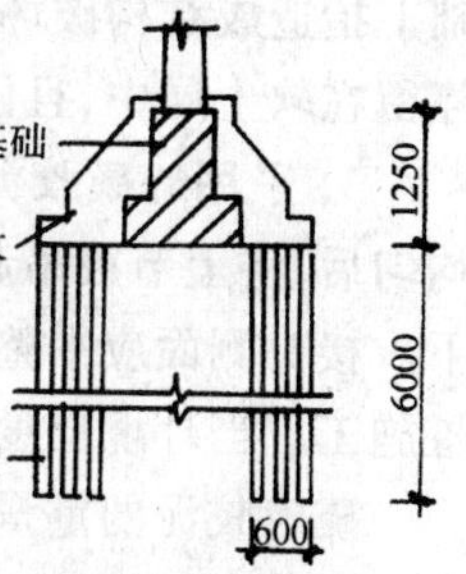

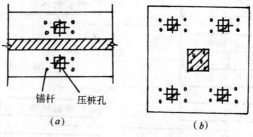

图 5-2　某地基灌桩加固示意图

(三)锚杆静压桩托换

锚杆静压桩是锚杆和静力压桩结合形成的一种新桩基工艺。它是通过在基础上埋设锚杆固定压桩架(图5-3),以建筑物的自重作为压桩反力,用千斤顶将桩段由基础中预留(或开凿)的压桩孔(图5-4)内逐段压入土中,再将桩与基础连结在一起,从而达到提高基础承载力和控制沉降的目的。

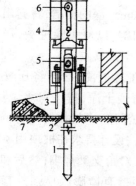

图 5-3　锚杆静压桩装置示意图
1—桩;2—压桩孔;3—锚杆;4—反力架;
5—千斤顶;6—电动葫芦;7—基础

图 5-4　压桩孔布置图
(a)墙下条形基础承台;(b)独立柱基础承台

锚杆静压桩的优点是:施工时无振动和噪声;设备简单,移动灵活;操作方便;耗能省,造价低。可在不停产、不搬迁、场地空间狭窄的条件下进行施工;可以进行建筑物的倾斜调整;能迅速阻止建筑物的不均匀下沉,对于抢救危险建筑物有其独到之处。

其施工步骤是:

1. 先在被托换的基础上标出压桩孔和锚杆孔的位置。压桩孔一般应布置在墙体的内外两侧或柱子四周,并尽量靠近墙体或柱子,压桩孔的形状可做成上小下大的截头锥形(图5-5),以利于基础承受冲剪。开凿压桩孔可采用风动凿岩机或大直径钻孔机;开凿锚杆孔一般可采用风动凿岩机。

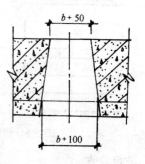

图 5-5　压桩孔剖面
(单位:mm)

2. 压桩时可采用手动或电动千斤顶。压桩架要保持竖直,要均衡拧紧锚固螺栓的螺帽;在压桩施工过程中,应随时拧紧松动的螺帽。桩段就位必须保持垂直,使千斤顶与桩段轴线保持在同一垂直线上,不得偏压。压桩时桩顶应垫30～40mm厚的木板或多层麻袋,套上钢桩帽再进行压桩。施工期间,压桩力总和不得超过该基础及上部结构的自重,以防止基础上抬造成结构破坏。压桩施工不得中途停顿,应一次到位。如不得不中途停顿时,桩尖应停留在软土层中,且停歇时间不宜超过24h。

3.采用硫磺胶泥接桩。上节桩就位后应将插筋插入插筋孔内,待检查重合无误、间隙均匀后,将上节桩吊起100mm,装上硫磺胶泥夹箍,浇注硫磺胶泥,并立即将上节桩垂直放下。接头侧面应平整光滑,上下桩面应充分粘结。待接桩中的硫磺胶泥固化后,才能开始压桩施工。当环境温度低于5℃时,应对插筋和插筋孔作表面加温处理。

硫磺胶泥的重量配合比为硫磺:水泥:砂:聚硫橡胶为44:11:44:1。熬制时应严格控制温度在140~145℃范围内,浇注时温度不得低于140℃。新浇注的硫磺胶泥接头,应有一定时间进行冷却,一般与环境温度有关,停歇时间为4~15min。

当采用焊接接桩时,应清除表面铁锈,进行满焊,确保焊接质量。

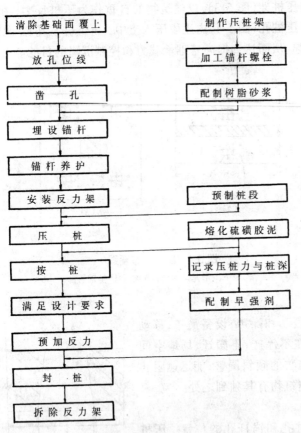

图 5-6 锚杆压桩的施工工艺

4.如桩顶未压到设计标高,应对外露的桩头必须进行切除,切割桩头前应先用楔块固定,然后用凿子开出 30~50mm 深的沟槽,将露出的钢筋加以切割,以便去除桩头,严禁在悬臂情况下乱砍桩头。

5.在封桩前,必须将压桩孔内的杂物清理干净,排除积水,清除孔壁和桩头浮浆,以增加粘结力。封桩时,首先按设计要求在桩顶用 $\phi 14$ 钢筋与锚杆对角交叉焊牢;然后和桩帽一起浇灌掺有微膨胀早强外掺剂的 C30 混凝土,并予以捣实。

锚杆压桩的施工工艺见图5-6。

6.压桩施工的控制标准,应以设计最终压桩力为主,桩入土深度为辅。

工程监测和质量检验:(1)压桩孔与设计位置的平面偏差不得超过 ±20mm。(2)压桩时桩段的垂直偏差不得超过 1.5% 的桩段长。(3)压桩力和桩入土深度应根据设计要求进行验收。

例题 5-3 应用锚杆静压桩托换加固

某小区建造 6 层砖混结构住宅,1 幢和 2 幢相邻。在 1 幢的二单元内外纵墙先后开始出现裂缝,沉降发展很快,门窗变形,影响范围占两个半单元。经过四个月,第一单元沉降突然加剧,该楼的第一、二单元的结合部处产生裂缝。1 幢最大沉降点已沉降 174.1mm,沉降速率为 0.32mm/d;2 幢最大沉降点沉降量为 59.3mm,沉降速率为 0.183mm/d。

该住宅场地淤泥质土厚度在 20m 以上,稍好的粉质粘土在自然地面以下 20.1~22.4m

处。原设计的沉管灌注桩桩端停留在淤泥质土中,因而这部分桩的承载力远小于设计要求。

采用锚杆静压桩加固。因原设计条形基础翼板较窄,无法布置压桩孔,故先将翼板侧面凿开露出钢筋。补做基础板,并预留压桩孔及预埋锚杆。本工程以粉质粘土为桩的持力层,施工用桩段长2.5m,截面200mm×200mm,采用硫磺胶泥接桩,共压桩238根。

从压桩阻力可看出,在软土层(20m深度处)中未进入持力层前压桩阻力较小(157.9kN),当桩进入持力层1.25m后,压桩阻力显著增强(308.2kN)。

封桩后荷载逐渐向锚杆静压桩转移,沉降速率显著减少并趋向稳定。

静压桩托换,在适用范围上有其局限性,特别是当桩必须穿过存在障碍物的地层时;或当被托换的建筑物较轻及上部结构条件较差,而不能提供合适的千斤顶反力时;还有当桩必须设置得很深而费用又很高时,应考虑采用灌注桩托换。

(四)灌注桩托换

灌注桩托换常用于隔墙或设备不多的建筑物,且应考虑以下两个因素:(1)沉桩时的振动对上部结构和邻近建筑物是否有过大的影响;(2)建筑物能提供沉桩设备所需的净空条件。

当所需的灌注桩施工完成后,就可用搁置在桩上的托梁或承台系统来支承被托换的柱或墙,其荷载的传递是靠钢楔或千斤顶来转移的。

用于托换工程的灌注桩,按其成孔方式可分为螺旋钻孔灌注桩、潜水钻孔灌注桩、人工挖孔灌注桩、沉孔灌注桩、冲孔灌注桩和扩底灌注桩等,其中以螺旋、潜水、挖孔沉管等灌注桩采用较为普遍。

例题5-4 应用灌注桩进行托换加固

某教学楼为3层砖混结构,条形基础,建筑物位于膨胀土地区。东端原为水塘回填,土质松软,施工中仅将基础稍作加大加深,未作彻底处理。地面排水沟紧靠墙脚,时有渗漏。建成使用后,东端墙角严重开裂,底层最为显著,裂隙达10mm以上,但因圈梁设计牢固,裂缝向2层延伸时减弱。

为了该楼安全使用,确定采用挖孔桩的托换方案处理(如图5-7、5-8所示)。在东端开裂严重部位加设钢筋混凝土壁柱,并与2层圈梁以锚固钢筋相连支托以上荷载,再由柱传递给人工挖孔桩。首层开裂墙体用环氧砂浆填塞,其自重由连梁传给挖孔桩。挖孔桩直径为1m,护壁半砖厚,净桩径为0.76m,桩底按设计要求局部扩大,桩长为6m,用C15混凝土灌注,托换处理后已恢复正常使用。

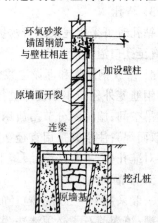

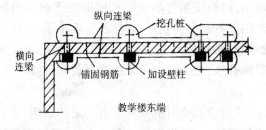

图 5-7 某教学楼采用挖孔桩托换平面示意图

图 5-8 挖孔桩托换构造图
注:如墙基侧土质太差,不适宜用普通的人工挖孔时,则改用沉井式人工挖孔。

（五）树根桩托换

树根桩是在钢管套的导向下用旋转法钻进,穿过原有建筑物的基础进入地基土中,直至设计标高,钻孔直径为 100～300mm,清孔后下放钢筋,钢筋数量从 1 根到数根,视桩孔直径而定;再用压力灌注水泥浆、水泥砂浆或细石混凝土,边灌、边振、边拔管,最后成桩。树根桩可以是垂直的或倾斜的;单根的或成排的,由于它所形成的桩基形状如"树根"而得名。

树根桩托换的优点是:(1) 所需施工场地较小,在平面尺寸 1.0m×1.5m 和净空高度 2.5m 即可施工;(2) 施工时噪音和振动小,不会对既有建筑物的稳定带来危害;(3) 所有施工都可在地面上进行,较为方便;(4) 施工时桩孔很小,因而对基础和地基土几乎都不产生应力,也不干扰建筑物的正常使用;(5) 压力灌浆使桩的外表面较为粗糙,从而使桩与地基土紧密结合;使桩、承台和墙身联成一个整体;(6) 适用于碎石土、砂土、粉土和粘性土等各种不同的地基土质条件;(7) 竣工后的加固体不会损伤原有建筑物的外貌。复古建筑尤为重要。

树根桩施工工艺:

1. 钻机和钻头选择、钻机定位

根据施工设计要求、钻机孔径大小和场地施工条件等选择钻机机型。一般对斜桩可选择任意调整立轴角度的油压岩心回转钻机,由于施工钻进时往往受到净空低的条件限制,因而需配制一定数量的短钻具和短钻杆。

在混凝土基础上开孔时可采用牙轮钻头、合金钢钻头或钢粒钻头;在软粘土中钻进可选用合金肋骨式钻头,使岩心管与孔壁间增大一级环状间隙,防止软粘土缩颈造成卡钻事故。

钻机就位后,按照施工设计的钻孔倾角和方位,调整钻机的方向和立轴的角度,安装机械设备要求牢固和平衡。

钻机定位后,桩位偏差应控制在 20mm 内,直桩的垂直偏差应不超过 1%。

2. 成孔

钻机钻进成孔时,在软粘土中成孔钻头可采用平口合金钻,钻机液压的压力为 1.5～2.5MPa,配套供水压力为 0.1～0.3MPa,钻机转速一般为 220r/min。

不用套管钻孔时,应在孔口处设置长 1.0～2.0m 的套管,以保证孔口处土方不致坍落。

3. 清孔

钻孔时可采用泥浆或清水护壁,清孔时应始终观察泥浆溢出的情况,控制供水压力的大小,直至孔口溢出清水为止。

4. 吊放钢筋笼和埋设注浆管

钢筋笼外径应小于设计桩径 40～50mm,钢筋笼制作的每节长度取决于起重机械性能和起吊空间;施工时分节吊放钢筋笼,节间钢筋搭接必须错开,焊接长度不小于 10 倍钢筋直径(双面焊);注浆管采用直径 20mm 无缝铁管;搬运钢筋笼时防止扭转和弯曲,下放钢筋笼时要对准孔位、吊直扶稳,缓缓下沉避免碰撞孔壁,施工时应尽量缩短吊放和焊接时间。

5. 填灌骨料

一般采用 15～30mm 粒径的碎石料,石子粒径太小对桩身强度有一定的影响,太大则不宜填灌;填灌前石子必须清洗,并保持一定的湿度,石料缓慢投入漏斗内,并轻摇钢筋笼促使石子下沉和密实,直至灌满桩孔,在填灌过程中应始终利用注浆管注水清孔。

6. 浆液配制与注浆

根据设计要求,浆液的配制可采用纯水泥浆或水泥砂浆两种配比。通常采用 425 号或 525 号普通硅酸盐水泥,砂料需过筛,配制中可加入适量减水剂及早强剂;纯水泥浆的水灰比一般采用 0.4～0.5;水泥砂浆一般采用水泥:砂:水 = 1.0:0.3:0.4。

应选用能兼注水泥浆和水泥砂浆的注浆泵,注浆工作开始时,由于注浆管底部设置管帽,其注浆压力需较大,一般控制在 2.0MPa;正常情况时,工作压力必须控制在 0.3～0.5MPa,使浆液均匀上冒,直至灌满。由于压浆过程会引起振动,使桩顶部分石子沉落,故在整个压浆过程中,应逐步灌入石子至桩顶,浆液泛出孔口,压浆才告结束。

7. 浇筑承台

为使各根桩能联系成整体和加强刚度,通常都需浇筑承台。此时应凿开树根桩桩顶混凝土,露出钢筋,锚入所浇筑的承台内。

（六）压力灌浆法加固

此法是先在需要加固的部位钻一定深度的孔,然后用压力将纯水泥浆灌入孔中,从而提高地基的承载能力,此法对粘性土和砂土的加固都有显著效果,特别是中、细砂,效果更为明显。

1. 布孔原则

压力灌浆的布孔原则应尽可能使土中所有孔隙充填完全(或者充填到所需要的程度),又要考虑节约浆材。

2. 钻孔与灌浆

用 130 钻机在布孔点钻孔,钻到所要求深度,然后下套管,放入套阀花管,再将套管向上提一段长度,通过套阀花管进行灌浆。

3. 水泥浆的配合比

水泥浆的配合比与地基土的可灌性有关。由于地基土的情况错综复杂,目前仍没有一个明确配合比,一般是随着灌浆过程的浆液渗透情况来调整浆液的配比。如渗透过快,则可增加浆液的水泥用量;若渗透延续时间太长,则可减少浆液的水泥用量。

例题 5－5 某文化中心酒店桩基础的灌浆加固

该店原是一医院,建于 50 年代初期,以木桩(长约 8m)为基础的 6 层框架结构楼房。该楼场地临近珠江,由于历史上出现地震、地下水位变化及附近高层建筑增多等原因,造成局部不均匀沉降,5 层以上楼板、梁已发生裂缝,要求该楼装修后改建为酒店,需对旧楼地基进行全面托换加固。

该场地工程地质情况如下:

1. 杂填土。成分复杂且不均匀,呈松散状态,层厚 1.5～2.0m,地下水位在本层底部。

2. 淤泥质粘土。灰黑色,含少量贝壳,软塑－可塑状态,层厚 1.6～2.0m,局部地段缺失。

3. 淤泥。灰黑色,含贝壳,流塑状态,层厚 0.6～2.4m,土质较均匀,层理性不强。

4. 淤泥质粉质粘土。灰黑色,软塑－可塑状态,层厚 2.0～4.5m。

5. 粉细砂。砂质比较均匀,层顶埋深 7.2～7.5m,钻孔深至 11.0m 还是粉细砂。

经分析研究采用水泥－水玻璃灌浆材料,浆液本身固结强度高,有效填充率也高,可克服水泥浆固结收缩的缺点;液浆固结时间还可按需调节。水玻璃为水泥的速凝剂,一般固化时间可控制在 30s 左右,有利于限制浆液的流动范围,浆液固结块团能形成较好的浆泡。

水玻璃浓度为 28～35 波美度,模数 2.4～2.8,水泥的水灰比 1:1,水泥浆和水玻璃浆液之比也是 1:1,灌浆压力为 0.1～0.8MPa,凝固时间为 30～60s,浆液固结 3min 后 $f=0.5MPa$,4d 后 $f=5.0MPa$。

灌浆设备采用活塞式泥浆泵、连续式搅拌机,通过特制的双液系统将水泥--水玻璃化学浆液这两种液体在管口混合后灌入地层,固结成浆泡。

灌浆工艺是先用钻机造孔,除局部密集布孔外,都平均分布,考虑重点和一般相结合,每桩台布置 2～4 个孔,灌浆采用上行式拔管灌浆,每孔灌浆时采用少量、多次和反复灌浆,使孔间和桩台下都有相互挤压增密的作用,有利于提高土体的物理力学性质。

灌浆初期压力较小,进浆量较大,随着灌浆量的不断增加,灌浆压力增大,进浆率减少。

灌浆加固后,经动力触探、钻孔抽芯取样、局部竖井开挖及室内土工试验进行灌浆加固前后比较,由于杂填土含砂粒较多,不易被挤密,其灌浆效果要比淤泥质土差;在淤泥层内浆液能形成较完整的浆泡,直径可达 0.75m;桩台底部的土质较桩台外的密度为高,向外直径 4m 就过渡到原状未扰动土体,压密半径为 0.5～2.0m,测得浆泡固结强度 $f=200kPa$ 以上(最高可达 520kPa),尚见淤泥由黑色变成浅灰色,明显脱水硬化。其它地层的物理力学性能也得到提高,各项指标均达到设计要求。根据钻孔抽芯取样可见,淤泥层浆泡是置换挤出淤泥形成的,浆泡内部分淤泥也被同化复合成结石体,大多数贝壳也被浆泡包围,胶结良好。所以,经少量多次灌浆加固的桩基础均达到设计要求。

(七)水泥硅化加固

以水泥为主,另加水玻璃为速凝剂制成浆液,借助注浆泵,以高压力灌入地层的裂隙中,水泥速凝硅化后,使原来的疏松软弱部分得到加固,改善工程性能。速凝水泥注浆材料具有较好的可灌性,可灌入 0.15mm 以下的裂隙或粒径 0.1mm 以下的粉砂及土壤颗粒间的缝隙中,起到良好的渗透固结作用;由于注浆材料是靠一定的压力灌入,因此,具有很好的挤压压密固结作用。灌注长度和深度可根据注浆材料的凝结时间加以控制。这种工艺特点是早期强度高,工艺简单,工程费用低,工期短,对地基和基础无任何扰动。

另外,在化学注浆基础上,引入高压水射流技术,就发展成高压旋喷注浆法,它是加固软土地基的有效方法之一,可有效地提高粘性土、淤泥质粘土、流塑状粘土等的地基承载力。

(八)高压喷射注浆托换

应用高压喷射注浆的优点有:

1. 改善桩身质量

当灌注桩存在裂缝、空洞、质地松散和断桩等问题时,可在桩中心钻孔取出岩芯,检查质量的状态同时,在钻孔内注射高压浆液,使裂缝、空洞及断桩的部位得到浓水泥填充,增加桩身的整体性。对颈缩的发生部位(一般在软硬土层间的交接面处),布置一至数个旋喷桩,将灌注桩部分地包裹起来,可增大该部位的横断面积。

2. 改良土性

对于摩阻力小的软土,可采取旋喷、定喷或摆喷的方式,通过浆液固结填充改变原有土性。

3. 加固灌注桩持力层

对原桩长不足,桩尖未达到持力层,桩底存在软土夹层、岩石裂隙和空洞等或沉碴虚土过厚时,可采取接桩措施,在灌注桩下端部至持力层的范围内,采用高压喷射注浆形成桩状固结体与灌注桩相连接,接桩长度要适当超过桩底一定高度(图5-9)。

由于高压喷射注浆的射流能量较大,除了在有效射程范围内有一定直径或长度较大的固结体外,对四周还有一定的挤压力,使软土的密度增大,承载力提高和桩侧摩阻力加大,因此上述措施,具有多种以上的效应。

4．增补旋喷桩加强承载力

根据建筑物上部结构的要求和基础承台的尺寸,在事故桩附近增补旋喷桩,用以直接承受建筑物荷载,旋喷桩需与基础紧密联接不得脱空。一般应在承台上钻孔下管再进行旋喷。当不便钻孔时,可在承台边缘下管旋喷。就受力条件而言,以前者为好。

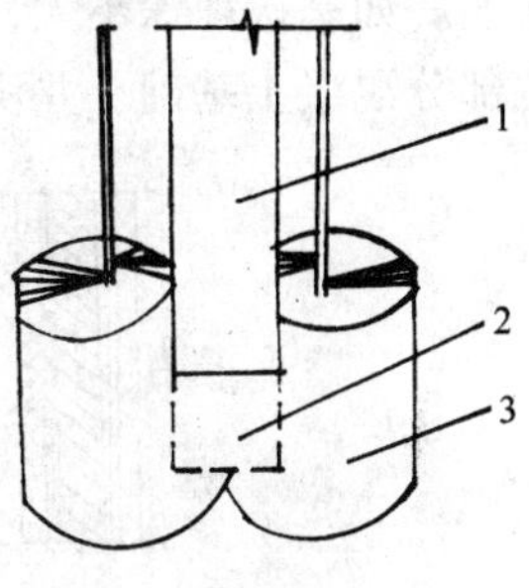

图5-9　旋喷桩加固
灌注桩持力层
1—灌注桩;2—虚土和沉渣;
3—旋喷桩

例题 5-6　某办公楼应用旋喷桩托换

该楼为4层钢筋混凝土框架结构,采用 ϕ500mm 振动沉管灌注桩,基础一般为三桩承台,个别荷载小的部位也有二桩承台,场地原为鱼塘洼地,地质情况为:(1)杂填土及耕地,厚度为 2m 以上;(2)淤泥,厚度为 9~13m;(3)粉质粘土,可塑,厚度在 0.6~1.3m;(4)强风化岩,$f = 600$kPa。

由于灌注桩可能瓶颈、产生负摩阻力及持力层强度不够,建成后即出现基础的全面下沉。经分析研究后决定采用增补旋喷桩的加固托换。对 10 个沉降量大的桩台进行加固;对沉降小的桩台不予加固,让它们在允许沉降范围内再有一定的下沉量,以减少建筑物的沉降差,自然调整其倾斜度。

旋喷注浆压力为 20MPa,水泥浆水灰比为1,内掺速凝剂,试件的平均抗压强度为 9.2~13.8MPa,经加固后加固段基础大部分有微量上升,沉降达到稳定。

三、基础的补强

基础补强的目的,在于恢复或提高基础的承载力、刚度和耐久性,消除可能产生不均匀沉降的不利因素。基础补强一般分两种情况:一种是扩大基础底面积,使基底压力不超过持力层土的容许承载力;另一种是提高基础构件本身的承载能力,使基础本身不致发生受弯、受剪和弯剪破坏。这两种处理方法在具体工程中有分别采用的,也有同时采用的,应视基础型式及地基土质情况考虑补强方案,基础补强如能与地基加固结合进行,效果更好。

基础补强所配的受力钢筋应按计算确定并符合构造要求,在一般情况下,可将补强前后新旧混凝土结合的基础视为整体,考虑其共同工作。

基础扩大底面积的补强,必须注意三方面的问题:第一,由于扩大部分紧靠原基础,因此其开挖深度不宜超过原基础的基底,以免原基础的应力扩散在该处中断而影响其承载力;第二,必须把与扩大部分相连的原基础顶面和侧面的泥砂浮粒洗刷干净并錾毛,以提高新、旧基础的接合牢固度;第三,要有保证荷载传递及新、旧基础连成一体共同工作的构造措施。

(一)刚性基础补强

图 5-10、5-11 是刚性基础补强的两种方式。如图 5-11 所示,在新基础的顶部沿加宽长度范围内,按一定间距设置横穿墙身的钢筋混凝土挑梁,使墙身荷载通过挑梁传递至加宽部

分基础上,从而使新旧部分共同工作。挑梁间距一般取 1.2~1.5m,在挑梁位置的墙上可预先凿洞。如基础埋深不大,施工无特殊困难,挑梁可放置于旧基础顶面,横穿大放脚,挑梁与加宽部分混凝土基础一并浇捣。

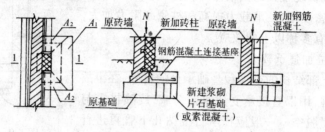

图 5-10　刚性基础补强

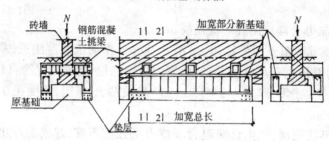

图 5-11　墙下条形基础两侧扩大补强

如采用外包混凝土进行基础加固时(如图5-12),要注意以下几点:基础加大后应满足混凝土刚性角要求;通常应将原墙凿毛,浇水湿透,并按1.5~2.0m 长度划分成许多单独区段,错开时间分别进行施工,决不能在基础全长挖成连续的坑槽和使全长地基土暴露过久,以免导致饱和土浸泡软化从基底下挤出,使基础随之产生很大的不均匀沉降;在基础加宽部分两边的地基土上,进行与原基础下同样的原土压密施工和浇筑素混凝土垫层;为使新旧基础牢固连接,应将原有基础凿毛并刷洗干净,可在每隔一定高度和间距设置钢筋锚杆;也可在墙脚或圈梁钻孔穿钢筋,再用环氧树脂填满,穿孔钢筋须与加固筋焊牢。

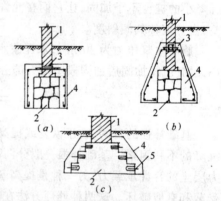

图 5-12　条基的双面加宽
1—原有墙身;2—原有地基;3—墙脚钻孔穿钢筋,用环氧树脂填满再与加固筋焊牢;4—基础加宽部分;5—钢筋锚杆

(二)钢筋混凝土基础补强

钢筋混凝土柱下独立基础的补强,如图 5-13 所示,基础增加的厚度不宜少于 150mm。施工时,先支撑柱上荷载,将地面以下靠近基础顶面处的柱段四边的混凝土保护层凿除,露出柱内主筋,同时也将原基础四侧边的混凝土凿除,露出基底的钢筋端部,并将基顶面钢筋凿至露出。

扩大部分钢筋按构造要求设置,将扩大部分主筋与原基底主筋端部电焊固定。为保证柱荷载很好地传递至新基础,原基础顶面上约 650mm 的柱段四边至少应各加宽 50mm,并

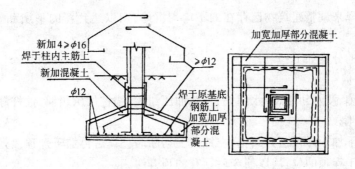

图 5-13　钢筋混凝土柱下独立基础的补强

加插 4φ16 钢筋与柱内露出的主筋电焊固定。柱加宽部分与基础扩大和加厚部分的混凝土一次浇捣完毕。

当原基础承受偏心荷载,或受相邻建筑基础条件限制时,可在单面加宽原基础(图 5-14)。

基础的加固可将柔性基础改为刚性基础(图5-15)。如有需要,也可将条形基础扩大成片筏基础(图 5-16)。

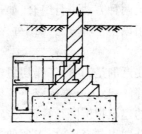

图 5-14　条基的单面加宽

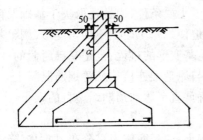

图 5-15　柔性基础加宽改成刚性基础

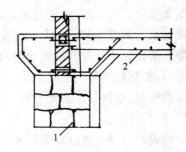

图 5-16　条基扩大成片筏基础
1—原有基础;2—扩大部分

四、建 筑 物 纠 偏

建筑物纠偏是指当建筑物偏离垂直位置发生倾斜而影响正常使用时所采取的托换矫斜措施。纠偏中采用的思路和手段与其它托换加固方法类同,故纠偏是托换技术中的一个分支。

造成建筑物倾斜大致有如下几方面因素:

1．软土地层不均匀。填土层厚薄和松密不一。

2．设计方案不合理。如地基基础的设计及基础选型不当;建筑物的平面(包括体型)布置、荷载重心位置及沉降缝的布置欠妥。

3．施工工艺不当。如施工计划中主楼和裙房同时建造;邻近建筑物开挖深基坑或降水;建筑材料单边堆放等。

造成建筑物整体倾斜的主要因素是地基的不均匀沉降这个主要矛盾,而纠偏是用地基新的不均匀沉降来调整建筑物已存在的不均匀沉降,用以达到新的平衡和矫正建筑物的倾斜。

纠偏方法的分类如下:

1. 迫降纠偏

有掏土纠偏、浸水纠偏、降水纠偏、堆载加压纠偏、锚桩加压纠偏、锚杆静压桩加压纠偏。

2. 顶升纠偏

有在基础下加千斤顶顶升纠偏;在地面上切断墙柱体后再加千斤顶顶升纠偏;在新建工程设计中预留千斤顶的位置,以便今后顶升的顶升纠偏。

3. 综合纠偏

用以上两种方法进行组合,如顶桩掏土纠偏、浸水加压纠偏。

除了用以上三种方法纠偏外,有时必须辅以地基加固,用以调整沉降尚未稳定的建筑物。

值得注意的是,纠偏工作切忌矫枉过正,一定要遵循由浅到深、由小到大、由稀到密的原则,须经沉降→稳定→再沉降→再稳定的反复工作过程,才能达到纠偏目的。因为在软弱地基上建造的建筑物沉降往往需要经过一段时间才能达到最终稳定,所以纠偏决不能急于求成,不然,会适得其反,会由于纠偏过大而造成建筑物沿沉降小的一侧再倾斜的工程事故。

下面介绍几种常用的纠偏方法

(一)基础锚桩加压纠偏法

根据土力学的基本原理,地基的变形不仅取决于土质条件,而且还取决于基础及荷载条件。而锚桩加压纠偏是采取人为地改变荷载条件,迫使地基土产生不均匀变形,调整基础不均匀沉降。所以加压过程就是地基应力重分布和地基变形的过程,也是基础纠偏的过程。

纠偏时,在被托换基础沉降小的一侧修筑一个与原基础连接的悬臂钢筋混凝土梁,利用锚桩和加荷机具,根据工程需要进行一次或多次加荷,直至达到预期纠偏目的。

(二)掏土纠偏法

掏土纠偏的原理是通过在房屋沉降小的一侧掏土,使基底应力重分布,加大沉降小的那一侧基底应力,使之加速沉降,以达纠偏的目的。它具有施工简便、经济适用、无振动、无污染、施工过程基本上不影响住户正常使用等优点。由于掏土纠偏是通过加大小沉那一侧的沉降量来消除不均匀沉降,因此施工后房屋的总下沉量势必要加大,但对多数房屋来说,纠偏后仍可满足使用要求。

掏土纠偏按掏土形式可分为孔式掏土和全线掏土两种。孔式掏土即在少沉那一侧以挖孔或钻孔的形式掏土;全线掏土即在少沉那一侧一定深度范围内全线掏土。掏土时要采用逐次渐进的方法,逐次掏去不同的厚度,使基础顺次下沉并保证其基本上不发生大的变形。通过多次掏土,基础缓慢回倾,最后使房屋完全恢复至垂直的位置。掏土纠偏施工中要设法避免以下现象,(1) 突沉现象:房屋整体加速沉降使地基失效;(2) 突倾现象:回倾速度过快,使房屋向相反方向倾斜;(3) 只掏不倾:短期内无法使房屋回倾至预期目标。

1. 穿孔掏土纠偏法

对基础底面下含有瓦砾的人工杂填土,如经较长时间的加压后,仍难以出现塑性变形,而短期浸水也不能使其"软化"。此时必须适量地削弱原有支承面积,急剧地增加地基所受的附加应力,才能促使局部产生塑性变形。穿孔掏土纠偏就是通过在基底下穿孔掏土和冲水扩孔的施工措施达到上述效果,从而对建筑物进行纠偏。

例题 5－7 住宅楼穿孔掏土纠偏

该楼是一幢 4 层住宅建筑,平面尺寸为 43.9m×9.8m(如图 5-17 所示),由两条沉降缝(缝宽 150mm)划分为 3 个单元,建筑物刚度较好。

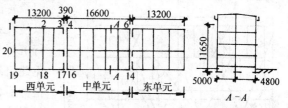

图 5-17 某住宅建筑平、剖面及观测点示意图

当施工砌筑至 4 层墙体后,产生了较大的差异沉降,房屋导致倾斜,顶部沉降缝宽度急剧缩小。以中单元沉降最大,3 号观测点的沉降达 183mm,其中 3 号与 1 号两点沉降差异高达 82mm,实测沉降缝宽:西中部单元的缝宽在顶部只有 27mm,而东中部单元则还有 98mm。

地基土质情况是:基底持力层为人工填土,其中厚度为 2.3~3.9m 是由粉质粘土内夹有砖瓦砾(约占 10%~20%)及垃圾等杂物组成、湿—很湿、中密和稍密。其余的为泥炭土,含大量腐殖质,主要由垃圾等杂物堆积而成,极松软,其厚度也很不均匀,而以 3 号和 4 号沉降观测点处为最厚,达 2.5m,该层土的沉降约占总沉降量的 40%。

施工要点是:

(1)穿孔操作。每组二人由墙基两侧的基底向中间合打一孔,先穿通 200mm×200mm 的孔洞,再逐渐由孔壁扩孔至 400mm×250mm,孔距为 500mm。

(2)穿孔次序。应根据建筑物具体情况决定。先内墙后外墙,其中较困难的是横墙交叉点。

(3)冲水扩孔。为进一步提高穿孔工效,进行冲水扩孔,对瓦砾含量较少的填土,冲水扩孔工效很高,孔径也易控制,孔壁整齐;而对瓦砾较多的杂填土,则作用不大。

(4)经严格观测。对基本已满足纠偏要求后还残存的孔洞须填以石碴。

实践证明,采用"穿孔掏土纠偏"对消除建筑物的差异沉降,效果较好,且施工简便,费用较低。

2. 沉井冲水掏土纠偏

沉井冲水掏土纠偏是指:在基础沉降小的建筑物一侧,设置若干个沉井,沉井壁内预留 4~6 个成扇形的冲孔,当沉井到达预计的设计标高后,通过井壁预留孔,用高压水枪伸入基础下进行深层冲水,泥浆水流通过沉井排出,泥浆水排出的过程就是对建筑物进行纠偏的过程。

例题 5－8 某住宅楼沉井冲水掏土纠偏

住宅楼为 4 层建筑物,高 12.5m,底层面积 212m²,原设计为满堂红钢筋混凝土整板基础,板厚 0.35m,在四边和中间加上田字带形肋梁,梁高 0.5m,工程竣工后出现很大沉降,继后在 270d 中继续沉降,在纠偏前,实测东墙后倾 0.395m,西墙后倾 0.325m。

地质条件是:在地表耕植土 1.5m 以下是深 5~7m 的流塑状淤泥土,含水量在 50% 以上,地基承载力约 60kPa。在 8m 以下有承载力 120kPa 的粘土层,此处原是古城墙址,残存有松木桩基,自西向东深埋于淤泥层内,造成建筑物严重的不均匀沉降。

纠偏方案是:在建筑物前离外墙 4m 处设置直径 2m 的沉井 4 只(如图 5-18 所示),采用 M5 砂浆砖砌沉井,井圈刃脚可现浇,沉井深度大于 4.5m,每个沉井中预留 4~5 个冲水孔,但需注意位置,以便冲洗时控制方向。

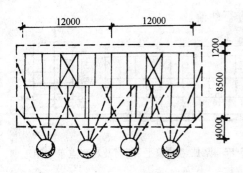

图 5-18　某住宅楼沉井冲水示意图

在沉井下沉施工完毕后,进行一次沉降观测,记录各测点沉降量,计算出建筑物前后的沉降差,以便大致安排冲水施工进度。每天必须有专人进行沉降观测,日沉降量必须控制在 5mm/d 内,以免建筑物结构遭受破坏,每天在达到预定的沉降指标后即停止冲水。特别是在雨天,因沉井积水的影响会使沉降量增大。用高压水冲孔的顺序是先两端后中间,并通过专人每天精确记录沉降数据,再确定第二天的冲孔部位、个数、冲孔深度和方向。为了保证原下水道畅通,在沉井附近设置沉淀池一只,将沉井内泥水抽入池内,经沉淀后将清水放入下水道。

经过实际冲孔 40d,建筑物回到规定的垂直度,倾斜率小于 2‰。距离 3m 的邻近建筑物也未受影响,获得了纠偏成功。

3. 压桩掏土纠偏

压桩掏土纠偏是锚杆静压桩和掏土技术的有机结合。它的工作原理是先在建筑物沉降大的一侧压桩,并立即将桩与基础锚固在一起,起到迅速制止建筑物沉降的作用,使其处于一种沉降稳定状态。然后在沉降小的一侧进行掏土,减少基础底面下地基土的承压面积,增大基底压力,使地基土达到塑性变形,造成建筑物缓慢而又均匀的回倾,同时可在掏土一侧再设置少量保护桩,以提高回倾后建筑物的永久稳定性。压桩掏土纠偏过程的基底压力状态见图 5-19 所示。

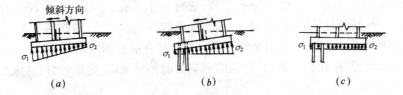

(a)　　　　　　　　(b)　　　　　　　　(c)

图 5-19　压桩掏土纠偏过程基底压力状态示意图
(a)纠偏前 $\sigma_1 > \sigma_2$ (b)压桩后 $\sigma_1 < \sigma_2$ (c)掏土纠偏后 $\sigma_1 \approx \sigma_2$

目前压桩纠偏的方法有多种:

(1) 压桩掏砂纠偏——当基底下有砂垫层而建筑物整体刚度又较好时,此法可取得良好的效果。

(2) 压桩水平掏土纠偏——当基底下有较好土质时可采用此法,实践表明,掏土量大于沉降所需掏土量的 2~3 倍时,基础才开始下沉。选用这种纠偏法时,要求上部结构有较好的刚度,且施工作业面较大。

(3) 压桩钻孔掏土纠偏——当基础下有很厚的软粘土时,利用软土可侧向变形的特点采用此法纠偏。

(4) 压桩冲水纠偏——当基础下为软土时,可采用高压水切割土体,将土冲成泥浆,形成孔穴,利用软土受力后的塑性变形的特性,从而使建筑物不断沉降和回倾。

(三) 顶升纠偏

掏土纠偏往往会降低建筑标高和排污困难。因此当倾斜建筑物的场地条件不允许对沉降小的部位进行迫降纠偏时,采用整体顶升纠偏可恢复或提高原设计标高。

整体顶升纠偏是针对软土地基已建工程出现倾斜大、结构开裂、室内地面标高过低时所采用的一项纠偏技术。

整体顶升的对象一般是经过几年使用的多层房屋,其沉降已稳定或接近稳定,如果倾斜度不超过危险值,则地基不必进行处理。此时可利用原来的基础作为顶升的反力支座,其基本思路是从上部结构入手来使建筑物的倾斜得以扶正。

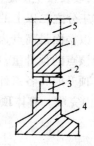

受力体系大样

图 5-20 整体
顶升纠偏
1—顶升框梁;2—钢
垫板;3—千斤顶;
4—基础;5—砖墙

整体顶升纠偏措施(如图 5-20),是在上部结构的底层墙体选择一个平行于楼面的平面,做一个水平钢筋混凝土框梁(或顶升梁)。框梁的作用是使顶升力能扩散传递,使上部结构顶升时比较均匀地上升。它类似于一般建筑物中的圈梁,框梁下与墙体隔离。在地梁上安设千斤顶,由原地基提供反力(原地基应具备足够的强度),用千斤顶顶起框梁以上结构,通过千斤顶顶升的距离来调整框梁平面,使之处于水平位置。再将顶升后的墙体空隙用砖砌体连接,这样,建筑物就恢复到垂直的位置。若需要提高地面标高,还可将上部结构平行上移。

顶升位置一般选择在底层平面上,由于顶升时上部结构要经历一次变形调整,因而要求建筑物有较好的完整性和整体刚度。

顶升施工的组织和实施:

1.严密的施工组织是顶升纠偏成功的关键,顶升框梁托换过程中要注意承重墙的安全;

2.掏墙时要轻锤快打、及时支垫、并尽快浇捣混凝土,以防留空隙部位时间过长,使墙体产生变形而开裂;

3.梁段间的连接要牢靠,保证框梁的整体性;

4.设置好顶点的分次顶升高度标尺,严格控制各点的顶升量;

5.顶升时要统一指挥。正式顶升前要进行一次试顶升,全面检验各项工作是否完备,水电管线及附属体与顶升体是否分离,框梁强度及整体性是否达到要求;

6、顶升到预定位置后立即将墙体主要受力部位垫牢并进行墙体连接,待连接体能传力后方可卸去千斤顶。

例题 5-9 某住宅楼整体顶升纠偏

该住宅楼的场地座落在旧池塘上,其西端在岸上,地基处理采用以砂挤淤,填砂厚 1~2m,南面大开间设置钢筋混凝土条形基础,北面小开间为片筏基础,施工期间因产生不均匀沉降较大,对西端基底曾掏砂迫降 103mm,并将西山墙基础翼缘削去 300mm 宽,但仍然无法阻止建筑物继续倾斜,经计算得知残余沉降差还有 38mm。由于绝对沉降量最大已达 843mm,而原设计预留室内外高差仅 600mm,纠偏前已发生室外水流倒灌及排污管道障碍,住户强烈要求提高底层地面,经研究分析只有采用整体顶升纠偏方案。

为使施工操作方便,顶升平面选在离室内地面 450mm 处,以原基础梁以下结构作为顶升反力支承体系。

上部结构的静荷载为 25296kN,活荷载(住户仍正常居住)为 5952kN,总荷载为 31248kN。按经验单个顶升点顶升力取 190kN,设顶升框梁断面为 450mm×240mm,配主筋 4ϕ14,箍 ϕ6@150,在门窗等传力不利部位箍筋加强为 ϕ8@100。

顶升点数 = 31248/190≈165 点,顶升点分布如图 5-21 所示。顶升框梁实行分段托换施工,段长按上图定位,段内的数字为该段的施工顺序号,相同数字的段同时施工,保证托换时有三分之二以上的支承面积。

以楼面最高点为基准,按各观测点的沉降值(包括残余沉降差)计算该点与基准点的高差为该点的顶升量,再以平面上几何尺寸换算为各顶升点的顶升量。

顶升时将各点计算顶升量按 100 等分制作标尺,即分 100 次将建筑物顶升到位,顶升在 1 天内完成。整体顶升后取得效果,达到预期纠偏目的。

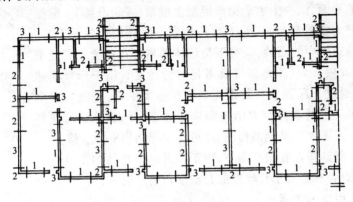

图 5-21　顶升点及框梁托换分段布置

上例是墙承重的房屋的顶升纠偏。还有独立柱承重的房屋顶升纠偏,这里从略。

复习思考题

1. 房屋地基基础过大的沉降量和不均匀沉降现象对房屋造成怎样的后果?

2. 地基沉降尚在发展阶段有哪些处理方法?

3. 试述换土法加固地基的原理及方法。

4. 试述锚杆静压桩托换的原理、优点和工艺流程。

5. 采用灌注桩托换,其成孔方式有哪些?

6. 何谓树根桩托换?

7. 试述掏土纠偏的原理。掏土纠偏施工中要注意哪些现象?

8. 压桩掏土纠偏有哪些具体方法? 其适用条件如何?

9. 试述整体顶升纠偏的适用情况及原理。

第六章 房屋防水的措施和维修

第一节 房屋防水的一般知识

一、房屋防水的主要部位

房屋要求实施防水措施的部位主要有屋面、墙身、厨厕间、地下室。对于房屋楼层的防水,主要是指厨房、厕所的排水设施。排水设备在设计合理、施工完善、维护完好和正常使用的情况下是不会渗漏的。在设备本身发生渗漏的时候,主要是由水卫设备安装人员去解决。楼板与排水管道连接处的封闭及防水问题一般可以参考屋面的同类部位的维修办法解决。

（一）屋面防水

主要是防止雨水由屋面流入或渗入房屋内部。屋面常见的外形有:

1．坡屋面:一般坡度 $i \geqslant 0.3$,大多数用瓦材作成屋面的防水层,常用的瓦材有粘土瓦、水泥瓦、石棉水泥瓦及金属瓦等。临时性的也有用油毡、玻璃钢瓦等。

2．平屋面:一般坡度 $i < 5\%$。常为钢筋混凝土结构。各种屋面都需要有一定的坡度,以保证排水的通畅,屋面类型及最小坡度参见表6-1。

屋 面 类 型 及 最 小 坡 度　　　　　　表6-1

屋面类别	屋 面 名 称	最小坡度	屋面类别	屋 面 名 称	最小坡度
坡 屋 面	粘土瓦屋面	1:2.5	平 屋 面	卷材涂膜平屋面	>1:30
	坡形瓦屋面	1:3		架空隔热板屋面	≤1:20
	小青瓦屋面	1:1.8		种植屋面	1:30
	石板瓦屋面	1:2		刚性防水屋面	<1:30,>1:50
	构件自防水屋面	≥1:4			

屋面应选择适当的防水和式,才能有利于排水和防水措施的有效应用。建筑物排水方式的选择应综合考虑结构方式、气候条件、使用特点等因素,并优先考虑选用外排水方式。积灰多的屋面应采用无组织排水,如采用有组织排水应有防堵塞措施。严寒地区为防止雨水管冰冻堵塞,宜采用内排水。表6-2中的任意一种情况应采用有组织排水。

应采用有组织排水的情况　　　　　　表6-2

地　区	檐口离地	天窗跨度	相　邻　屋　面
年降雨量≤900	8～10(m)	9～12(m)	高差≥4m的高处檐口
年降雨量>900	5～8(m)	6～9(m)	高差≥3m的高处檐口

（二）墙身防水

墙身可用砖、砌块、混凝土、钢筋混凝土等材料做成，外面抹各种灰浆以提高外观效果和防水能力。由于墙身通常是竖直的，难以积水，所以墙身防水较为有效。

（三）地下室防水

地下室通常有部分在地下水位以下，需要防水的部位有：

1. 地下室四周外墙。常用钢筋混凝土浇捣而成，也有用砖砌筑，都必须考虑相应的防水措施来达到防水要求。

2. 地下室底板。一般为现浇钢筋混凝土，过去，常采取防水措施和降低地下水办法以防渗漏；近年，由于城市管理的各种原因，已转移为把注意力集中在底板（和墙身）的防水能力的提高方面。

二、房屋各部位的防水形式

（一）坡屋面的防水面层

1. 波形石棉水泥瓦屋面作法

波形石棉水泥瓦简称波瓦，按其规格分为大波瓦、中波瓦、小波瓦三种。铺设波瓦屋面时，相邻的两瓦应顺主导风向搭接。搭接宽度，大波瓦和中波瓦不应少于半个波，小波瓦不应少于1个波。上下两排瓦的搭接长度，根据屋面坡度而定，一般不少于100mm。

波瓦的铺设方法有两种：

（1）割角铺法。在相邻四块波瓦的搭接处，根据盖瓦方向的不同，事先将斜对瓦片割角，对角缝隙不大于5mm，割角作法见图6-1。

（2）长边错缝铺法。将上下两排瓦的长边搭接缝错开，大波瓦和中波瓦错开1个波，小波瓦错开2个波，见图6-2。

波瓦的固定方法和一般要求：

（1）在金属檩条上或混凝土檩条上，应采用带防水垫圈的镀锌弯钩螺栓固定；在木檩条上采用镀锌螺钉固定，螺栓或螺钉应设在靠近波瓦搭接部分的瓦峰盖波上，见图6-3。

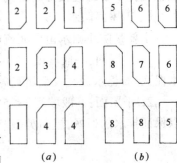

图6-1　石棉瓦割角示意图
（a）由左向右铺设的切角方法
（b）由右向左铺设的切角方法
1—四角方正；2—右下角锯掉；3—左上角及右下角锯掉；4—左上角锯掉；5—四角方正；6—左下角锯掉；7—右上角及左下角锯掉；8—右上角锯掉

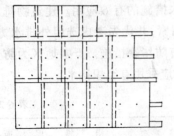

图6-2　石棉瓦长边错缝铺法

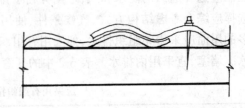

图6-3　波瓦的固定方法

（2）波瓦上的钉孔需用手电钻钻孔，不准用钉子冲孔。孔径应比螺栓或螺钉的直径大2~3mm。固定波瓦的螺栓或螺钉不应拧得过紧，以垫圈稍能转动为宜。屋脊用脊瓦铺盖。

112

上下波瓦之间的空隙,用油灰填塞严密。

(3) 在突出屋面的墙与屋面连接处,采用镀锌铁皮做披水时,波瓦与披水间的空隙以及波瓦与天沟铁皮间的空隙,要用油灰填塞严密。

(4) 波瓦的嵌缝应严密。檐口、屋脊、天沟处的波瓦,应铺设平直,坡度一致,不得有起伏现象。

2. 金属压型坡屋面

金属压型坡屋面一般采用镀锌平铁皮或镀锌波形铁皮。

波形铁皮屋面作法:

(1) 波形铁皮屋面铺设时,相邻铁皮应顺主导风向搭接,搭接宽度不少于1个波。上排波形铁皮搭盖在下排波形铁皮上的长度一般为80~100mm。

(2) 上下排铁皮的搭接,必须位于檩条上。在金属檩条和混凝土檩条上的波形铁皮,应用带防水垫圈的镀锌弯钩螺栓固定;在木檩条上的铁皮,应用带防水垫圈的镀锌螺钉固定。固定铁皮的螺栓或螺钉应设在波峰上,在铁皮四周每一个搭接边上设置的螺栓或螺钉数量不少于3个。必要时,应在铁皮的中央适当增设螺栓或螺钉。

(3) 屋脊、天沟及突出屋面的墙体与屋面交接处的泛水,均应用镀锌铁皮制作,与波形铁皮的搭接宽度不少于100mm。铁皮的搭接缝和其它可能渗漏水的地方,应用铅油麻丝或油灰封固。

(二)平屋面防水及排水方式

目前我国平屋面防水工程的种类,从总体上划分:已发展为刚性、柔性、金属和复合材料防水等四大类。

1. 柔性防水屋面

柔性防水屋面按使用材料的种类划分,已形成了3个系列。

沥青油毡系列:主要有沥青纸胎油毡屋面,沥青玻纤(化纤)胎油毡屋面,改性沥青纸胎、玻纤、塑料薄膜、金属胎油毡屋面等。

高分子卷材系列:主要有再生胶无胎卷材屋面,聚氯乙烯卷材屋面,三元乙丙橡胶卷材屋面等。

防水涂料系列:该系列屋面分薄型和厚型涂料防水两类。薄型类屋面防水层厚度一般为1.5~3mm,如再生胶乳沥青、氯丁胶乳沥青、焦油聚氨酯涂膜屋面等;厚质类的屋面防水层厚度一般为3~6mm,一般属低档涂料屋面。

(1) 油毡卷材防水层做法

一般防水层采用二毡三油,即二层油毡和三层沥青。具体做法是:先在干燥的找平层上刷一层冷底子油,加强沥青与屋面基层之间的粘结,待冷底子油干燥后,随浇沥青随铺油毡(油毡要除去表面覆盖的滑石粉)。做第二层沥青和油毡后,再浇一层稍厚的(2~4mm)沥青,趁热粘上一层3~8mm粒径的小豆石,把沥青覆盖住,而且要求绝大部分豆石嵌入沥青。这层豆石称为保护层。

(2) 屋面泛水及排水

1) 泛水。泛水是防水层面与垂直墙面交接处的防水处理(如在女儿墙、天窗壁、烟囱与屋面交接处等部位)。油毡防水屋面泛水的构造处理,一般是在砖墙上挑出1/4砖长,用以遮挡流下的雨水;在防水层与垂直面交接处,用砂浆或混凝土做成圆弧形或45°角斜面,使油毡粘贴严密,防止油毡在直角转弯处断裂。油毡竖向粘贴高度至少150mm,一般为200～300mm。此外,为了加强泛水处的防水,加铺油毡一层(附加层)。图6-4是油毡泛水的两种做法。

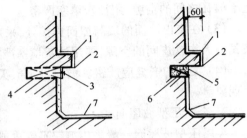

图6-4 油毡泛水的两种做法

1—挑出的1/4砖长;2—砂浆抹滴水线;3—木条;4—防腐木砖;5—砂浆嵌固;6—砂浆抹斜面;7—油毡

2) 平屋面排水。平屋面排水一般分为有组织排水和无组织排水两种方式。有组织排水的屋面应设有檐沟及雨水管。无组织排水的屋面伸出外墙,形成挑檐,使屋面的雨水经挑檐自由下落。

2. 刚性防水屋面

刚性防水屋面现已形成了两个系列,约10余个品种。

混凝土、砂浆系列:主要有现浇钢筋混凝土屋面,预应力混凝土屋面,微膨胀混凝土屋面,钢纤维混凝土屋面,多功能刚性屋面(包括蓄水、种植和通风隔热屋面)以及氯丁胶乳防水砂浆屋面等。

块体系列:有普通粘土砖和加气混凝土块体作防水层的屋面,还有复合陶瓷瓦块体屋面。

刚性防水具有构造层次少,施工比较简便,使用寿命长,发生渗漏时容易找到渗漏点和进行局部维修,并有隔热、保温等优点;但也有脆性比较大,对变形抵抗能力差,容易出现裂缝等缺点。在现浇或预制钢筋混凝土屋面板上铺设刚性防水层,可以是连续的也可以是分区格的,区格之间要用嵌缝材料填实。图6-5是两种刚性防水层做法。

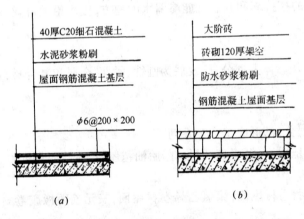

图6-5 两种刚性防水层做法

(a)刚性面层;(b)有架空隔热层

3. 复合屋面

复合防水屋面是指在同一屋面上同时使用两种或两种以上防水材料做防水层的屋面。其主要品种有:(1) 细石混凝土防水 + 嵌缝密封膏 + 涂膜防水屋面;(2) 卷材防水 + 涂膜防水;(3) 板面自防水 + 密封膏嵌缝 + 涂膜防水屋面。这类屋面能够通过对不同防水材料的不同性能,在工程中发挥扬长避短作用,从而具有较好的防水效果。

4. 金属防水屋面

目前,我国的金属防水屋面主要有平板金属,压型金属板和压型金属泡沫塑料、岩棉等复合板屋面三种类型。

目前我国柔性防水屋面与刚性防水屋面使用量之比约为9:1。在柔性防水屋面中沥青油毡屋面约占70%,防水涂料屋面约占30%,高分子卷材屋面不足3%。刚性屋面在南方使用较多,北方由于温差大等原因很少使用,复合防水屋面使用较多,金属屋面目前仅在少数工业厂房和大中型公共建筑中使用。

（三）地下室防水的做法

一般工业与民用建筑的地下室工程都将会受到地下水的有害作用，并受到地面水的影响，如果没有可靠的防水措施，地下水就会渗入。

地下工程防水与屋面防水不同。屋面防水，不论是坡屋面还是平屋面，雨水或雪水都能通过有组织或无组织的排水方式，从落水管或檐口排入下水道，对防水层没有渗透压。而处于地下水位以下的工程，水的作用是长期的，渗透压随埋深而增大，有时地下水含有侵蚀性介质对工程造成的危害更大。即使处于地下水位以上的工程，地下水也会通过毛细作用对其造成危害。还有地面水下渗，上层滞水，上下水管道的破裂都会危害地下工程。

地下室防水有依靠结构本身的密实和强度防水的方法，如普通防水混凝土；有以构造防水的方法，如有一定防水能力的砂浆防水层；有依靠材料的防水性能防水的方法，如卷材、涂膜等。还有采取综合防水的方法，如在结构层材料内掺加各类防水剂等。

1. 防水混凝土

防水混凝土分为普通防水混凝土和掺外加剂的防水混凝土。

（1）普通防水混凝土

普通防水混凝土是通过改善材料级配、控制水灰比来提高混凝土本身的密实性，减少混凝土中的孔隙和毛细孔道，以控制地下水对混凝土的渗透。

普通防水混凝土可以起到承重、围护、防水三重作用，但不宜承受振动和冲击、高温或腐蚀作用，当构件表面温度高于100℃或混凝土的耐腐蚀系数小于0.8时，必须采取隔热、防腐措施。

普通防水混凝土的材料要求：

1）水泥。在不受侵蚀性介质和冰冻作用时，可采用普通硅酸盐水泥或火山灰质、粉煤灰硅酸盐水泥。水泥标号不低于425号，每立方米水泥用量不得少于330kg。不得使用过期、受潮、品种或标号混杂以及含有害杂质的水泥。

2）石子。应采用质地坚硬、形状整齐的天然卵石或人工破碎的碎石，不宜采用石灰岩。最大粒径不宜大于40mm；针片状颗粒含量按重量计不大于15%；含泥量不大于1%；吸水率不大于1.5%。

3）砂。采用天然河砂、山砂或海砂。其平均粒径须大于0.3mm；砂中含泥量不得大于3%。

4）水。使用能饮用的自来水或洁净的天然水。不得使用含有害杂质的水。

5）配合比设计。水灰比为0.45～0.6，坍落度不小于80mm；砂率以35%～40%为宜，灰砂比在1:2～1:2.5之间；石子空隙率若大于45%时，宜调整石子级配；砂、石混合重度应大于2000kg/m³。

（2）掺外加剂的防水混凝土

掺外加剂的防水混凝土是利用外加剂填充混凝土内微小孔隙和隔断毛细通路，以消除混凝土渗水现象，达到防水的目的。配制时，按所掺外加剂种类不同分为：加气剂防水混凝土、三乙醇胺防水混凝土、氯化铁防水混凝土等；还有一种外加剂在混凝土中起长效的膨胀作用，以补偿混凝土不断硬化结晶时的体积收缩和温度引起的收缩，称补偿收缩混凝土；此外加剂常为微膨胀剂，具有较好的防水能力。

（3）防水混凝土的施工要点

1）编制施工方案，搞好工艺控制。

2）施工作业面保持干燥，施工排水措施可靠有效。

3）模板表面平整，拼缝严密，吸水性小。

4）普通防水混凝土搅拌时间不得少于 2min，坍落度不大于 50mm；掺外加剂的防水混凝土搅拌时间不得少于 3min，坍落度不大于 80mm。运输路途较远、气温较高时，可掺入缓凝剂。

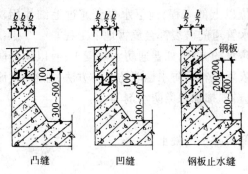

凸缝　　　凹缝　　　钢板止水缝

图 6-6　施工缝留置

5）混凝土入模时，自由下落的高度不能超过 1.5m；钢筋密集、模板窄深时，应在模板侧面预留浇灌口；分层浇筑，每层厚度不超过 1m。

6）应不留或少留施工缝，必须留施工缝时应按图 6-6 所示的方法留缝。继续浇筑时，表面应凿毛、扫净、湿润，用相同水灰比的水泥砂浆先铺一层再浇灌混凝土。

7）混凝土振捣要密实，插点间距不得超过振捣棒作用半径的 15 倍，不得漏振和欠振，应以振捣混凝土表面泛浆无气泡为准。

8）混凝土初凝后，应覆盖浇水养护 14d 以上。

9）拆模后出现蜂窝麻面时，应及时采用 1:2～2.5 的水泥砂浆进行修补。在拆除模板并对混凝土修整后及时回填土。

2．刚性抹面防水层

刚性抹面防水层是构造性防水方法之一。它附着在结构主体表面上，作为独立的防水层，也可作为结构防水的加强防水层。刚性抹面防水层利用工艺上交替抹压均匀密实，与结构主体表面牢固地结合而成为坚硬、封闭的整体。因此，适用于地下承受一定的静水压力的混凝土、钢筋混凝土及砖砌体等结构的防水。

（1）刚性抹面防水层的施工要求

1）施工前，降低地下水位，排除作业面积水，露天作业要防晒防雨。

2）所用的水泥、砂、水均同普通防水混凝土的要求。

3）砂浆配制。配比为 1:1、1:2、1:2.5，拌制好的砂浆不宜存放过久，当气温在 20～35℃时，存放时间不宜超过 30min。

4）基层处理。混凝土基层应有较粗糙平整的毛面，必要时，要进行凿毛、清理、整平。对于混凝土表面的蜂窝孔洞，应先用钎子将松散不牢的石子除掉，并将孔洞四周边缘剔成斜坡，用水冲洗干净，扫素灰浆，再用砂浆填平。

对于露出基层的铁件或管道等，应根据其大小在周围剔成沟槽，并冲洗干净，用较干的素灰将沟槽捻实，并环绕管道另作防水处理。

5）基层处理后，应先浇水，再抹防水砂浆。混凝土基层提前 1d 浇水，砖砌体基层提前 2d 开始浇水，使基层表面吸水饱和。

（2）刚性抹面防水层的做法

防水层的施工顺序，一般是先抹顶板，再抹墙体，后抹地面。

116

1）混凝土顶板与混凝土墙面的操作方法

① 第一层（素灰层、厚 2mm）：素灰层分两层抹成。先抹 1mm 厚，用铁抹子用力往返刮抹，使素灰层填实混凝土表面的空隙并抹刮均匀；随即再抹 1mm 厚找平，找平层厚度要均匀；抹完后，用排笔蘸水按顺序轻轻涂刷一遍，以堵塞和填平毛细孔道，增加不透水性。

② 第二层（水泥砂浆层、厚 4～5mm）：在素灰层初凝时进行。抹水泥砂浆时，应轻轻抹压，以免破坏素灰层，并使水泥砂浆层中的砂粒压入素灰层厚度 1/4 左右，使两层结合牢固。在水泥砂浆初凝前，用扫帚将表面按顺序扫横向条纹毛面，注意顺单一方向扫，防止水泥砂浆层脱落。

③ 第三层（素灰层、厚 2mm）：在第二层水泥砂浆凝固并具有一定强度后，适当浇水湿润，按第一层做法操作。

④ 第四层（水泥砂浆层、厚度 4～5mm）：按第二层做法要求抹压，抹完后，不扫条纹，而在水分蒸发过程中，分次用铁抹子抹压 5～6 遍，最后压光。

⑤ 迎水面的防水层，需在第四层砂浆抹压两遍后，用毛刷均匀刷水泥浆一道，然后压光。

2）混凝土地面防水层做法

第一层，将素灰倒在地面上，用地板刷往返用力涂刷均匀，使素灰填实混凝土表面的空隙；其余各层做法同混凝土墙面，施工顺序应由里向外。

当防水层表面需要贴瓷砖或其它面层时，要在第四层抹压 3～4 遍后，用刷子扫成毛面，待凝固后，按设计要求进行饰面的施工。

转角处的防水层，均应抹成圆角；防水层的施工缝，不论留在地面或墙面上，均须离开转角处 300mm 以上；施工缝需留阶梯形槎，槎子的层次要清楚，每层留槎相距 40mm 左右，接槎时应先在阶梯槎上均匀涂刷水泥砂浆一层，然后再依照层次搭接。

3）刚性抹面防水层的养护

加强养护是保证防水层不出现裂纹，使水泥能充分水化而提高不透水性的重要措施。养护要掌握好水泥的凝结时间，一般终凝后，防水层表面泛白时，即可洒水养护，开始时必须用喷壶慢慢洒水，待养护 2～3d 后，方可用水管浇水养护。

在夏季施工，应避免在中午最热时浇水养护，否则会造成开裂现象。当阳光直接照射时，须在抹面层覆盖麻袋或草帘等，以免防水层过早脱水而产生裂纹。

对于易风干的部位，应每隔 2～3h 浇水一次，经常保持面层湿润，养护期为 14d。

3. 卷材防水

卷材防水是用防水卷材和沥青胶结材料胶合而成的多层防水层。它具有良好的韧性和可变性，能适应振动和微小变形等优点。但是由于沥青卷材吸水率大，耐久性差，机械强度低，对防水层的性能造成一定的影响。

对卷材防水的要求是：

（1）要求基层干燥平整；施工前，地下水位应降至距垫层 300mm 以下；铺贴卷材的气温不低于 5℃；基层表面的阴阳角，均应做成圆弧形钝角。

（2）卷材能耐酸、耐碱、耐盐，但不耐油脂及气油等的侵蚀；承受压力不超过 0.5MPa；

（3）基层表面在干燥的条件下，应涂冷底子油；油毡可采用沥青矿棉纸油毡、沥青石棉纸油毡、玻璃布油毡等；铺油厚度 1.5～2.5mm；石油沥青应用石油沥青卷材，焦油沥青应用焦油沥青卷材,两者不得混用。

(4) 卷材搭接长度,长边不少于 100mm,短边不少于 150mm,上下两层卷材接缝应错开,不得相互垂直铺贴。在立面与平面的转角处,卷材接缝要留在平面上,距立墙不小于 600mm 处,并应铺贴两层同样的卷材,如图 6-7。

(5) 卷材应先铺平面,后铺立面,平立面交接处应交叉搭接。立面卷材铺设应上下错槎搭接,上层卷材盖过下层卷材不应小于 150mm,如图 6-8 所示,表面应做保护层。

(6) 对有特殊要求的部位,要按设计要求施工。

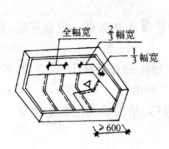

图 6-7 转角处卷材搭接示意

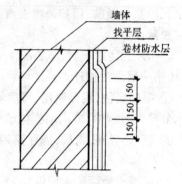

图 6-8 立面接槎示意

第二节 房屋渗漏的表现及其原因

一、屋 面

（一）卷材防水屋面渗漏

各种房屋因不同原因产生不同程度的渗漏,严重影响了房屋的正常使用,降低了房屋的使用价值和经济效益。

1. 防水层渗漏的表现

(1) 屋面落水管口渗漏——表现为雨水口未做油毡漏斗杯口或杯口处油毡脱层、开裂。

(2) 屋面转角处渗漏——表现为油毡搭接不良,脱层、开裂、积水和沥青玛琋脂流淌堆积。

(3) 女儿墙内侧底部渗漏——表现为该处油毡接口有缝隙,女儿墙压顶开裂,女儿墙外侧灰缝开裂、油毡起鼓开裂,如图 6-9 所示。

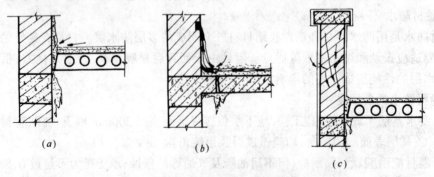

图 6-9 女儿墙内侧渗漏

(a)防水层开裂;(b)防水卷材及现浇板开裂;(c)女儿墙压顶裂、墙身裂的渗漏

118

（4）房屋结构或构造拼缝处渗漏——表现在负弯矩带、支承节点处开裂,拼缝处油毡搭接不良或断裂等,如图6-10所示。

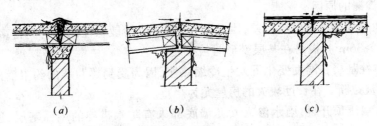

(a)   *(b)*   *(c)*

图6-10 房屋结构或构造拼缝处渗漏

(*a*)嵌缝油膏收缩脱离;(*b*)负弯矩处防水面层被翘裂;(*c*)油毡防水层被拉裂断

（5）屋面上突出构件(如管道、烟囱和水池等)支承处渗漏——表现为该处油毡泛水脱裂和屋面积水。

（6）屋檐渗漏——表现为油毡卷口脱离等。

（7）屋面顶棚渗漏——表现为油毡起鼓脱层,油毡老化开裂和屋面积水。

（8）油毡搭接处脱离、卷口,缝隙处发生渗漏。

（9）油毡部分起鼓、起泡、脱离、破裂、防水层失效。

2．防水层渗漏的原因

（1）施工操作不当。转角接头处油毡转折太大(折成小于120°的角度);搭接不良或错误,搭接长度不够,水流上方油毡反被下方油毡搭盖;玛琋脂配制和熬煮以及铺涂工艺不好,以致玛琋脂流淌,铺涂不足粘贴不严密;层面基底不平,油毡铺不平和起鼓;屋面基层潮湿,油毡贴不牢靠;油毡铺贴方法、构造本身存在缺陷(如全部粘贴紧密,则会在基层出现裂缝时,防水层发生"零长破坏"等);基底收缩开裂超过油毡最大延伸能力;季节变化基层和油毡起鼓开裂。

（2）材料质量不好。玛琋脂用沥青含腊量高,降低了粘结力,耐热度不稳定,使粘结层失效,发生流淌,过早老化并引起油毡移位;纸胎油毡质量不稳定,硬度大不易粘贴,脆性大容易开裂,易老化则过早脆裂。

（3）使用不当。油毡屋面不应上人使用,但往往有在屋面晒衣、架天线、放风筝、栽树种花的现象。

（4）自然气候原因。油毡表面黑,吸热大,很多地区夏季温度特别高,容易促使油毡老化和玛琋脂流淌,油毡分层,气泡膨胀,脱层等而使油毡破坏;温度剧变引起房屋结构裂缝,而导致油毡裂断发生渗漏。

（5）设计考虑不周。屋面上弯折部位多,出屋面部件多,增加了油毡裁、折、贴的施工困难;房屋地基沉降差和高低处毗连的沉降差引起油毡受剪破坏;房屋女儿墙、檐口的细部构造不当,雨水从侧面进入墙体直达油毡底部造成渗漏使油毡脱层。

（二）刚性防水屋面渗漏

1．渗漏的主要部位及其表现

（1）整浇基层开裂,基层面上防水层被破坏,雨水顺裂缝渗漏。

（2）檐口钢筋混凝土天沟开裂,落水口渗漏。

（3）女儿墙下屋面处渗漏。

（4）刚性防水面层龟裂、鼓起、起壳，雨水在基层较疏松处滴漏。

（5）刚性防水面层之间接缝处油膏老化、脱离，盖缝卷材卷口发生渗漏。

2．产生渗漏的原因

（1）刚性防水层可变形能力差，因此，对基层变形的敏感性比卷材高得多，当刚性防水层区格过大（>36m²），极易在基层变形时被拉裂。

（2）整体性基层在温度变化下发生冷缩热胀，因为受到梁和墙的约束而出现较大的内应力，使基层被拉断。在长度较大的房屋尤为严重。

（3）女儿墙压顶开裂，雨水渗入女儿墙底部未有防水措施的屋面基层，进而渗透到室内。

（4）预制板屋面基层由于板件在支座边有反挠翘起，使该处防水层受拉开裂，尤其在连续板支座处最容易发生裂漏；对于现浇钢筋混凝土屋面，若抗温度应力的钢筋不足，也容易发生裂漏。

（5）在屋面突出部分，防水层转折的阴、阳角处施工难度大，因而在该处往往有空洞，加上该处流水不畅、易积水而造成渗漏。

（6）防水层、基层混凝土施工质量不好，水灰比过大、含砂率不当、灰石比过小、振捣不够等，使其本身不密实，不能抗渗漏。

（7）基础不均匀沉降引起屋面结构变形，使基层、防水层开裂渗漏。

（8）嵌缝材料不良、操作不当，材料老化失效，雨水从分格缝直接渗入。

（9）刚性屋面受大气侵蚀碳化严重，钢筋锈蚀，混凝土爆裂。

（三）涂膜防水屋面渗漏

1．防水层起鼓

涂膜防水屋面出现起鼓现象，常发生在平面上或立面的泛水处，起鼓后随着时间的延长，会使防水层过度拉伸，表层脱落，加速老化，甚至破裂。

起鼓的原因是由于基层找平层或保温层含水率过高；立面部位防水层起鼓，是与基层粘结不牢，出现空隙而造成，特别是立面在背阴处，该部位的基层往往比大面上干燥慢，含水率高，当水分蒸发，即造成起鼓。

2．防水层裂缝

规则裂缝多见于板端接缝部位，此外，有大面上的龟裂，管道周围基层收缩环形裂缝，屋面与山墙交接部位和檐口与檐沟交接部位的通缝，天沟女儿墙和压顶部位的横向裂缝等。

裂缝的原因：

（1）板端接缝部位的规则裂缝是因结构变形和屋面温差、混凝土干缩而在板支承处产生。

（2）龟裂由于找平层质量差、干缩变形严重而产生。

（3）屋面与檐沟交接处的通缝是由于构件刚度及变形的不同而产生。

（4）穿过防水层的管道四周环向裂缝和女儿墙、压顶、天沟的横向裂缝是由于混凝土干缩、温差变形以及管道竖向伸缩而产生。

3．防水层剥离

在坡度较大及立面部位，防水层发生剥离现象会影响防水质量。防水层剥离的原因是（1）找平层质量差、起皮、起砂、有灰尘、潮气；（2）由于涂膜施工温度低，造成防水层粘结不牢;(3)由于防水材料收缩将防水层拉紧,在交接部位首先脱离。

4.防水层脱缝

涂膜增强布搭接缝脱缝情况比较普遍。其原因是:(1)搭接宽度不足;(2)涂料材质性能差或涂刷不均匀;(3)搭接部位不干净,有尘土或污染,施工时夹带砂粒杂物,造成粘结不牢而开裂;(4)由于雨水口堵塞、天沟积水浸泡所致;(5)有些涂料在高温下,由于水分骤然蒸发而收缩较大,再加上粘合不实而将搭接缝拉开。

5.防水层积水

防水层表面洼坑积水,而且短时间不能蒸发,形成反复干湿,促使防水层老化。防水层积水的原因是:基层找坡不准;水落口标高过高;大挑檐及中天沟反梁过水孔标高过高或过低,孔径过小;雨水管径过小,水落口排水不畅等。

6.防水层破损

防水层破损一般会立即造成渗漏,破损的原因很多,多数是施工及管理因素造成。例如:防水层施工时,由于基层清理不干净,夹带砂粒或石子,铺设防水层后,操作人员或运输车辆在上行走都可能顶破防水层。

二、墙　　体

(一)墙体裂缝渗漏

1.由于房屋的地基软弱、沉降不均匀,从墙脚到窗台出现水平裂缝或斜裂缝。

2.砖砌体受温度变化的影响引起裂缝,主要原因是混凝土和砖砌体两种材料的膨胀系数不同,在温度应力作用下出现不均匀的伸缩将砌体拉开。

3.墙体风化,砌筑砂浆不饱满产生通缝和灰浆松动等,形成毛细通道将毛细管(孔)内的水分导入室内饰面层,而导致渗水。尤其以房屋底层墙体为甚。

4.墙体粉刷、饰面存在缝隙,雨水顺隙而入发生渗漏。

(二)女儿墙渗漏

女儿墙渗漏的主要原因是屋面板两端跨的端缝为刚性结构,因材质受温度变化产生应力将墙推裂;或女儿墙顶未设混凝土压顶,防水措施差(如无滴水或者泛水板)产生裂缝等。

(三)窗台倒泛水向室内渗水

窗台倒泛水向室内渗水主要原因是室外窗台高于室内窗台板;窗下框与窗台板的缝隙处未作密封处理,水密性差;窗台板抹灰层不作顺水坡或者坡向朝里;窗台板开裂等缺陷所致。

(四)门窗口部位渗水

门窗口部位渗水的主要原因是门窗框与砌体联接的不牢固,嵌缝工艺不符合要求,采用的材料水密性差。

(五)预埋件的根部渗水

预埋件的根部渗水主要原因是预埋件安装不牢固,或受冲撞;抹灰时新老砂浆结合不牢,而酿成空鼓和裂缝。

(六)变形缝部位渗漏

变形缝部位渗漏的主要原因是变形缝两侧墙体,排水、导水不良,在嵌填密封材质水密性差,盖板构造错误时,水渗入墙体和室内。

（七）基础防潮层失效

基础防潮层失效的主要原因是防潮层砂浆质量差,卷材搭接不严,施工方法不当,基础防潮层的标高错误,外门口处防潮层断开等缺陷所导致。

（八）散水坡渗水

散水坡渗水的主要原因是散水坡与主体墙身未断开;施工质量低劣,坡度不当,导水性差,本身有裂渗现象;伸缩缝设置不合理,不能适应升、降而产生裂缝;散水坡宽度小于挑檐长度,散水坡起不到接水作用;散水坡低于房区路面标高,雨水排不出去,导致积水。

三、厕浴间渗漏

厕浴间主要渗漏部位有:地面、墙面、穿墙管根部、墙与地面相交处、卫生洁具与地面或墙面相交处,还有管道渗漏等。

厕浴间渗漏原因:

（一）设计方面

1.卫生间地面缺乏有效的防水处理,在使用淋浴的情况下,容易发生渗漏现象。倘若地面坡度坡向处理不好,则问题会更严重。

2.采用预制空心楼板,设计时没有准确表明预留孔洞的位置和大小,造成现场凿洞安装各种管道和卫生洁具等,凿出的孔洞形状不规则,尺寸大小难以符合安装要求,使孔洞周围的混凝土破损。

3.地面、阴角以及浴缸下地坪的标高、排水方向和坡度等构造设计考虑不周,致使地面水难以排除。

（二）材料方面

1.没有考虑厕浴间的特点,采用卷材防水,由于接缝多、零碎、整体性差,难于处理严实。

2.在管道、地漏、厕坑等薄弱环节,未采用密封材料嵌缝,或未采用适宜的材料施工。

3.卫生洁具的质量粗劣,易损易漏。

（三）施工方面

1.下水口标高与地面或卫生设备标高不相适应,地面形成倒泛水,卫生设备排水不通畅。

2.基层(找平层)的施工质量粗糙,甚至出现空鼓或裂缝。

3.楼面的多孔板在安装前,未做堵头处理,使积水沿着板端缝和板孔扩渗。

4.浴缸下的地坪未做找平层,致使其标高低于厕浴间楼面的建筑设计标高,水倒流入浴缸底下,加上冷凝水的积累,导致常年积水而渗漏。

四、地下室渗漏

（一）渗漏的现象

常见的渗漏水现象一般可分为以下五种:

1.慢渗。漏水现象不明显,将漏水处擦干即不漏水,但经 10~20min 后,又发现有湿痕,再隔一段时间就集成一小片水。

2.快渗。漏水情况比较明显,将漏水处擦干后,经 3~5min 就发现湿痕,并很快集成一小片水。

3．有小水流。漏水情况明显,擦不净,水流不断渗透而出,形成较大的一片水。

4．急流。漏水严重,形成一股水流,由渗透孔道或裂缝处急流涌出。

5．水压急流。漏水非常严重,地下水压力较大,室内形成水柱由漏水孔或裂缝处涌出。

（二）渗漏的原因

地下室发生渗漏,应首先检查结构是否变形开裂,并对墙的阴阳角、门窗口位置、预埋墙内的配件、地面以及墙面的裂缝、剥落、空鼓、沉降缝等仔细检查,以弄清渗漏水的原因。

1．防水混凝土渗漏

（1）普通防水混凝土

1）施工时水灰比过大,造成混凝土抗渗性能急剧下降;或水灰比过小,施工操作困难,增加混凝土的孔隙,都会形成渗漏。

2）灰砂比过大(砂率偏低)出现混凝土内部不均匀和收缩大的现象;或灰砂比偏小(砂率偏高)使混凝土孔隙增加,都会使混凝土的抗渗性能降低。

3）采用了不适宜的水泥品种,不能满足防水混凝土的要求。

4）骨料的级配不合理,在施工中为保证混凝土的和易性,势必要提高水泥用量和加水量,此时混凝土中游离水分增多,收缩所形成的毛细孔道多,其抗渗能力减弱。

5）混凝土浇灌后养护不良,影响水泥水化反应的进行,造成混凝土结晶生长受影响密实性差,混凝土本身渗漏。

（2）加气型防水混凝土

1）加气剂掺量过多或过少,是影响混凝土抗渗性的主要原因。当掺加量过大时,混凝土内部出现气泡聚集的现象,并且大小不一,间距不一,造成混凝土结构不均匀,同时混凝土密度下降,影响其密实性;当掺加量过少时,在混凝土内形成的气泡很少,同样会出现内部结构不均匀,而影响混凝土的抗渗性。

2）水灰比过小,使混凝土拌合物稠度增大,不利于气泡的形成,使含气量降低,影响混凝土抗渗性能。

3）水泥和砂的比例不当,影响了混凝土的粘滞性。

4）混凝土的搅拌时间过短气泡形成不充分,过长又会破坏气泡,使含气量下降,影响混凝土的抗渗性能。

（3）氯化铁防水混凝土

1）氯化铁防水剂掺量过多或过少,都会不同程度影响混凝土的抗渗性能。掺量过多,会使钢筋锈蚀影响混凝土的握裹力,还会使混凝土的收缩加剧,形成裂缝造成渗漏;掺量过少,影响混凝土的密实性,降低抗渗性能。

2）拌合物搅拌时间过短,防水剂在混凝土内散布不均,影响整体抗渗性。

3）混凝土养护不好,使混凝土表面过分干燥,产生微细裂缝形成毛细孔道,造成渗漏。

（4）三乙醇胺防水混凝土

1）砂率没有控制在 35%～40% 之间,降低了混凝土的抗渗能力。

2）水泥用量过大,会因为三乙醇胺的早强催化作用,使混凝土内的水泥成分过多或过快吸收游离水,在硬化的后期,造成混凝土内部缺水,而形成干缩裂缝,造成渗漏。

3）三乙醇胺混凝土因养护不当造成的缺陷同氯化铁防水混凝土。

2．刚性抹面防水层渗漏

（1）混凝土基层

1）由于混凝土基层自身的缺陷使抹面防水层遭到破坏,引起渗漏水。

2）防水层本身缺陷造成渗漏,如:基层表面处理不好与防水层粘结出现剥落、裂缝、空鼓而引起渗漏;防水层材料强度不足或配合比不准,降低了防水性能;在防水层施工时,未按操作要求分层抹压或分层厚度过大、抹压次数不够,抹灰之间没有很好的粘结,形成渗漏;墙的阴阳角、门窗与墙体的接触面等防水层,没有按要求做而形成渗漏;抹灰层的养护不当、出现龟裂而渗漏等。

3）地下静水压力过大（超过 2MPa）,防水层失去防水能力。

4）防水层受到地下水较强的化学侵蚀或高温作用。

（2）砖基层

1）砖砌体本身强度不足或遭受腐蚀,使防水层砂浆逐步出现剥落、裂缝等而造成渗漏。

2）砖砌体砂浆强度过低或在砂浆缝处吸水过大、胶结不牢,造成防水层空鼓或产生裂缝,形成渗漏水。

3）砖砌体结构变形、基础下沉造成墙体开裂形成渗漏。

3．卷材防水层渗漏

（1）设计防水层高度过低,地下水从防水层上部渗透。

（2）地基不均匀沉陷造成结构开裂,防水层强度不足被撕裂而渗漏水。

（3）卷材粘贴未按操作要求,粘贴不实,封边不严造成渗漏。

（4）伸缩缝处使用的材料和结构形式选择不当,不能适应结构的变形;橡胶止水带缝口处油膏封闭不严等造成渗漏。

（5）穿墙孔部位未做防水处理,或沥青胶封闭不严。

（6）防水卷材老化。

第三节 房屋防水的维修

严重的房屋渗漏会给人们居住生活、工作、学习、生产带来诸多不便,因此,建设部于1991 年 6 月和 12 月分别颁布了《关于治理屋面渗漏的若干规定》和《关于提高防水工程质量若干规定》的通知。为提高房屋渗漏修缮工程技术水平,保证修缮质量,有效地治理房屋渗漏,建设部于 1995 年 4 月又颁发了国家行业标准《房屋渗漏修缮技术规程》（CJJ 62—95）,自 1995 年 11 月 1 日起施行,从此我国有了第一部房屋渗漏修缮工程技术法规。为了促进建筑防水、保温隔热新材料、新技术的发展,确保屋面工程质量,解决屋面渗漏这一突出的问题,国家技术监督局和建设部联合发布了《屋面工程技术规范》（GB 50207—94）,作为国家标准自 1994 年 11 月 1 日起施行。

一、坡屋面的维修

1．瓦屋面的实际坡度若小于 30%,又经常大面积渗漏雨水时,应将其全部拆除,重新调整屋面坡度,待符合要求后,再铺设屋面。

2．因檩木显著挠曲而形成渗漏水,应视檩木的挠曲程度,采取不同的处理方法。

（1）当挠曲量大于房间跨度 1/200 以上或者大于 20mm 以上，但仅局部檩木发生了挠曲，且屋面基层下凹不严重时，可对基层和檩木采取加固措施，然后用麻刀灰将瓦片之间嵌填密实即可。

（2）若檩木挠曲量过大，或普遍发生挠曲，造成屋面基层下凹严重时，则必须进行局部或全部翻修。局部翻修是在对檩木进行更换或加固处理后，重新铺瓦屋面；全部翻修则需要将屋面全部拆除，更换变形严重或尺寸过小的檩木，再重新进行屋面施工；翻修时，还要对导致檩木挠曲变形或因檩木变形而损坏的构件（屋架、平瓦）同时进行检查、加固或更换。

3. 由于平瓦本身裂缝、砂眼、翘曲等质量缺陷而形成的屋面渗漏水，应通过更换新瓦解决。

4. 由于挂瓦条间距过大造成的渗漏，应把瓦片揭下，重新弹线钉挂瓦条。施工时要严格按修缮工程规范标准进行，严格控制挂瓦条的尺寸，上下瓦片的搭接尺寸要符合质量验收标准。

5. 由于挂瓦条刚度不够弯曲严重或挂瓦条高度偏差大，致使平瓦下滑造成的漏水，在维修时要更换挂瓦条。此外，尽量不采用干挂瓦法。在挂瓦时，可先在挂瓦条上打一道较干的麻刀灰、随即挂瓦，再稍用力将平瓦压一下，使麻刀灰和平瓦与挂瓦条粘在一起，防止平瓦的下滑，并加大了挂瓦条的刚度。

6. 对于脊瓦搭接过小形成的漏水，应揭下脊瓦，然后按规定要求的搭接尺寸（不少于 50mm），重新铺挂。

脊瓦与平瓦间砂浆开裂的维修办法，一是把已产生裂缝的砂浆剔掉，并且把脊瓦与平瓦之间的砂浆缝剔进约 15mm，用水浇润，再补一道砂浆，但不能超过脊瓦的下缘，还要把砂浆表面压实抹光；二是将脊瓦揭下，重新以混合砂浆坐浆再铺脊瓦。

二、平屋面的维修

（一）卷材屋面的维修方法

基层处理是卷材防水屋面渗漏治理的一项重要内容，为了确保治理切实有效，必须首先对渗漏屋面的基层处理好。

基层处理的基本要求：

（1）渗漏部位基层面酥松、起砂及有突起物必须进行清除，要求表面平整、牢固、密实，具有一定强度，基层应干燥；

（2）突出屋面构造（女儿墙、山墙、变形缝、天窗、烟囱、管道等）的渗漏部位及屋面结构转角处（檐口、天沟、落水口等）渗漏部位，必须认真清理，并应重新按规定做法进行处理。

（3）采用内排水方式的水落口周围基层（在 500mm 范围内）的泛水坡度控制在 5% 以上，并呈凹形，以利于排水。

1. 油毡层裂缝的维修方法

维修油毡层裂缝的方法，是在裂缝上再加铺骑缝一毡二油一砂，如图 6-11 所示。

具体作法是：

（1）将裂缝两边各 500mm 范围内的砂粒铲除，并把进入缝内的砂粒及浮灰尘土等杂物清除干净。

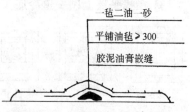

图 6-11　维修油毡层裂缝的方法

（2）用冷底子油涂刷一遍。

（3）待冷底子油干燥后，往缝内嵌注石油沥青防水油膏，油膏表面要高出原防水层1～2mm。在骑缝上干铺一层宽度不小于300mm的油毡条，遇到拐弯时，油毡要切断，搭接长度要大于150mm。油毡两端部与原屋面的防水层要贴牢压紧，不能有翘边张口和不严密的地方。

（4）再涂一遍防水油膏，然后做砂粒保护层。

因基层裂缝导致卷材防水层出现开裂的修补办法：将裂缝处防水层切开，暴露出基底混凝土或砂浆的缝隙，并将其裂缝内部尽量清除干净，用专用工具向缝隙内压注环氧树脂，干燥后刷冷底子油，再沿裂缝按上述维修办法处理。

2．油毡屋面沥青流淌的维修办法

（1）如果沥青流淌的面积达到整个屋面的一半以上，或油毡的滑动距离大于150mm时，要将原防水层全部铲除后重做。

（2）若沥青流淌的面积小于房屋的一半，或油毡的滑动距离小于150mm而大于100mm时，可只进行屋面局部翻修。

具体作法是：先把局部流淌而脱空以及褶皱的油毡层切断并清理至基层，同时把切除的油毡层周围150mm范围内的砂粒清除干净；然后将周边的油毡用加热法（如用铁熨斗）逐层剥开，把沥青铲除清理干净；再刷冷底子油一遍，待干燥后铺二毡三油，新铺的油毡要与剥开油毡相搭接；最后做砂粒保护层。

（3）若沥青流淌面积很小，油毡未发现滑动（或滑动很小），可将渗漏水部位切除，切除后的作法同（2）。

3．油毡层起鼓的维修方法

如果油毡起鼓面积不大，一般不会发生渗漏，可以不维修。对于起鼓面积较大的油毡层要及时维修。维修办法如下：

（1）简易维修法：首先将鼓泡周围100mm范围内的砂粒、沥青胶刮掉，清扫干净；然后用小刀把鼓泡切开，把空气及杂物挤压清理出来将油毡复平；根据铲除砂粒范围的大小，把新更换的油毡裁好，铺贴时，按屋面坡度将胶结沥青涂刷在洞口的左、右及上方，洞口下方不涂沥青，以便鼓泡内的水气能不断排出；最后在修补部位做砂粒保护层。

（2）切除维修法（图6-12）：

1）将鼓泡四周约100mm范围内的绿豆砂清理干净，如粘结较牢，可用喷灯烤软后再清理（图6-12a）。

2）沿鼓泡周围约50mm范围切开三条边，并向上卷起，使鼓泡内的水分充分干燥，必要时可借助喷灯吹烤。注意，切开时所留的一条边应位于屋面排水坡度的上方（图6-12b）。

3）在找平层上刷一道冷底子油，并铺一毡二油。新铺油毡的面积比切开油毡四周约大50mm（图6-12c）。

4）将原切开的油毡压在新铺的油毡上，并补做一油一砂保护层（图6-12d）。

4．层面卷材老化的处理方法

将原有卷材防水层全部铲除、刮净，然后将基层认真修补好，干燥后再按二毡

（a）　　　　（b）　　　　（c）　　　　（d）

图6-12　切除维修法

三油或三毡四油作法,重新将屋面的卷材防水做好。

5. 油毡搭接不严、屋面排水不畅的处理方法

在搭接不严处,加铺一层油毡,即由二毡三油改为三毡四油。当排水不畅是因落水管间距过大、直径小或屋面坡度小造成时,结合大修,重新布置落水管的间距,采用较大直径的落水管等措施解决。

6. 泛水渗漏处理

泛水构造做法如图6-13所示。翻起的油毡应压入立墙凹口内,并采用木条钉牢;挑檐抹灰应做滴水线;转角处采用混凝土或砂浆做成大坍角或斜坡,避免油毡起皱或折断。

7. 檐口渗水处理方法

可在檐口处附加一层油毡,将檐口包住,下口用镀锌铁皮钉牢。也可以在找平层上钉一层镀锌铁皮盖檐,油毡铺至檐口,如图6-14所示。

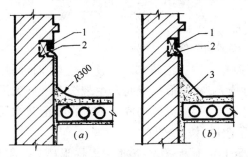

图6-13 泛水构造做法
(a)坍角做法;(b)斜角做法
1—木条(通长)、圆钉;2—预埋木砖(中-中500);
3—混凝土填牢

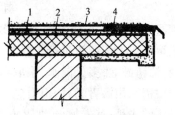

图6-14 檐口渗水处理方法
1—两毡三油;2—找平层;3—绿豆砂面层;
4—镀锌铁皮(设于两层油毡之间)

8. 卷材防水屋面质量检验要求

(1)卷材防水屋面不得有渗漏现象,卷材表面应平整,不允许有翘边、接口不严、空鼓、气泡及滑移等缺陷。

(2)卷材与找平层之间、卷材之间均应粘接牢固;油毡搭接长度不能少于100mm。

(3)卷材与突出屋面构筑物的连接处和转角处,均应铺贴牢固和封闭严密。屋面坡度应符合排水要求,不应有积水现象。

(4)修补后的卷材防水屋面,新旧卷材接槎要牢固、平顺、不漏水、不积水、不挡水。

(5)检查时,可按屋顶面积每50m² 抽查一处,但每个屋顶的检查量不少于5处。

例题 6-1 某工厂厂房由于内温度较高,所以厂房屋面未设保温层,屋面防水为二毡三油作法。使用到第二年雨季,正值生产期间,厂房却多处漏雨,无法生产。

进行屋面检查后发现,大部分裂缝都正对屋面板支座的上端,且通长而笔直(图6-15a)。经过分析了解,出现这样的情况是因为屋面板在温度的变化下产生了胀缩而拉裂油毡。

处理方法是:在裂缝处干铺一层400mm宽的油毡条作延伸层。修补按(图6-15b)所示进行,干铺油毡的两端用玛琋脂粘贴,粘贴宽度20mm。这样在实铺面层油毡时,玛琋脂就不会从干铺油毡条两侧流入而使干铺油毡起不到延伸层的作用。

干铺油毡作延伸层的防裂作用是:当基层开裂而拉伸防水层时,干铺油毡将在360mm的范围内变形,其相对应变值小,一般不超过油毡的横向延伸度(常温下约5%),因而不会

被拉裂。假设基层产生 2mm 裂缝,对于 360mm 宽的干铺油毡来说,其拉应变还不超过 1%,若不设干铺油毡,则铺贴在屋面的油毡将可能在 2mm 的范围内拉伸,这时拉应变将达到 100%,必然要被拉裂。这种处理方法还有个优点,就是处理后屋面上不容易产生二次油毡破损。厂房的屋面经过以上方法处理后,效果很好,再未出现漏雨现象。

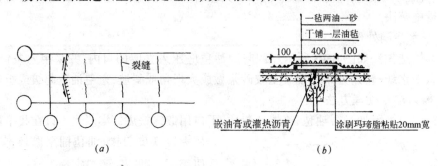

图 6-15 屋面渗漏修补举例

例题 6-2 某车间为预制肋形板屋盖,上面是二毡三油防水层。预制板端和板间用水泥砂浆填缝。由于起重机行车时对厂房震动力较大,屋面沿板端间产生裂缝并发展到沿板间裂缝,油毡鼓泡,多处漏水,采取局部补修,但效果不好,只能彻底翻修。在屋面防水层翻修工程中仍采用沥青卷材,但对施工方法进行了改进,效果较好。

具体做法是:首先掀开油毡防水层,将大梁上预制板端缝全部凿成梯形槽,槽宽 4～6cm,槽深 6～8cm。板间缝凿成沟形,沟宽 2～4cm,沟深 4～6cm。槽、沟凿完后,用钢丝刷把松动的碎粒刷掉,再用手提电吹风把槽、沟和板间的砂尘吹干净(不能用水洗,以免夏天高温时,水汽化使油毡鼓泡,影响油毡粘结质量)。用 40% 的 5 号沥青加热熔化在 60% 的 3 号沥青中,掺 10%～15% 的滑石粉和麻丝混合作为填料。施工步骤:在沟、槽底先刷两遍冷底子油(40% 的 5 号石油沥青浸在煤油中),要求涂刷均匀。将沥青麻丝填至与预制肋板相平,铺一层油毡,冷却后再灌沥青平槽口,然后再铺一层油毡。沟缝仅用热沥青灌满。沟面铺一层油毡。落水管周围灌热沥青防渗。槽、沟全部灌平后,再铺二毡三油,用铁滚筒压实。浇面层热沥青,随即撒一层绿豆砂。屋面翻修至今,未发现漏水现象。

(二)刚性防水屋面的维修方法

支承在屋面结构层上的刚性板块,经柔性接缝组合,即成为刚性防水屋面。针对防水屋面的特点,其渗漏维修材料的选用原则为:对于刚性防水层板块裂缝及刚性板块的接缝部位(分仓缝、天沟、泛水、出屋面管道等)渗漏,宜采用防水密封材料、防水卷材、防水涂料等柔性材料维修;刚性板块的表面风化、起砂等损坏可采用聚合物水泥砂浆、高标号细石混凝土等刚性材料进行维修。

1. 水泥砂浆面层修补

(1)面层局部损坏,可将起壳破损部分凿起,将基层混凝土裂缝嵌补密实,补做防水层后,再将全部接缝用钢丝板刷清除灰尘,沿缝扫一薄层环氧树脂。

(2)混凝土面层抹灰普遍起壳损坏,可将原抹灰铲除凿毛,并彻底清洁,然后重新捣细石混凝土防水层。

(3)若屋面面层普遍渗漏、局部修补有困难时,可将混凝土面层刷洗清洁,先涂缩丁醛底漆一度,随即将玻璃布贴上压实,再涂缩丁醛面漆一度。

128

2．混凝土板裂缝嵌补

(1) 沿缝隙用快钢凿成 V 形或 U 形缝槽,凿缝要求缝槽尖端与原裂缝一致,缝槽中垃圾灰尘应彻底清除。

(2) 嵌缝材料有丙酮胶液、沥青胶、环氧树脂等。用嵌缝材料填嵌槽内一半为度,然后再用水泥砂浆封槽。封槽时应先刷纯水泥浆,封槽砂浆的砂子应经清洗,并控制水分越少越好;嵌补要紧密压实,嵌补后砂浆上面应遮盖并洒水养护,保持经常润湿以免产生收缩裂缝。

(3) 还可用改性苯乙烯焦油嵌缝油膏和聚氯乙烯胶泥等,采用时可不封槽,但必须注意在灌缝或嵌缝上表面堆缝或贴缝,如图 6-16,以扩大与板面的粘结面积。嵌缝油膏上面可盖一层玻璃布,玻璃布与缝两边粘结用苯乙烯焦油清漆作胶粘剂。

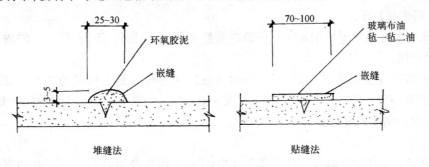

图 6-16　刚性防水层裂缝修补

3．板缝的修补(包括分格缝的修补)

(1) 清除已损坏的贴缝条,挖去老化及失去防水能力的油膏或胶泥。用钢丝刷或毛刷清理干净,并沿缝的方向剔成倒"八"字形,以增大新老混凝土间的接触面。

(2) 洒水冲洗湿润,并刷 1:1 素水泥浆一遍。

(3) 用 1:2 水泥砂浆填约 30～50mm。

(4) 用≥C20 细石混凝土灌缝,充分捣实。初凝前压光一次,初凝后缝内放水养护,养护时间不少于 7d。

(5) 养护后进行检查,如还有渗漏再用 1:2 水泥砂浆嵌实,至不漏为止。

(6) 清除槽口污垢,刷冷底子油一道,然后嵌入新油膏,涂上与胶泥同性质的粘结剂一道,再嵌入新胶泥,并与缝槽紧密粘牢,无空隙。最后用玻璃丝布或 500 号石油沥青油毡贴缝。

4．冷施工防水材料修补裂缝

采用冷施工的防水材料(水性沥青基再生橡胶涂料和氯丁胶乳沥青防水涂料)替代沥青维修平屋面裂缝,其施工方法(工作顺序和施工要求)如下:

(1) 清理基层。将裂缝部位油毡防水层上松浮的绿豆砂扫除,灰吹干净(屋面不能有积水)。

(2) 干铺玻璃纤维布。报纸在下,玻璃纤维布在上,干铺在裂缝部位。

(3) 刷第一度涂料。在玻璃纤维布上刷第一度涂料,玻璃纤维布网格较大,涂料可通过网孔渗下去,第一度涂料要刷得厚而均匀。

(4) 刷第二度涂料。在玻璃纤维布刷满第二度涂料。

（5）滚铺报纸。边刷第二度涂料时同时边滚铺报纸，报纸下面刷满涂料才能与玻璃纤维布紧密粘结，做到无气泡、无皱折。

（6）刷第三度涂料。在报纸上刷一度涂料，要刷得厚而均匀。

（7）刷第四度涂料。待第三度涂料干后刷第四度涂料。

防水层成膜后总厚度大于 20mm。

5．增设钢丝网水泥防水层

当屋顶结构能够承受增加的钢丝网水泥防水层重量，则可采用此法进行屋面维修。在钢丝网水泥中，由于配置了稠密的网筋，钢丝与砂浆的接触面积比普通钢筋混凝土大，钢丝网水泥接近于匀质弹性材料，用钢丝网水泥作防水层具有抗裂性好、抗渗性好、自重轻等优点。

（1）所用材料要求：

1）水泥。宜采用不低于 425 号普通硅酸盐水泥；不同标号、不同品种、不同牌号的水泥不得混合使用。

2）黄砂。宜采用天然中砂，平均粒径 0.35～0.5mm，最大粒径为 3mm，空隙率小于40%，含泥量不得大于 2%，云母含量不得大于 0.5%。砂浆中不准掺入氯化物外加剂，以免引起钢丝网和钢筋的腐蚀。

3）应采用清洁水。

4）钢材。冷拔钢丝抗拉强度不低于 420MPa，采用直径为 0.9～1.0mm 的钢丝编织成10mm×10mm 的钢丝网，纵向 1m 内网络不少于 100 格。

（2）施工方法：

1）铺钢丝网。先用冲击钻在防水层板面上钻孔，孔距 200mm，呈梅花型布置，孔径为6mm，孔深≥25mm。在孔内打入木榫，木榫比板面高 5mm。安放钢筋 $\phi4@100mm$，钢筋用马钉锚固在木榫上。铺钢丝网时要拉紧铺平，网边搭接长度≥50mm，用 20 号镀锌铁丝将网绑扎在 $\phi4$ 钢筋上。

2）砂浆制备。砂浆配合比（重量比）水泥∶砂∶水 = 1∶2∶0.5。水泥砂浆宜采用机械搅拌，搅拌时间需 3～5min；手工搅拌要干拌 3 次，湿拌 3 次，保证均匀，不得有结块存在。砂浆应随拌随用，初凝后砂浆不得再使用。

3）粉抹成型。操作时气温低于 5℃时，不宜施工。粉抹砂浆前，要清除钢丝网内各种污物，板面浇水湿润，但不能有积水。水泥砂浆应用小型平板振动器振实，随即用铁板粉平，阴角部位应粉成小圆角，钢丝网水泥厚度为 20mm。砂浆终凝前用铁板第二次抹平压光，使防水层表面无砂眼及气泡，光滑平整。砂浆保护层厚≥5mm。

4）养护。应用草包覆盖，浇水养护不宜少于 14d，并避免踩踏。

6．维修混凝土刚性屋面必须注意的事项

（1）维修时必须以屋面结构有足够的刚度和良好的整体性为前提，当结构需增大强度，减少变形时，屋面的修补与结构的补强措施应一起统筹考虑，才行之有效。对于危害结构安全的严重裂缝必须会同设计部门和施工单位，依照我国现行设计和施工规范进行更换或加固处理。

（2）在维修前，必须事先弄清裂缝是否为"活裂缝"，即修补完后原有裂缝是否会再出现，若为"活裂缝"，就必须注意修补材料一定要有足够的柔性，以适应其开展。

（3）为保证质量，屋面维修应选择良好的气候条件。酷暑、严寒、风砂、雨雪天气切勿进行屋面维修。

（4）维修屋面应选用普通硅酸盐水泥。矿碴硅酸盐水泥及火山灰质硅酸盐水泥早期强度低，凝结缓慢，干缩性比普通水泥大，易产生干缩裂缝，故不宜使用。另外，禁止使用过期和受潮水泥。

（5）分格缝必须与板缝对齐，其深度可全部或部分贯穿防水层；防水层内的钢筋网在分格缝处必须断开；在产生局部负弯矩的屋面板板端处一定要配置 $\phi6\sim8$ 构造钢筋，用以减少板的变形；屋面坡度要力求准确以减少积水，提高屋面的防水能力；此外，横缝的贴缝卷材必须置于纵缝的贴缝卷材之上，卷材边缘应粘结牢。

（三）涂膜防水屋面

1. 起鼓的防治及修补

（1）防治

铺贴涂料增强层的毡或布时应采取刮挤手法，将空气排出，使用的加筋布或毡以及基层一定要干燥，其含水率不得超过《屋面防水技术规范》的规定，如果基层干燥有困难，必须做排气屋面。

（2）修补

如果鼓泡较小，用针刺破一个小孔，排净空气，再用针筒注入相关涂料，然后用力滚压与基层粘牢，针孔处用密封材料封口。如起鼓较大且还有继续增大的趋势，那就要将鼓泡切开翻起，先用喷灯烤干，然后将涂膜层重新复原粘实，上面再用比切口周边大100mm的涂膜层覆盖并粘牢。

2. 裂缝的防治与修补

为避免龟裂，水泥砂浆找平层水灰比要小，宜掺微膨胀剂。铺设的卷材或涂膜防水层宜采用空铺、点粘、条粘法施工。

修补方法：应沿裂缝凿去原防水层，将两边防水层掀起，缝中嵌填密封材料，再铺300mm宽卷材条空铺，上面再铺抹防水涂料加筋处理。

3. 防水层剥离的防治与修补

（1）防治

严格控制找平层的表面质量，施工前应多次清扫干净，施工时基层表面必须干燥（特别是聚氨酯），遇霜雾天必须待霜雾退去、表面干燥后再施工。

（2）修补

切开防水层、清扫找平层并使其干燥（喷灯烤干），涂刷粘结剂重新粘合，并在切开的缝上覆盖宽300mm的卷材条粘贴牢固。交角处剥离的防水层一般应切开，将立面涂膜层翻起，清扫找平层后，满粘法铺贴一层卷材，并与平面防水层压接粘结，再将立面原防水层翻上重新粘贴，防水层的搭接宽度应不小于150mm。

4. 防水层脱缝的防治和修补

防水层接缝部位要清理干净，必要时须用溶剂或棉纱擦洗干净，施工时严防砂粒、尘土夹入。

修补方法：翻开原搭接缝清洗擦干，重新用相融涂料粘合，并在接口处用密封材料封口。

5. 防水层积水的防治及修补

（1）防治

1）防水层施工前，对找平层坡度进行严格检查，遇有低洼或坡度不足时，应经修补后才能施工。

2）水落口标高必须考虑天沟排水坡度高差、周围坡度尺寸的改变以及防水层施工后的厚度因素。在施工时须经测量后确定。

（2）修补

1）低洼处可采用水泥砂浆或聚合物砂浆（较薄处）铺抹找坡，也可用沥青砂浆铺抹找平。

2）反梁过水孔标高不准，孔径过小，须凿开重新处理。

6．防水层破损的防治及修补

（1）防治

1）施工前应认真清扫找平层，保证无砂粒石渣。遇有大风时应停止施工，防止灰砂、玻璃丝布或纤维毡等被风刮起影响铺毡质量。

2）在涂膜防水层上砌筑架空板砖墩时，必须待防水层达到实干后再砌筑，在砖墩下应加垫一块卷材，并均匀铺垫砂浆砌砖。在防水层上施工保护层时应采取"前铺法"，施工人员操作及运输尽量不直接在已做好的保护层上活动。

（2）修补

涂料防水层修补的方法是：在已开裂和破损的防水层上清理干净浮砂杂物，裁剪两块比破损处周边宽10cm的玻璃丝布，用与屋面相同的防水涂料仔细地粘贴平整，然后在表面上再刷二遍防水涂料，在刷最后一遍涂料时随涂刷随撒蛭粉保护层，将保护层扫平、压牢。

若防水层因太薄而渗漏，可在原防水层上清理干净后再涂刷2～3遍防水涂料，增加厚度，使防水层起到防水作用。

施工时气温以10～30℃为宜。气温过高，结膜过快，容易产生气泡，影响涂膜的完整性；气温过低，或结膜太慢，影响施工速度。铺贴玻璃丝布时，要边倒涂料，边推铺，边压实平整。在屋面板接缝处要用油膏嵌填密实。要求基层含水率不得大于8%～10%。要保持找平层平整、干燥、洁净。

涂料防水屋面维修的质量要求及其验收：

1．维修完成后屋面防水层应平整，不得积水，屋面无渗漏现象。

2．天沟、檐沟水落口等防水层构造应合理，封固严密，无翘边、空鼓、折皱，排水通畅。

3．涂膜防水层厚度应符合规范要求，涂料应浸透胎体，防水层覆盖完全，表面平整，无流淌、堆积、皱皮、鼓泡、露胎现象，防水层收口应贴牢封严。

4．铺设保护层应与屋面原保护层一致，覆盖均匀，粘结牢固，多余保护层材料应清除。

5．涂膜防水屋面维修工程竣工后，须经蓄水检验，不渗漏方为合格。

三、墙体渗漏的防治

（一）渗漏的防治方法

1．女儿墙渗漏的预防

为避免渗水出现，女儿墙不设分隔缝；保温层应与女儿墙断开，预留50～80mm伸缩缝，内填油毡纸卷或嵌填密封油膏以构成柔性结构,防止保温层膨胀推开女儿墙的墙身,产生墙身开裂导致渗漏;女儿墙压顶的抹灰层坡度应流向屋面,并应设置滴水或鹰嘴,以防止雨水爬墙。

2. 窗台倒泛水向室内渗水的预防

为防止产生渗漏,室外窗台应低于室内窗台板20mm,并设置顺水坡,使雨水排放畅通;外窗框的下框应设置止水板;铝合金和涂色镀锌钢板推拉窗的下框的轨道应设置泄水孔,使轨道槽内的雨水能及时排出;金属窗外框与室内外窗台板的间隙必须采用密封胶进行封闭,确保水密性;尽量推迟窗台抹灰时间,待结构沉降稳定后进行;室外窗台饰面层应严格控制水泥砂浆的水灰比,抹灰前要充分湿润基层,并应涂刷素浆结合层,下框企口嵌灰必须饱满密实、压严。

3. 门窗口部位渗水的预防

为防止产生渗漏,墙体预埋件安装数量、规格必须符合要求;木制门窗框身与外墙连接部位的间隙,应自下而上进行嵌填麻刀水泥砂浆或麻刀混合砂浆,要分层嵌塞密实,待达到一定强度后再用水泥砂浆找平;铝合金和深色镀锌钢板门窗框与墙体的缝隙,应采用柔性材料(如矿棉条或玻璃棉毡条)分层填塞,缝隙外表留5~8mm深的槽口,嵌填水密性密封材料,如图6-17所示;塑料门窗框与洞口的间隙应用泡沫塑料或油毡卷条填塞,填塞不宜过紧,以免框体变形,门窗框四周的内外接缝应用水密性密封膏嵌缝严密,如图6-18所示。

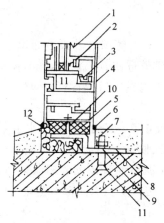

图6-17 铝合金门窗安装节点及缝隙处理示意图
1—玻璃;2—橡胶条;3—压条;4—内扇;5—外框;6—密封膏;7—砂浆;8—地脚;9—软填料;10—塑料垫;11—膨胀螺栓;12—密封膏

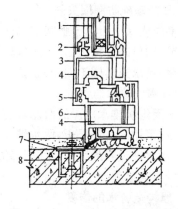

图6-18 塑料门窗安装节点示意图
1—玻璃;2—玻璃压条;3—内扇;4—内钢衬;5—密封膏 6—外框;7—地脚;8—膨胀螺栓;9—密封膏

4. 室外墙面饰面层渗水的预防

为防止裂漏,抹灰之前应对基层表面清理干净,对头空缝必须采取水泥砂浆进行修整,砌体的缺陷和孔洞应先用107胶:水=1:4的水泥素浆涂刷一道,再用1:3水泥砂浆分层平整;饰面抹灰层应采取分层做法;饰面层的分格缝内必须采取湿润后勾缝的方法;对不同基体材料交接处应铺钉钢丝网以防产生温度裂缝;为防止雨水爬墙,在墙身凸出腰线、泛水檐口或窗口的天盘均应作鹰嘴或滴水线槽,如图6-19、图6-20所示。

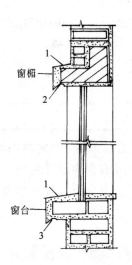

窗楣

窗台

图 6-19　流水坡度、滴水线(槽)

1—流水坡度;2—滴水槽;3—滴水线

5. 预埋件根部渗水的预防

预埋件(落水管卡具、旗杆孔、避雷带支柱、空调托架、接地引下线竖杆等)安装必须在外墙饰面之前;抹灰时,对预埋件的根部严禁急压成活或挤压成活;安装铁预埋件之前,必须认真进行除锈和防腐处理,使预埋件与饰面层结合牢固。

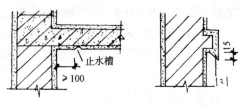

图 6-20　止水槽、突出墙面腰线滴水线

6. 变形缝部位渗漏的预防

变形缝内严禁掉入砌筑砂浆和其它杂物,保持缝内洁净、贯通,按结构要求填油麻丝加盖镀锌铁板,变形缝的距离要符合构造要求;制作密闭镀铁盖板应符合变形缝工作构造要求,确保沉降、伸缩的正常性,安装盖板必须平整、牢固、接头处必须是顺水方向压接严密;在外墙变形缝中应设置止水层,保证变形缝的水密性。

7. 预防基础防潮层失效

防潮层应采用 1:2.5 膨胀水泥砂浆,其厚度为 20mm。防潮层砂浆表面用木抹子揉平,待终凝前,即可进行抹压 2～3 遍,以尽量填塞砂浆毛细管通路,严禁在压光时撒干水泥和刷水泥素浆;要求连续施工,若必须留置施工缝时,则应设置在门口位置。

8. 散水坡渗水的预防

屋面无组织排水房屋的散水坡宽度应宽于挑檐板 150～200mm,使雨水能落在散水坡上;垫层应采用碎石混凝土,散水坡应与墙身勒脚断开,防止建筑物沉降时破坏散水结构的整体性;散水坡设置的纵向、横向伸缩缝均应采用柔性沥青油膏或沥青砂浆嵌填饱满密实;散水坡的标高必须高于房区路面标高,排水应通畅,严防产生积水而渗泡基础。

9. 原构造防水的修复

线型构造防水常见形式为滴水线、挡水台;常设部位在女儿墙压顶处,屋面檐口,腰线,窗台,上、下外墙板接缝处;构造防水的功能是使水流分散,减少接缝处的雨水流量和压力。如线型构造部分轻度或局部破坏,其它大面积完好无损,可采用高强水泥浆、防水胶泥等材料进行修补,恢复其排水功能。

10. 用防水材料修复

当雨水渗入墙身及室内时,采用油溶型或水乳型防水材料进行嵌缝或涂刷。修复方法有:

(1) 外墙外涂堵水法

在外墙板的外侧面采取防水措施,通过防水材料堵塞雨水浸入。

(2) 外墙内涂堵水法

在外墙板的内侧面采取防水措施,通过防水材料堵塞雨水侵入。

(二)墙体治漏的技术要求

1．治漏前对查勘工作的要求

治漏前,必须查清具体的渗漏情况,才能有针对性地采取相应的治漏方法。查勘时,可采取如下的方法:

(1)观察法

对现场进行查勘,发现渗漏部位,找出渗漏点和水源处,并对其部位进行反复观察,划出标记,作好记录以利做出正确判断。此法适宜在雨天进行。

(2)淋水检查法

在墙面进行加压冲水约1h,发现漏痕。此法必须在初步查勘并已确定渗漏方位和范围的情况下采用,能较准确地确定漏点。特别是在屋面、墙面同时渗漏的情况下更适宜采用。

(3)资料分析判断法

对结构较为复杂的建筑物,仅靠观察是不够的,必须查清原设计的防水构造设计、施工中有无变更,实际与原资料是否一致,特别是结构变形引起的渗漏更需要观察与资料相互对应分析判断。

2．墙体勾缝、补洞的技术要求

清理基层,扩缝或扩洞,将缝凿成V字形,清除浮渣、积垢、油渍并用水冲净吹干。涂刷底胶,嵌、填嵌缝材料,要求压紧、填满、表面刮平,两侧或四周接口处压实。

3．涂料防水的技术要求

基面要求清洁、无浮浆、无水渍。涂料的配合比、制备和施工必须严格按各类涂料要求进行。

涂料选择:使用油溶性或非湿固性材料时,基面应保持干燥,其含水率≤8%。若在潮湿基面上施工,应选择湿固性涂料、含有吸水能力组分的涂料或水性涂料。

涂料的施工应沿墙自上而下进行,不得漏喷涂、跳跃式或无次序喷涂。喷涂次数不少于二遍,后一道涂料必须待前一道涂料结膜后方可进行,且涂刷方向应与前一道方向垂直。

防水层初期结膜前(一般24h)不能受雨、雪侵蚀,在成膜过程中,如因雨水冲刷产生麻面或脱落时,必须重新修补、涂刷。涂膜防水层可用无纺布、玻璃布作加筋材料。

4．工程验收及质量要求

(1)墙体维修工程完工后3d(冬季10d),对墙面进行冲水或雨淋试验,持续2h后无渗漏可定为合格。

(2)隐蔽工程:如基层、嵌缝、补洞等部位每道工序须检查并做好记录。

(3)检查的程序及方法应包括:目测→实测→试验→跟踪观察→定期回访。

四、厕浴间渗漏的治理

(一)厕浴间渗漏的防治对策

1．厕浴间应采用涂膜防水做法:施工中要强调对防水涂料的现场复查,以确保其质量。应指定涂膜防水的基本遍数及用量。

2．排水坡度要求:地面向地漏处排水坡度一般为2%,高档工程可为1%;地漏排水以地漏边向外50mm处坡度为3%～5%;地漏标高应根据门口至地漏的坡度确定,必要时可设门槛。

3．厕浴间防水层高度要求：原则上地面防水层做在面层以下，四周卷起，高出地面100mm，管根防水用建筑密封膏处理好；淋浴间墙面防水高度不小于1800mm；浴盆临墙防水高度不小于800mm；蹲坑部位防水高度应超过蹲台地面400mm；墙面防水与地面防水必须交接好。

4．厕浴间完工后，须经24h蓄水检查，以不渗漏为标准，方为合格，再验收。

（二）厕浴间渗漏的维修

1．裂缝维修

（1）对2mm以上裂缝

沿裂缝清除面层和防水层，剔槽宽度和深度均不小于10mm，清理槽内外的浮灰及杂物，槽内嵌填密封材料，铺带胎体增强材料涂膜防水层，再与原防水层搭接好。

（2）对0.5～2mm的裂缝

沿裂缝剔除面层40mm宽，清除裂缝部位的浮灰及杂物，铺涂膜防水层。

（3）对0.5mm以下裂缝

可不铲除面层，清理裂缝表面，沿裂缝走向涂刷两遍宽度不小于100mm的无色或浅色高分子涂膜防水材料。

2．地面积水

凿除面层，修复防水层，铺设地面，重新安装地漏，地漏接口外沿嵌填密封材料。

3．管道穿过地面的维修

（1）穿楼地面管道根部积水渗漏

沿根部剔凿沟槽，其宽度和深度不小于10mm，清理浮灰杂物，槽内嵌填密封材料，根部涂刷高度和水平宽度均不小于100mm、涂刷厚度不小于1mm的高分子防水涂料。

（2）管道与楼地面间的裂缝

清理干净裂缝部位，绕管道及根部涂刷两遍合成高分子防水涂料，其涂刷宽度和高度均不小于100mm，涂刷厚度不小于1mm。

（3）穿楼地面的套管损坏

更换套管，将套管封口并高出地面20mm，把根部密封。

4．楼地面与墙面交接部位裂缝或酥松的维修

（1）裂缝

应将裂缝部位清理干净，涂刷带胎体增强材料的涂膜防水层，其厚度不小于1.5mm，平、立面涂刷范围均不应小于100mm。

（2）酥松

凿除损坏部位，用1:2水泥砂浆修补基层；铺带胎体增强材料涂膜防水层，其厚度不小于1.5mm，平、立面涂刷范围应不小于100mm，新旧防水层搭接不应小于50～80mm，压槎方向顺流水方向。

五、地下室渗漏的维修

在维修前，首先必须找出漏水点的准确位置。对于较严重的漏水部位可以直接观察发现，在一般情况下，采用如下方法检查：

1．将漏水处擦干，立即均匀地撒干水泥粉，在干水泥粉出现湿点或湿线处，即为漏水的孔或缝；

2．当用上述方法检查出现湿一片的现象，不能确定漏水位置时，可用水泥浆在漏水处均匀涂一薄层，并立即撒上干水泥粉，在干水泥粉表面的湿点或湿线处，即为漏水孔或缝。

3．对于基础下沉引起开裂而形成的渗漏，可用水准仪进行检查。

4．对于结构裂缝的检查，可按上述检查墙体裂缝的方法进行。

维修时，对选用的防水材料有如下的要求：

1．防水混凝土的抗渗标号应高于地下室原防水设计要求（一般应高一等级）；防水混凝土的配合比要根据渗漏情况，经试验确定；防水混凝土所选用的外加剂，应严格按产品使用规定操作。

2．防水卷材、防水涂料及密封材料，应具有良好的弹塑性、粘结性、耐腐蚀性、抗渗透性及施工性能。为增强粘结强度，施工时应涂刷基层处理剂。

3．注浆材料应具有抗渗性高、粘结力强、耐久性好及良好的可灌性。

地下室渗漏的维修方法如下：

（一）堵漏修补

堵漏修补是地下室局部维修的一种有效的方法，需要根据不同的原因、部位、渗漏的情形和水压的大小，进行不同的处理。堵漏修补的一般原则是：逐步把大漏变小漏，片漏变孔漏，线漏变点漏，使渗漏集中于一点或数点，最后把点漏堵塞。

1．孔洞漏水的处理

（1）当水压不大（水头在 2m 以下），漏水孔洞较小时，采用"直接堵塞法"处理。

操作时先根据渗漏水情况，以漏水点为圆心剔槽，剔槽直径为 10～30mm、深 30～50mm（一般毛细孔渗水剔成直径 10mm、深 20mm 圆孔即可）。所剔槽壁必须与基面垂直，不能剔成上大下小的楔形槽。剔完槽后，用水将槽冲洗干净，随即配制水泥胶浆（水泥：促凝剂＝1：0.6），捻成与槽直径相接近的锥形团，在胶浆开始凝固时，以拇指迅速将胶浆用力堵塞于槽内，并向槽壁四周挤压严实，使胶浆与槽壁紧密结合。堵塞完毕后，立即将槽孔周围擦干撒上干水泥粉检查是否堵塞严密，如检查时发现堵塞不严仍有渗漏水时，应将堵塞的胶浆全部剔除，槽底和槽壁经清理干净后重新按上述方法进行堵塞。如检查无渗水时，再在胶浆表面抹素灰和水泥砂浆各一层，并将砂浆表面扫成条纹，待砂浆有一定强度后（夏季 1d，冬季 2～3d），再和其它部位一样做好防水层。

（2）当水压较大（水头 2～4m），漏水孔洞较大时，可采用"下管堵塞法"处理（如图 6-21）。

首先彻底清除漏水处空鼓的面层，剔成孔洞，其深度视漏水情况而定，漏水严重的可直接剔至基层下的垫层处，将碎石清除干净。在洞底铺粒径为 5～32mm 碎石一层，在碎石上面盖一层与孔洞相等面积的油毡（或铁皮），油毡中间开一小孔，用胶皮管插入孔中，使水顺胶管流出（若是地面孔洞漏水，则在漏水处四周砌筑挡水墙坝，用胶皮管将水引出墙外）。用水泥胶浆把胶皮管四周的孔洞一次灌满，待胶浆开始凝固时，用力在孔洞四周压实，使胶浆表面略低于地面约 10mm。

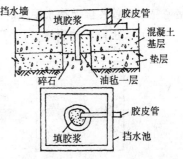

图 6-21 下管堵塞法

表面撒干水泥粉检查无漏水时,拔出胶皮管,按孔洞漏水"直接堵塞法"将孔洞堵塞。最后拆除挡水墙,表面刷洗干净,再进行防水层施工。

(3) 当水压很大(水头在4m以上),但漏水孔不大时,可采用"木楔堵塞法"处理,如图6-22。

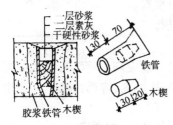

图 6-22　木楔堵塞法

操作方法是将漏水处剔成一孔洞,孔洞四周松散石子应剔除干净。根据漏水量大小决定铁管直径。铁管一端打成扁形,用水泥胶浆把铁管稳设在孔洞中心,使铁管顶端略低于基层表面30~40mm。按铁管内径制作木楔一个,木楔表面应平整,并涂刷冷底子油一道,待水泥胶浆凝固一段时间后(约24h),将木楔打入铁管内,楔顶距铁管上端约30mm,用1:1水泥砂浆(水灰比约0.3)把楔顶上部空隙填实,随即在整个孔洞表面抹素灰、砂浆各一层。砂浆表面与基层表面相平,并将砂浆表面扫出毛纹。待砂浆有一定强度后,再与其它部位一起做防水层。

2.裂缝漏水的处理

对于因结构变形出现的裂缝漏水,应在变形基本稳定,裂缝不再发展的情况下,才能进行修补。裂缝漏水的修补,要根据水压的大小采取不同的操作方法。

(1) 水压较小的裂缝,可采用"裂缝漏水直接堵塞法"处理,如图6-23。

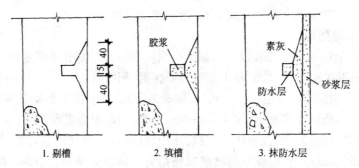

图 6-23　裂缝漏水直接堵塞法

操作时,沿裂缝方向以裂缝为中心剔成八字形边坡沟槽,深30mm,宽15mm,将沟槽清洗干净,把水泥浆捻成条形,在胶浆将要凝固时,迅速填塞在沟槽中,以拇指用力向槽内及沟槽两侧挤压密实;若裂缝过长,可分段堵塞,分段胶浆间的接槎应以八字形相接,并用力挤压密实;堵塞完毕经检查已无渗水现象时,再在八字坡内抹素灰、砂浆各一层,并与基层面相平。

(2) 水压较大的裂缝,可采用"下线堵塞法"处理,如图6-24。

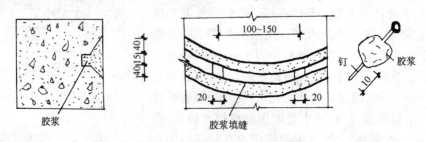

图 6-24　下线堵塞法与下钉法

138

操作时，与上述方法一样剔好八字形沟槽，在槽底沿裂缝处放置一根小绳，长 200～300mm，绳直径视漏水量而定。较长的裂缝应分段堵塞，每段长 100～150mm，段间留有 20mm 空隙，将胶浆堵塞于每段沟槽内，迅速将槽壁两侧挤压密实，然后把小绳抽出。再压实一次，使水顺绳孔流出。每段间 20mm 的空隙，可用"下钉法"缩小孔洞，把胶浆包在铁钉上，待胶浆将要凝固时，插入 20mm 的空隙中，用力将胶浆与空隙四周压实，同时转动铁钉，并立即拔出，使水顺钉孔流出。经检查除钉孔外无渗漏水现象时，沿沟槽坡抹素灰、砂浆各一层，表面扫毛。再按孔洞漏水"直接堵塞法"的要求，将钉孔堵塞。

（3）应用各种防水材料堵漏的方法：

1）氰凝（聚氨酯）堵漏

可选择自配浆液的方法施工。氰凝浆液灌浆堵漏适用于混凝土结构蜂窝孔洞处的渗漏，施工缝、变形缝、止水带、混凝土构造结合不严的渗漏，以及混凝土结构变形开裂或局部出现缝隙的渗漏。

灌浆施工按 7 个步骤进行：

①基层处理。将裂缝剔成沟槽，清理干净，找出水源，做好记录。

②布置灌浆孔。应选漏水量大的部位为灌浆孔，使灌浆孔的底部与漏水裂缝、孔隙相交。水平缝宜由下向上选斜孔；竖直缝宜正对裂缝选直孔。浆孔底部留 100～200mm 保护层，孔距 500～1000mm。

③埋设注浆嘴。注浆嘴埋入的孔洞直径应比注浆嘴直径大 30～40mm，埋深不小于 50mm。

④封闭漏水。采用促凝砂浆，将漏浆、跑浆处堵塞严实。

⑤试灌。注浆嘴埋设有一定强度后，做调整压力，调整浆液配比、试灌。

⑥灌浆。浆液可采用风压罐灌浆和手压泵灌浆，机具用过后，用丙酮清洗。

⑦封孔。浆液凝固，剔除注浆嘴，严堵孔眼，检查无漏水时，抹水泥浆。

2）氯化铁防水砂浆堵漏

用于地下室砖石墙体大面积轻微渗漏。氯化铁防水砂浆配比：水泥:砂:氯化铁:水 = 1:2.5:0.03:0.5。氯化铁水泥浆配比：水泥:水:氯化铁 = 1:0.5:0.03。

整治方法：清理基面，将原抹面凿毛，洗刷干净。抹 2～3mm 厚氯化铁水泥素浆一道，再抹 4～5mm 厚氯化铁防水砂浆一道，用木抹搓毛。第二天用同样方法再抹素浆和砂浆各一道，最后压光。砂浆抹面 12h 后喷水养护 7d。

3）五矾防水剂堵漏

用于局部严重漏水部位，水泥（325 号以上普通硅酸盐水泥）和五矾防水剂配比为 1:0.5。

整治方法：先将渗漏部位凿成深 30mm 以上、宽 60～80mm 的凹槽，然后放入棉丝或引水管（棉丝应与五矾防水剂及水泥湿拌），再将氯化铁防水砂浆分几次堵住渗漏部位，压好茬口，下部留出水孔，然后抹素灰 2～3mm，最后外抹 1:2 水泥砂浆。如果再在它的表面涂刷一层环氧树脂或氰凝剂，效果更好。

4）环氧树脂整治

用于基面产生不规则裂纹引起的渗漏。所需材料：环氧树脂一般用 6101 型；固化剂使用乙二胺，掺量为环氧树脂的 6%～8%；稀释剂使用丙酮、二甲苯等，用量为环氧树脂的

10%~20%；增塑剂一般使用邻苯二甲酸二丁酯，用量为环氧树脂的10%；填料根据不同情况用玻璃丝布、水泥、立德粉等。

整治方法：根据基面裂纹渗漏情况，应先把水堵住，再涂刷环氧树脂。裂纹大于1mm以上时，应把裂纹凿成宽5~10mm、深5mm的凹槽，用环氧腻子填平，再涂树脂溶液一次。因受力而产生的裂纹应改用弹性材料（如塑料油膏）为宜。

5）用塑料油膏整治断裂造成的渗漏

整治方法：先把断裂渗漏部位凿成宽60~80mm、深30mm的凹槽，用快干水泥封闭水源。然后用1:2水泥砂浆将槽口抹平搓毛，养护7d，待表面干燥后，涂刷油膏两次。第一次涂刷塑料油膏要加10%的二甲苯，使之稀释，搅拌均匀，涂刷2mm厚、宽100~120mm，随涂随用木板反复搓擦。第二次直接将熬好的塑料油膏再涂刷一遍，总厚度在5mm以上。涂完后用喷灯烤油膏周围，边烤边搓，增加粘结性。油膏涂刷后在表面抹一层水泥砂浆保护层，厚5mm，宽度应超过涂刷宽度20mm。若治理尚未渗漏的裂纹部位，可不凿凹槽，按上述做法，直接将塑料油膏涂在基面。

6）粘贴橡胶板整治伸缩缝渗漏

整治方法：在伸缩缝两侧轻微拉毛，宽度为200mm，使其表面平整、干燥、清洁。将橡胶板用锉锉成毛面，搭接部位锉成斜坡，在基面和橡胶板上同时均匀涂刷XY-401胶，待表面呈现弹性，迅速粘贴。粘贴后用工具压实，以增强与基面的密实性。最后在橡胶板四周涂刷环氧立德粉。使用XY-401胶，因挥发使粘度增大时，可以用醋酸乙酯和汽油（2:1）混合液稀释，也可用汽油稀释。

7）卷材贴面法补漏

对于地下室卷材防水层的局部渗漏水，首先将迎水面部分卷材分层去掉，表面清理干净后抹面，然后再逐层补贴卷材，最后再加铺1~2层卷材盖住。

对于基层裂缝（结构变形稳定后的裂缝）和伸缩缝漏水，可在裂缝外壁沿裂缝加铺卷材防水层，也可采用自粘油毡加铺防水层。

对于防水层设计标高过低的渗漏水，在地下室内部净空允许的情况下，在背水面（房屋内部）加铺二毡三油，再做混凝土（外抹面）保护层。铺贴防水层时，应保持干燥状态，卷材边要用沥青胶粘牢封严。

例题6-3 某冶炼厂地下室的墙和地面均为钢筋混凝土，其防水构造为两层混凝土间夹二毡三油。经多年的使用发现，地下室墙面和地面裂缝处大量渗漏，地面混凝土破碎，其底部经常集水1m多深。尽管常年设泵抽水，但仍积水不断。地下室的渗漏，使设备严重锈蚀，甚至使部分设备报废，并危及人员安全。

经现场查勘，决定对地下室地面及立面进行防水堵漏。

1．地面堵漏。凿掉表层混凝土和油毡层，打毛混凝土表面并清理干净，浇100mm厚C15干硬性混凝土，在混凝土内掺水泥重量5%的拒水粉；然后用1:3的水泥砂浆找平20mm厚，终凝后铺10mm厚拒水粉，盖一层牛皮纸，再打150mm的C15混凝土，并设分仓缝。设分仓缝时要照顾到柱、墙角等易裂处。维修后，经一年多使用，地下室地面干燥，只有分仓缝处稍潮。

2．立面堵漏。打毛混凝土并清洗干净，在地面铺拒水粉前，沿墙底部抹高500mm，厚10mm的1:1（体积比）的水泥拒水粉，然后用水泥：拒水粉：砂=1:0.5:2的砂浆罩面20mm，以防止混凝土墙底部渗漏。经一年多的使用,效果良好。

（二）地下室的整体维修

地下室的整体维修是在保持原有主体结构的情况下,增设、重做和加强原有防水层。在维修施工中,较常用的有外防内涂、外防内做两种方法。

1．"外防内涂"防水

外防内涂是指在背水面主体表面涂刷氰凝涂膜防水层或抹硅酸钠水泥浆(防水油)防水层,以增加地下室的墙体和地面的不透水性。

氰凝涂膜防水层,是利用氰凝浆液遇水后发泡膨胀,向四周渗透扩散,最终生成不溶水的凝胶体。涂刷时分二层进行:第一层,将配好拌匀的氰凝浆液用橡胶片刮,顺一个方向涂刮均匀,固化24h后,垂直于第一层涂刷的方向作第二层,作法相同。然后固化24h(以手感不粘为宜)后再做保护面层。为施工方便也可在第二层涂刷后尚未固化时,稀撒干净的中八厘石渣,固化后即牢固粘成一体,再做水泥砂浆保护面层。

硅酸钠水泥浆是利用在水泥浆中掺加一定比例的硅酸钠防水剂,使水泥在水化过程中析出的氢氧化钙与硅酸钠反应生成不溶于水的硅酸盐,填充砂浆内的空隙和堵塞泌水通路,达到防水的目的。其作法是首先将基层表面凿毛清洗干净,刷水泥浆一遍,随后做1:2.5水泥砂浆找平层,再涂一道硅酸钠防水剂,涂刷均匀后,随即戴胶皮手套涂刷水泥浆。涂刷密实后,接着涂刷第二遍硅酸钠防水剂,再涂刷水泥浆,最后抹1:2.5水泥砂浆保护层,水泥砂浆的施工要按刚性防水作法要求进行。保护层初凝后洒水养护不少于14d。要求做到密实、无裂缝、无空鼓等,阴阳角均做成圆角。

2．"外防内做"防水

外防内做防水即"内套盒法",因为地下室在新建时,多为外防外做,即将防水层设在迎水面。在整体维修时,外防外做有很大困难,有时条件也不允许,因此采用外防内做方法,如图6-25所示。外防内做的方法,虽能防止地下水进入室内,但基础和结构主体内部长期受潮,也会造成结构腐蚀,使承载能力下降。因此有的工程在外防内做的同时,加强结构和内做防水层,如图6-26所示。

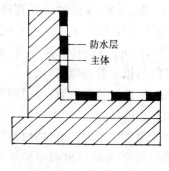

图6-25　外防内做示意

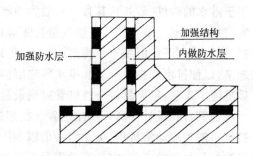

图6-26　加强外防内做示意

（三）渗排水防水方法

在地下水位较高、水压大的情况下或者地下工程面积大,埋置较深,受高温影响等,采用上述一般的防水方法很难做到不渗水。采用渗排水防水的方法,可以排除地下室工程附近的水源,降低地下水位,因此是一种比较有效的防水方法。

渗排水防水是当地下水进入渗水层后,通过带孔渗水管或依靠渗水层本身坡度,流入集水井内,利用排水设施将水排走。在地下室新增设渗排水防水层,是在房屋四周挖洞,重新设置渗排水系统后,再进行回填土并夯实,如图6-27所示。

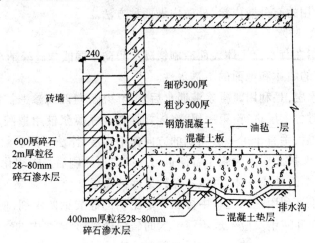

图6-27　渗排水防水

渗水层做法:应分层铺填,不宜碾压,以免将石子压碎,堵塞孔隙;渗水管在铺填时放入,在其周围应填比渗水孔眼略大的石子;砌砖应与填砂、填石配合依次进行,每砌1m高砖墙,紧接着在两侧回填碎石和砂,使两侧压力平衡,砌一段,填一段,直到设计要求高度;基础有积水时,应将水位降到渗水层以下,在集水井设水泵将水排走。

(四)砂桩、石灰桩间接防水

地下室在使用过程中,由于长期浸泡,周围的土中水已饱和,形成松散、软弱土层,造成了地下水的压力增大,严重时还会造成基础下沉或倾斜等。为了保护防水层不被破坏,可采取砂桩、石灰桩等来加固饱和软土层,增加土的密实度,减少水的压力,间接地起到防水作用,结构本身亦得到加强。

用于排水的砂桩(砂井),其直径一般为 $300 \sim 500mm$,间距为 $7 \sim 8$ 倍的砂桩直径,砂桩布置宜采用梅花形。最外排砂桩轴线位置距离地下室混凝土基层的边缘不少于 $1 \sim 2m$,以免在打桩时,将地下室混凝土结构挤坏,在砂桩顶部设 $0.2 \sim 1.0m$ 厚的排水砂垫层,将砂桩连接起来,以便排水和扩散应力。排水砂垫层内要设置专门的排水管,将水排出。

砂桩施工工艺:桩架就位→将桩管打到设计标高→灌注粗砂→拔起桩管、砂子留在桩孔内→再将桩管打到设计标高→灌注粗砂→拔起桩管,完成扩大砂桩。

打桩一般用振动沉桩机,振动力一般以 $30 \sim 70kN$ 为宜,不能过大,以免过分扰乱软土。灌砂量为桩孔体积的3倍,实际灌砂重量不得少于计算重量的95%。打桩顺序应从两侧向中间进行,打桩后要将表面松隆的土清走,再铺设排水垫层,如图6-28所示。

石灰桩是在桩孔中填石灰粉(掺10%~20%砂),灌入量一般为 $1.5 \sim 2.0$ 倍桩孔体积,当生石灰吸收土中水分变为熟石灰时,体积增大,土的孔隙比和含水量减少,可以阻止水的通过,减轻水对地下室的静水压力,达到防水的目的。

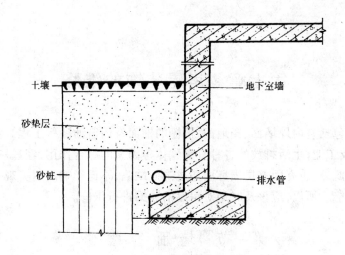

土壤

砂垫层

砂桩

地下室墙

排水管

图6-28 土的砂桩加固

复习思考题

1. 试述房屋防水的主要部位。
2. 试述刚性抹面防水各构造层的作用及其做法。
3. 卷材防水屋面渗漏的表现有哪些？试简述其维修方法。
4. 刚性防水屋面渗漏的表现有哪些？试简述其维修方法。
5. 涂膜防水屋面渗漏的表现有哪些？如何防治及修补？
6. 试述墙体治漏的技术要求。
7. 试述厕浴间渗漏的部位和防治对策。
8. 用什么方法找出漏水点的准确位置？
9. 试述下管堵塞法和下线堵塞法的原理。
10. 可应用哪些防水材料堵漏？如何操作？

第七章 房屋装饰的维修

房屋的装饰包括室内外墙面、楼地面、顶棚的饰面及门窗油漆等工程。由于装饰材料的老化、自然风化及工业、生活排放的各种有害气体等因素的综合作用,经过一段时间后,会造成饰面的损坏。此外,也有因基层损坏而造成饰面缺陷,不但影响房屋美观,严重时,还会影响房屋的使用功能。所以,应该及时地对房屋的装饰进行维修。

第一节 墙面的维修

一、外墙饰面的维修

(一)抹灰墙面

1. 普通抹灰

普通抹灰的抹灰层分为底层、中层和面层。

普通抹灰损坏主要是抹灰层空鼓和裂缝。造成空鼓和裂缝的原因:一是抹灰施工时基层表面处理不净;或墙面浇水不透、不均,影响了底层砂浆与基层的粘结;二是抹压不实;三是早期遇冻;四是脱水过快。

普通抹灰墙面的维修方法:对于空鼓,当面积在 $3m^2$ 以内时,进行补抹;当面积超过 $3m^2$ 时,进行铲抹。对于裂缝,可分为两种作法进行处理。一种是用丙烯酸乳胶漆掺石膏和滑石粉,刮披腻子,用砂纸打磨平,刷两遍乳胶漆;另一种是铲除灰面重新抹灰,重新抹灰要做好基层处理,保证基层和底层灰的粘结。

2. 装饰抹灰

(1)拉毛、甩毛、扒拉石、假面砖

这几种抹灰作法,由于其表面不光滑,而是有规律的凹凸,因此有一个共同的缺点,就是饰面易污染;如果施工时基层处理不好或养护不好,还会产生龟裂。

维修方法:对于污染,可采用高压水冲洗的办法冲洗被污染的墙面,或用草根刷蘸水来搓刷;对于饰面发生的龟裂,可用水冲洗后,在原面层上改做其它饰面或重新做装饰抹灰。如果原抹灰层较厚,则应凿去原抹灰层后,再改作新的饰面。

(2)聚合物水泥砂浆装饰抹灰

在普通水泥砂浆中掺入聚乙烯醇缩甲醛胶(即 107 胶)或聚醋酸乙烯乳液(即 106 胶)等,即为聚合物水泥砂浆,用于装饰抹灰可提高饰面层与基层的粘结强度,减少或防止饰面层开裂、粉化、脱落等现象。按其作法不同分为喷涂、滚涂、弹涂和刷涂四种作法。

采用喷涂、滚涂和弹涂作法,由于饰面凸出,一般没有罩面透明体保护层,所以,易遭污染。维修的办法是:对于积尘污染,仍可用冲洗的办法清除积尘,冲洗后,在饰面表面喷罩其它涂料;重新做饰面层时,应选用耐光、耐碱的矿物颜料,如氧化铁黄、氧化铁红、氧化铬绿、氧化铁黑等,避免饰面层的过早褪色。

(3)水刷石装饰抹灰

1)造成空鼓的原因及维修方法

空鼓的原因:一是基层太干燥;二是水泥浆未刮严;三是罩面层干得快抹压不均匀等。维修方法:铲除空鼓部分抹灰,将基层用水清洗干净,并将四周的抹灰层湿润,然后找补水刷石装饰抹灰,找补时,石子需要洗净过筛,按施工操作规程抹好结合层,保证抹压的遍数。

2)开裂的原因及维修方法

开裂原因:砂浆的水灰比太大;抹压的遍数少,养护不善;底层抹灰与面层抹灰间隔时间长,施工时未用水湿润,致使抹面层后干湿收缩不一致出现裂纹。

维修方法:将开裂部位铲除后,基层凿毛、清理干净,浇水湿透,刷一道水泥浆随抹底层灰。待底层灰六、七成干燥时,抹中层砂浆。当中层灰达到六、七成干燥时便可进行罩面抹灰。罩面抹灰时要先薄薄地刮一层含 3%～5%107 胶的水泥浆,随后抹水泥石子浆,按照水刷石的工艺要求,完成每道工序。

(二)块料饰面

块料饰面是根据某些天然或人造石材具有装饰、耐久及适合于墙体饰面所需要的特性,将其加工制成大小不等的板材和块材,通过构造连接或镶贴于墙体表面形成的装饰层。

块料饰面常用的贴面材料有釉面砖、瓷砖、陶瓷锦砖、大理石、花岗石等。其主要缺陷是掉块或断裂。掉块的主要原因是粘结不牢或底灰不饱满。断裂的主要原因是底灰不平或敲击时用力过猛。

1.釉面砖、陶瓷锦砖及瓷砖饰面的维修办法

(1)材料选择。应选用规格、颜色与原墙体饰面相同的材料。

(2)基层处理。将脱落的饰面铲除,底层清理干净,露出原基层,要求平整、方正、垂直。

(3)用水湿润。刷一道水泥浆,用 1:3 水泥砂浆做底灰。

(4)粘结层处理。贴面砖前,先将面砖表面清理干净,然后放入水中浸泡 4h 左右(最短不能少于 2h),再晒干或擦干。粘结砂浆宜用掺入 107 胶的 1:1 水泥砂浆,且其厚度不少于10mm。贴陶瓷锦砖前,要根据其高度弹若干水平线、垂直线,垂直线可按 2～3 块陶瓷锦砖的宽度进行弹线,其粘结灰浆宜采用纸筋:石灰膏:水泥＝1:1:8 的水泥浆,其厚度为 1～2mm,用软毛刷清除浮砂。

(5)镶贴。在抹完底层灰次日进行,随抹粘结层,随镶贴。面砖还可将粘结砂浆挂满在背面,逐块按线粘贴。贴毕,垫上木板,用木锤或橡胶皮锤轻轻敲打,使其与基层粘结牢固。

(6)调整、清理。待粘结层水泥初凝后(约半小时左右)即可揭去护面纸,再用毛刷刷净。然后检查缝的平直情况并拨正调直,把边缘的灰浆清扫干净,用棉纱擦净砖面。次日即可进行喷水养护。

2.花岗石面层的维修方法

对于长期使用积落的灰尘,或人为粘贴纸黑等污染,可采用高压水冲洗的办法来处理,也可采用 TBC－1 型清洗剂对建筑物表面进行清洗。如果污染较轻,使用浓度可控制在

1%～5%;若污染较重,使用浓度控制在 10%～20%。涂刷时,用草根刷用力搓刷,最后再用清水冲刷干净。对于个别污染严重而且不易清洗的地方,如窗台、滴水槽等处,可先用稀释后的草酸刷洗一遍,再用清洗剂涂刷,最后用清水冲干净。

3. 大理石面层

大理石经风雨雪及日晒,容易变色和褪色;大理石中的碳酸钙与空气中酸类物质发生化学反应,使大理石表面失去光泽,变得粗糙,出现麻点、开裂和剥落现象。此时,应重新安装铺贴。

重新安装铺贴采用环氧树脂钢螺栓锚固法,维修后的饰面牢固,立面不受破坏,而且施工方法简便。具体做法如下:

(1) 钻孔。对需要维修的大理石板块,要确定钻孔位置和数量。先用冲击电钻钻孔,孔径 $\phi 6$,孔深 30mm;再在钻孔中用 3mm 钻头在大理石上钻入 10mm。钻孔时应向下成 15°倾角,防止灌浆后环氧树脂外流。

(2) 钻孔后将孔洞内灰尘全部清除干净。

(3) 环氧树脂水泥浆的配比为环氧树脂:邻苯二甲酸二丁脂:59 号固化剂:水泥 = 100:20:20:100～200。配制时先将环氧树脂和邻苯二甲酸二丁脂搅拌均匀,依次加入固化剂、水泥搅匀后,倒入筒中待用。

(4) 灌浆时,采用树脂枪灌注,枪头应伸入孔底,慢慢向外退出。

(5) 放入锚固螺栓(Q235 钢 $\phi 6$)。螺栓杆是全螺纹型,在一端拧上六角螺母。放入螺栓时,应经过化学除油处理,表面涂抹一层环氧树脂浆(配比为环氧树脂:二丁脂:59 号固化剂 = 100:20:20)后,慢慢转入孔内。为了避免水泥浆外流弄脏大理石表面,可用石灰堵塞洞口,待胶浆固化后再进行清理。对残留在大理石表面的树脂浆,应用丙酮或二甲苯及时擦洗干净。

(6) 砂浆封口。树脂浆灌注 2～3d 后,洞口可用 107 胶白水泥浆掺色封口,色浆的颜色应尽量做到与所维修的大理石表面颜色接近。

二、内墙饰面的维修

(一)抹灰墙面

内墙抹灰墙面分为普通抹灰、中级抹灰和高级抹灰三种。抹灰层分为底层、中层和面层,面层的作法有纸筋灰罩面、麻刀灰罩面、石灰膏罩面及石膏罩面等。

内墙抹灰的主要缺陷有空鼓、裂缝、脱落等。

内墙抹灰的维修方法有:

1. 铲抹。应在铲除灰层后,使用钢丝刷打刷墙面,用水浸湿,冲筋贴灰饼,找出平整垂直的规矩,待灰筋有一定强度,再打底子灰、找平灰,最后上罩面灰。

2. 补抹。在修补处划出修补范围,用抹子切成矩形修补面,将面层清除干净。然后,用毛刷蘸水湿润,抹罩面层。

在普通抹灰和中级抹灰的面层上,很多墙面在使用中又增加饰面层,如刷涂料、喷塑等,对于饰面层的维修要按各种饰面的装修工艺进行,其处理要点见表 7-1。喷塑常见缺陷及处理方法见表 7-2。

翻 新 处 理 要 点 　　　　　　　　表 7-1

原 墙 面 情 况	翻 新 要 求	处 理 方 法
已刷了石灰浆相当长时间,墙面陈旧	改刷果绿色平光乳胶漆	清铲旧灰浆。刷107胶水溶液一遍或较稀乳胶漆一遍。满刮腻子。喷乳胶漆
涂膜基本完好,局部有起壳现象,墙角及近勒脚有霉点	改色,翻新	刷清水,铲掉。找补腻子,刷色浆
涂膜基本完好,轻微掉粉,属石灰浆	翻新	磨砂纸,刷(喷)石灰浆
脱皮严重	刷内墙涂料要求涂膜平滑	彻底铲掉,满刮腻子,刷内墙涂料
原刷内墙涂料,已相当陈旧变色,涂膜还坚实	改刷石灰浆	磨粗砂纸使表面粗糙,刷石灰浆,加适量生盐或胶浆

喷塑常见缺陷及处理方法 　　　　　　　　表 7-2

常 见 缺 陷	原 因	处 理 方 法
失光、褪色、色泽不均匀	1. 面漆质量不好 2. 使用时间已很长	清水洗擦,新涂面漆
离壳、起鼓	1. 漏刷封闭底漆 2. 底层不干净 3. 底层长期潮湿 4. 骨浆质量不好	铲掉重做,设法消除长期潮湿的现象
成型不坚硬、开裂	1. 骨浆质量不好 2. 骨粉与浆液配比不正确	局部铲掉,补喷、补刷。面漆重涂。严重者重做

（二）壁纸

壁纸属于卷材类饰面。壁纸的基层材料有纸基、布基、玻璃纤维基层等,面层材料多数为聚乙烯或聚氯乙烯。

在使用过程中,壁纸所产生的缺陷有:腻子翻皮、翘边张嘴、空鼓起泡、褪色、撕裂等。产生的原因:腻子翻皮和翘边张嘴主要是腻子调配不好,基层有灰尘、油污等。空鼓起泡主要是裱贴墙纸时,赶压不得当。往返挤压胶次数过多,使胶液干结失去粘结作用;赶压力量太小,多余的胶液未能挤出,长期不能干结形成胶囊状或未将墙纸内部的空气挤出而形成气泡。

维修办法:对于腻子翻皮、翘边张嘴应将翘皮壁纸翻起来,铲除原基层的胶液,重新使用较强的粘结剂粘贴,并加压,使其粘牢平整。对于空鼓气泡较大,应揭起原壁纸,重新裱贴。

壁纸由于长期使用不当造成的褪色和撕裂,应视情况进行翻新或修补。修补时应注意将保留的旧壁纸边缘切割整齐,不得有飞边起翘。翻新或修补时,应按壁纸裱贴的工艺要求进行操作。

（三）胶粘饰面

胶粘饰面常见缺陷及维修方法见表7-3。

缺 陷	原 因	维 修 方 法
离 边	1.胶粘剂质量不好 2.底层粘灰土 3.施工方法不当	选用质量好的粘胶剂,把离口部分清理干净,木基层与饰面底面同时涂上粘胶、稍干即压牢
起 鼓	1.粘胶涂布不均匀 2.压贴不彻底 3.漏刷粘胶	厚型饰面:可用热风从边缘加温,用薄铲刀轻轻分离再涂胶 薄型饰面:用电吹风或电熨斗湿布加热加压
颜色不一	饰面质量不好或施工时用了两批以上的材料	严重者拆换,数量太大或位置不显眼者保留,待以后处理
拼缝明显	基层垂线与面线不成90°,施工后发现而未纠正或施工质量不良	拆换调整。数量不多、不显眼时则不作处理

第二节 楼地面的维修

一、木 地 板

木地板常见的形式有普通木地板和硬木地板。普通木地板是由龙骨、水平撑、地板等部分组成;硬木地板所不同的是有两层:下层为毛板,上层为硬木地板。

木地板在使用过程中发生开裂时,可以用补披腻子、然后涂刷地板漆的方法弥补。

在地面上直接铺设的木地板,往往由于没有空间层及通风措施,使木地板下潮湿度增大,造成木板条翘曲。如翘曲严重,以致影响使用,必须全部拆除。拆除时应尽量保持原木板条的完整,对翘曲的进行矫正,必要时进行更换。待潮气排净后,重新做木地板,同时增设空间层或加大通风口。

用沥青脂或其它粘结剂粘贴的木地板,经过长期使用后,由于粘结材料的老化,个别板条会脱空、松动,影响使用。维修时把松动的木板条取下,并将已经老化的沥青玛琋脂全部清除干净。然后在地面上刷一道冷底子油,待冷底子油干燥后,再涂刷一层热沥青胶,随即铺上木板条。木板条要事先蘸上沥青胶,浸蘸深度为板厚的四分之一。铺木板条时,要水平就位,用力与邻近的木板条挤压严密。从木板缝隙挤出来的沥青胶,要及时用橡皮刮刮掉。补好后,重新刨平、刨光,涂地板漆、打蜡。

二、水泥砂浆地面

造成水泥砂浆地面缺陷有以下几种原因:

1. 面层因施工不良或使用不当,出现起砂。最易起砂的部位在门口、走道处。

2. 水泥砂浆地面空鼓、开裂。其原因主要是由于基层清理不净,有残留砂、泥及污垢等,使面层和基层不能紧密粘结,形成空鼓;或由于楼板填缝不实,水泥砂浆的水灰比过大,造成强度不足、收缩不一而开裂;或由于使用不当,在水泥砂浆面层用力敲击,使之振动、粘结破坏而造成开裂或起鼓。

维修方法:

1. 起砂的维修是用钢丝刷将起砂部位的面层清刷干净,用水润湿半天到一天,重新抹

107 胶水泥砂浆：其配比为 107 胶:水泥:中砂＝1:5:2.5，厚度以 10～20mm 为宜；次日用锯末覆盖，洒水养护 7 昼夜。也可用 107 胶水泥浆刷涂：先底层刮一遍胶浆，按 107 胶:水泥＝1:4 拌合后，加适量水调至胶状，用刮板刮平；待底层胶初凝后刷面层胶 2～3 遍，每刷一遍面胶之前，须打磨平整光滑，面层胶的配合比为 107 胶:水泥＝1:5，加水适量，第一遍涂刷 1mm 左右，次日再涂刷第二遍 1.5～2mm，然后即可覆盖养护，养护方法同上。

2. 局部开裂或空鼓严重的维修，应把空鼓的部位剔掉，抹 107 胶水泥砂浆修补。在剔除空鼓时，要用锋利的砧子，用力要轻，并把四周剔成坡口。然后用水冲洗干净，充分浇水湿润，铺抹 1:2.5 水泥砂浆，厚度不能超过 15mm。超过 15mm 时，要分层铺抹。待砂浆终凝后（约 12h），再抹一层 10～15mm 厚 107 胶水泥砂浆，用铁抹子压平抹光，次日覆盖并洒水养护。

例题 7－1 用 107 胶处理水泥地面裂缝

具体做法是：先把基层的浮灰、尘土清理干净，提前一天浇水湿润。再刷一道水泥:107胶:水为 1:1.5:3 的结合层。当结合层干后再浇水湿润，紧接着用刮板刮底胶（刮底胶前要清除积水），刮底胶要刮饱满刮均匀，并且找平。底胶的配比是水泥:107 胶:水＝1:0.3:0.4。

底胶干后刮面层胶，其做法与刮底胶同。面层胶的配比是水泥:107 胶:水为 1:0.25:0.2，底胶和面层胶的厚度均为 0.6～0.8mm。

刮完面层胶，当水泥初凝后开始用钢板抹子压光，在水泥终凝前压完。水泥终凝后即开始浇水养护，每天浇水 3～4 遍。

在常温下，24h 后用油石再把抹子纹磨平，最后用清水把磨出的泥浆洗刷干净即成活。

用 107 胶腻子处理水泥地面裂缝操作时应注意以下几个问题：

1. 基层处理必须干净，否则粘结不牢容易起皮。

2. 刮胶时不得太快，以免起泡，干后磨光出现麻点。

3. 操作要细。避免抹子纹太大，不易磨平，影响表面平整度。

例题 7－2 用 107 胶水泥浆处理水泥地面起砂

具体做法是：

1. 将起砂地面清除浮砂，清洗干净，用清水充分湿润，当表面刚开始发白时，用 107 胶:水＝0.1:1（重量比）搅拌均匀的 107 胶溶液将地面满刷一遍。

2. 按 107 胶:水:475 号普通硅酸盐水泥＝0.8:0.2:2（重量比）的配合比，先将 107 胶和水放在干净的容器内充分搅拌均匀，再将水泥慢慢加入拌好的 107 胶水溶液内，边加边拌，直到充分拌匀为止，便是 107 胶水泥腻子。

3. 在地面刷 107 胶溶液的第二天，即可刮腻子。可根据地面面积大小分组施工。每组3 人，一人浇腻子，两人从房间的一端用刮板刮向另一端。刮时要用力均匀，一板盖一板，避免形成板痕，来回刮 3～4 次即可，不宜过多，过多会将下面砂粒翻起，使表面粗糙。腻子厚度约为 0.5～1mm。如果地面起砂严重，可以在头遍腻子不沾手后，按上述方法再刮一遍，但应该垂直于前一次方向进行。

4. 当腻子硬化达到一定强度时，用 0～1 号砂纸磨去腻子面上的砂粒和板痕，再用湿布擦去灰尘，等待进行涂刮 107 胶水泥浆。

5. 调配和涂刮 107 胶水泥浆的方法和腻子相同。但 107 胶水泥浆的配合比为：107 胶:

水:水泥＝0.2:1:0.7(稠度可适当掌握)。所用刮板可加长到 300～400mm。将配好水泥浆浇在打磨好的腻子面上,让浆充分渗入下层孔眼,刮平刮光即可成活。

一底一腻一浆处理地面每平方米需水泥 1.4kg,107 胶 0.5kg。

施工时室温必须在 10℃ 以上。3d 后进行打蜡工作,以增强地面的耐磨性和耐久性。

三、水 磨 石 地 面

水磨石地面分为现场浇制和预制两种做法。在使用过程中出现损坏的维修方法如下:

1. 水磨石地面出现缺楞、掉角,其面积大于 $100mm^2$、小于 $1000mm^2$ 时,先用 1:2.5 白水泥砂浆做垫层,然后按修补用量配制色灰。再在适量的环氧树脂中加乙二胺与二甲苯,搅拌成白色粥状的粘结液。最后把用水拌和好的色灰加粘结液中,拌制成面团状修补液,用铲刀镶嵌在冲洗干净的修补处,并嵌入同色石子或原水磨石制品的碎块。修补面要高出原地面 1～2mm。养护 2～3d 后,先用 80 目粗磨石磨去高出部分,最后再用 120 目磨石和 240 目油石打磨光即可。

2. 水磨石地面出现 0.2～1mm 较宽的裂缝时,其维修方法基本上与缺楞、掉角的维修方法相同。所不同的是,不做白水泥砂浆垫层,而是直接将面团状修补液抹在裂缝处。要注意嵌填密实,不能上满下空。

3. 仅出现 0.2mm 以内裂缝时,其维修方法是在粘结液内加入与原水磨石颜色相同的颜料,对裂缝进行注灌。使用粘结液色浆时,应操作迅速,裂缝灌好后,要立即将地面上的粘结液色浆铲净,并将裂缝挤死、卡牢,即可使地面复原。

水磨石地面维修中应注意的事项:

1. 修补水磨石地面的色灰颜色和被维修地面颜色要一致。

2. 对于配制的色灰和用环氧树脂、乙二胺、二甲苯粘结液配制的面团状修补浆,必须一次配足,一次用完。

3. 修补嵌入的色石子或水磨石制品的碎块颜色必须与原地面一致。

4. 乙二胺起固化作用,它的掺入量与修补操作时间长短有关,如果考虑修补时间长,可以适当减少掺量。乙二胺是剧毒物,要注意设专人保管。

5. 用磨石打磨地面时,要注意保持原地面的完好部位,防止有划痕。

此外,釉面砖、大理石、花岗石等块料地面的维修处理方法参照外墙块料饰面维修和水磨石地面的维修方法,此处不赘。

四、塑 料 地 板

(一)塑料地板的维护

1. 保持地面清洁。在塑料地板面上劳作时,应用夹板或其它物品垫好才可施工。

2. 应定期打腊保养。不要用热水洗抹;即使要用水擦地面也要及时抹干,不要让水直接浸地板,否则塑料地板便会起鼓、脱离。

3. 烟蒂不要丢在塑料地板,以免引起变形或焦眼。

4. 锐利的金属器皿,尽可能避免跌落在塑料地板上,否则会划伤表面。

5. 厚松型塑料地板,在负载集中的部位(如家具等),最好垫上一些面积较大的垫块,以免引起永久性的凹陷。

（二）塑料地板的修理

塑料地板与所有饰面一样,其质量不但与材料的质量、施工方法有关,而且与地面表面质量有直接关系,若水泥地面不平整,则直接影响贴塑料地板。所以,处理塑料地板的缺陷时应予注意。塑料地板的缺陷和处理方法见表7-4。

塑料地板的修理方法 表 7-4

缺　陷	原　因	处　理　方　法
表面不平有凹陷	基面有凹陷,面压光不平有灰匙痕迹	1. 严重的铲去重做基面 2. 铲去有凹陷部位,修平后重新补贴 3. 贴前应认真检查,必要时荡刮107水泥膏1～2遍(也可用地板胶代107胶)
边缝发黑,有松动	长时间有水浸地板	应杜绝水源。铲去受破坏的塑料地板,弄干水浸地面,补贴塑料地板
断角	粘胶剂不均匀、压贴不牢	铲掉已断角的地板,补贴
拼缝过大不对角	1. 地板规格不好 2. 开线定位不对	酌情处理

第三节　顶棚的维修

一、板条顶棚抹灰

板条顶棚抹灰是传统的吊顶工艺,因施工质量等多方面的原因,常发生抹灰层的开裂和脱落。在维修时,要仔细分析和检查发生问题的原因。

（一）木基层的检查

1. 检查木基层的变形。主要是看整个吊顶木基层是否产生过大的挠度。如果挠度过大(超过跨度的1/250),说明木龙骨的断面不够,需要增添龙骨吊挂,使龙骨之间的距离缩短,以达于减少挠度的目的。

2. 检查木板条的材质是否已经腐朽以及板缝的大小。对已霉烂的木材应拆换。板条的缝隙一般为7～10mm,当缝隙过小时,灰浆不易抹进缝隙内;缝隙过大,当灰浆发生干缩时会造成抹灰层和板条在缝隙处开裂。

3. 检查板条顶棚的平整度。板条吊顶四周应在一个水平面上,每平方米范围内的凹凸偏差不应大于10mm。应把下坠部分重新整平,适当加钉;无通气口的要设法加上,务求整幅基层完好无缺。

（二）抹灰层的检查

1. 因水泥活性消失,白灰熟化时间过短使石灰膏内含有未熟化的颗粒,砂子含泥量或杂质过多等材料缺陷,导致抹灰层开裂或脱落。

2. 抹灰层没有按操作规程进行,厚度太大或厚薄不均,形成收缩裂缝,致使抹灰层开裂或脱落。

3. 抹第一遍底灰时,用力不均,有些灰浆没有挤压于板缝中去,失去了灰浆的嵌固作用,导致顶棚抹灰层开裂或脱落。

（三）顶棚抹灰的维修

1. 材料要求：采用 325 号以上的普通硅酸盐水泥或矿渣硅酸盐水泥；石灰应选用细腻洁白的灰膏或生石灰粉；砂子必须符合规范要求；麻刀要坚韧、洁净、干燥，不得含有杂质，长度不超过 30mm。

2. 抹灰层不能少于三层，即底层灰、找平层灰、面层灰。总厚度不大于 15mm。底层灰用 1:8 的水泥白灰麻刀灰，每 100kg 水泥白灰中，麻刀掺入量为 1.5kg。抹灰时，应从顶棚墙角开始，按垂直板条的方向来回抹压。底层灰厚度控制在 5mm 以内。底层灰抹完后，紧跟着抹结合层。其配比为水泥:白灰:砂子 = 1:3:10。操作时，仍垂直于板条方向，要把这层水泥白灰砂浆均匀地挤入底层灰中，这层灰不占厚度或占少许。待结合层有六、七成干后（用手指按稍有指纹即可），再抹找平层。其厚度控制在 5～7mm，使用 1:2.5 白灰砂浆，顺着板条方向边抹边用木抹子搓平。待找平层的灰浆有六、七成干时抹罩面麻刀灰。罩面灰分两次成活。第一遍稍干后，再抹第二遍。第二遍要压实压光。

3. 抹灰完成后，要注意养护。养护的关键是不能使灰层受风吹，更不能受冻。在常温情况下除开窗通气外，要紧闭门窗。在低温季节要注意保温。

二、混凝土楼板顶棚抹灰

混凝土楼板顶棚抹灰的损坏，主要表现在抹灰层的空鼓、开裂和脱落。造成缺陷的主要原因有：

1. 楼板的板缝不密实，与抹灰层收缩不一致，造成顺板缝开裂。

2. 吊装楼板时，板下未做找平层，由于板底凹凸不平，使抹灰层厚薄不均，形成收缩裂缝。

3. 抹底灰时，对混凝土下表面的脱膜剂、油污及浮在上面的杂物没有清理干净，形成抹灰层空鼓或开裂。

4. 楼板下表面过于光滑，抹灰前未进行处理，使抹灰层与基层的粘结力不足，造成抹灰层空鼓或脱落。

维修方法：

1. 应将待修补的部位彻底清洗干净，光滑的表面要凿毛。

2. 抹底灰前，应先将基层洒水润湿，刮一层厚度为 1～2mm 的素水泥浆。刮时要从墙角开始，在垂直于板缝方向来回刮压，将水泥浆挤入混凝土的毛细孔中。随刮水泥素浆随抹水泥:石灰:砂子 = 1:3:9～10 的混合砂浆找平层，厚度约为 10mm，并用木抹子搓平压实。

3. 待找平层达到六、七成干时罩面。罩面可用纸筋灰或麻刀灰。

4. 抹灰层干燥后，按要求涂刷大白浆或涂料等饰面。

三、金属网顶棚抹灰

金属网顶棚抹灰主要缺陷是容易发生空鼓、开裂。产生缺陷的主要原因是：

1. 打底灰所用混合砂浆的水泥比例过大，养护不好，增加了砂浆的收缩而出现裂缝，裂缝往往贯通整个抹灰层。当湿度较大时，潮气通过裂缝使金属网受到锈蚀，引起抹灰层脱落。

2. 金属网顶棚有弹性，抹灰后发生挠曲变形，使各抹灰层间产生剪力，引起抹灰层开裂、脱落。

维修时首先应仔细检查发生缺陷的原因,其次要注意加强金属网的刚度,具体的维修方法可参照板条顶棚抹灰进行。

第四节 门窗的维修

一、木门窗的维修

(一) 木门窗变形及损坏的原因

1．木门窗制作时,木材的含水量过高,没有进行干燥处理,因而造成门窗的矫曲变形,影响使用。

2．木门窗在制作过程中,质量粗糙,榫接不严密,窗扇材料断面过小,因而造成窗扇损坏。

3．木门窗在安装时,门窗框背面和木砖未涂防腐油,造成门窗框腐朽。在安装门窗扇时,四边缝隙未处理好,缝隙过大会造成尘土、冷风透进室内;缝隙过小,木料因空气中的温度、湿度变化而引起收缩或膨胀,造成门窗扇或门窗框变形,影响门窗扇的开关,以致损坏。

4．由于自然风化和环境的影响,造成门窗的脱落、腐朽等。

5．门窗在使用过程中,使用不当或养护不善,造成变形或损坏。

(二) 木门窗的维修方法

1．由于木门窗的翘曲变形、几何尺寸发生变化而影响门窗的使用时,轻者可拆下门窗扇,调正接触面(保证三个角贴口),使其开关灵活;重者应更换新的门窗扇。

2．门窗扇榫接头松动,应视其情况,在接头处加入粘胶的木楔,使榫接合挤紧严密;也可加铁三角固定。

3．对门窗因年久失修局部腐朽的木料,应进行拆除更换。

4．因缺少五金零件而损坏的木门窗,在修好门窗后,要将旧孔眼补实处理,配齐小五金件。

(三) 木门窗维修的质量要求

1．木门窗框、扇制作安装尺寸必须准确,榫槽、榫头嵌接应严密;裁口划线、割角、倒棱和坡口应平直;表面应光洁平整,不应有刨痕、毛刺和锤印。

2．门窗安装应垂直、方正、牢固,框与墙的接触面应刷防腐剂,而且必须设置木砖固定。

3．门窗扇开关应灵活,留缝均匀,关闭严密;五金槽应深浅一致,边缘整齐;小五金安装必须牢固,位置正确;木螺丝不得残缺,拧入深度不应少于长度的2/3。

4．维修后的门窗框、扇必须牢固,联接应平贴严密;安装后不上碰、咬边、下擦;小五金配齐,无歪斜现象,接榫部分不得用钉子代替。

5．检验方法及质量标准见表7-5。

二、钢门窗的维修

(一) 钢门窗损坏的原因

1．在钢门窗制作过程中,冷轧钢材和热轧钢材混用,刚度差,变形大,影响钢门窗的使用。

2. 钢门窗零件配套不合理或强度不够,无法紧固或产生变形,造成钢门窗无法使用或耐久性能低。

3. 在使用过程中由于人为因素的影响,造成钢门窗扇的变形。

4. 自然风化和环境条件的影响,使钢门窗油漆保护层老化,造成锈蚀损坏。

5. 钢门窗零部件松动、脱落。

(二)钢门窗的维修方法

1. 对于钢门窗扇本身制作的缺陷或人为造成的损坏,程度较轻时,可以拆扇卸玻璃后进行校正,涂刷油漆保护层后重新装扇;当损坏程度较严重时,应拆下有缺陷的门窗扇进行更换。

2. 当零配件不合格或不配套时,应更换零配件。

木门窗安装工程质量的允许偏差与检验方法　　　　　　　　表 7-5

序 号	检 查 项 目	允许偏差(mm)	检 查 方 法
1	门窗缝对口缝及框与扇间的立缝	1.5~2	用塞尺检查
2	对扇大门对口缝	2~3	用塞尺检查
3	框与扇间上缝	1~2	用塞尺检查
4	扇与下坎缝	2~3	用塞尺检查
5	门扇与地面间隙	5~10	用塞尺检查
6	框的正侧面垂直度	3	用托线板和尺量检查
7	框对角线长度差	3	用尺量裁口里角检查
8	扇与框接触面平整度	2	用直尺和塞尺量横竖缝各一处

3. 对钢门窗的锈蚀,应视其情况进行维修。锈蚀不太严重时,应先进行彻底除锈,然后涂刷防锈剂,再重新刷油漆;若锈蚀严重时,应进行更换。

(三)钢门窗安装和维修的质量要求

1. 安装前,应检查钢门窗的出厂合格证,不合格的门窗不能使用。

2. 钢门窗安装。与墙之间的缝隙应嵌填密实,安装牢固。框的垂直度用吊小线和尺量检查,不允许超过3mm;框的对角线长度差,不允许超过3mm。检查数量按不同的规格模数抽查10%,但不少于3樘。

3. 维修后的钢门窗、合页、插销、挺钩、拉手等五金零件应配齐,使之开关灵活,关闭严密,口扇平整,无回弹起翘现象。

三、铝合金门窗的维修

(一)铝合金门窗损坏的原因

1. 铝合金门窗在安装前受到挤压或碰撞,引起变形;在施工时,没有找正而急于固定,或在塞侧灰时没有进行分层塞灰,造成铝合金门窗不方正,形成使用缺陷。

2. 安装或使用过程中,铝制品表面受到化学物质的侵蚀、污染,脏污痕迹无法消除,形成门窗外观的缺陷。

154

3. 铝合金门窗的紧固部件松动、脱落。

4. 门窗的密封材料安装不牢或老化、脱落。

5. 由于使用不当和养护不良,造成门窗的过度磨损等。

(二)铝合金门窗的维修方法

1. 对于门窗框、扇的变形,严重时应拆下进行矫正,或更换新的构件。

2. 对于表面的污蚀,应及时擦拭干净。安装时,应将铝合金门窗框进行包裹,避免施工过程中的污染。如受到腐蚀性物质的侵蚀,应视腐蚀的严重程度进行维修或更换。一般腐蚀较轻时,应用砂布仔细进行打磨,然后再修补;如腐蚀严重而产生孔蚀时要拆除更换。

3. 由于密封材料的老化、裂缝或磨损而造成部分出槽或脱落,应更换有损伤的密封材料;另外,由于密封材料的剥离而造成漏缝,应在剥离部位涂上粘结材料后再铺好。

4. 对附件和螺丝,松动的要及时拧紧,脱落的要进行更换、重新装上。

复习思考题

1. 试述外墙各种抹灰饰面、块料饰面的保养和维修方法。

2. 试述内墙喷塑饰面、胶粘饰面的常见缺陷及维修方法。

3. 分别简述各种地面的常见缺陷及维修方法。

4. 如何查找和分析板条顶棚抹灰开裂、脱落的原因?

5. 各种门窗的维修应符合哪些质量要求?

第八章 房屋维修管理

第一节 房屋维修的技术管理

一、房屋维修技术管理的重要性、任务和要求

（一）房屋维修技术管理的重要性

房屋维修技术管理是修缮企业对维修过程中各项技术活动进行科学管理的总称，是修缮企业管理的一个重要组成部分。房屋维修工作是技术性很强的一项工作，维修工程完成的好与坏，除了企业必须具备的技术、工艺、装备水平外，更主要的取决于技术管理工作的水平。其作用主要表现在以下几个方面：

1. 保证房屋维修过程符合技术规范要求和按正常秩序进行。

2. 通过技术管理，使房屋维修建立在先进的技术基础上，从而保证工程质量的不断提高。

3. 通过技术管理，充分发挥设备潜力和材料性能，完善劳动组织，从而不断提高劳动生产率，完成计划任务，降低工程成本，提高经营效果。

4. 通过技术管理，不断更新和开发新技术，提高技术能力。

（二）房屋维修技术管理的主要任务和要求

房屋维修技术管理的主要任务是：

1. 监督房屋的合理使用，防止房屋结构、设备的过早损耗或损坏，维护房屋和设备的完整，提高完好率。

2. 对房屋查勘后，根据《房屋修缮范围和标准》的规定，进行维修设计或制定维修方案，确定修缮项目。

3. 建立房屋技术档案，掌握房屋完损状况。

4. 贯彻技术责任制，明确技术职责。

技术管理工作的基本要求是：

1. 贯彻执行国家对房屋维修和管理的各项技术政策、技术标准和规范、规程等。

2. 严格按照科学规律办事，尊重修缮科学技术原理，这是技术管理工作所必须遵循的基本原则。

3. 坚持技术可行、经济合理的方针，并积极采用新技术、新工艺，以期获得最佳经济效果。

二、维修工程监督管理

修缮企业一定要把维修工程监督作为技术管理的一项重要工作来抓，主要是监督施工质量。监督要坚持"预防为主"的方针，从认真做好技术交底抓起，加强施工过程中的质量检

查,隐蔽工程检验,工程变更审定等主要环节,使维修工程质量达到国家规定的验收标准。

1.维修工程的组织与监督。小修工程一般由房管部门组织施工和技术监督,主要是全面了解和掌握施工情况,进行技术指导、技术监督和工程质量评定等。中修以上维修工程,工作量大,一般由专业的修缮单位承担施工。为了加强对维修工程监督,经营管理单位应指派专人(甲方代表)与修缮施工单位建立固定联系,监督维修设计或维修方案的实施。

2.按《房屋修缮技术管理规定》,做好承发包合同的签订、工程技术交底、处理工程变更的工作。

(1)签订承发包合同。经营管理单位和修缮施工单位要签订承发包合同,鼓励实行招标、投标制。

(2)工程技术交底。工程开工前,经营管理单位必须邀集有关单位和人员,向修缮施工单位进行技术交底,作出交底记录或纪要。

(3)处理工程变更。若维修设计或维修方案与现场实际有出入,或因施工技术条件、材料规格及质量等不能满足要求时,修缮施工单位应及早提出,经制定维修方案或进行维修设计的单位同意签证并发给变更通知书后,方可变更施工。从维修工程特点出发,凡不改变原维修设计或维修方案(结构不降低)和不提高使用功能及用料标准的条件下,在征得甲方代表同意签证后,可酌情增减变更项目,其允许幅度为:大中修和综合维修工程在预(概)算造价10%以内;翻修工程在预(概)算造价5%以内。

三、维修工程质量管理

修缮企业要认真贯彻"百年大计、质量第一"和预防为主的方针,做到精心查勘、精心设计、精心施工,贯彻"谁施工谁负责质量"的原则,把维修施工纳入质量第一的轨道上来。保证为用户提供安全、舒适的使用环境是维修技术管理的重要组成部分。

(一)建立健全技术责任制

房屋经营管理单位应建立和健全技术责任制。根据《房屋修缮技术管理规定》,大城市的经营管理单位应设置总工程师、主任工程师、技术所(队)长、地段技术负责人或单位工程技术负责人等技术岗位。中小城市的房屋经营管理单位的技术岗位层次,可适当减少,但必须实现技术工作的统一领导和分级管理。各级技术岗位的技术负责人,要有职、有权、有责,形成有效的技术决策体系。各级技术岗位负责人在充分发挥自己的积极性和创造性的同时,分别接受上级技术负责人的领导,全面管理本级范围内的技术工作。在《房屋修缮技术管理规定》中,对各级技术负责人的具体职责有明确的规定。

(二)建立工程技术档案

房屋的技术档案是房屋管理和维修的重要资料,要做好技术管理工作必须建立和健全技术档案。

房屋的技术档案,是指房屋生产和使用过程中形成的并具有参考利用价值,集中保存起来的文件、资料、图纸等。

房屋的技术档案应包括:

1.基建及房屋历次维修工程项目的批准文件;

2.工程合同;

3.维修设计图纸或维修方案说明;

4. 技术交底记录、工程变更通知书及各类技术核定批准文件;

5. 隐蔽工程验收记录;

6. 各分部分项工程检查验收记录;

7. 材料、构件检验及设备调试资料。

属于中修及其以上的工程,一般还应提供工程质量等级检查评定和事故处理资料,工程决算资料,竣工验收签证资料,旧房淘汰或改建前的照片等送技术档案管理部门存入档案。

此外,各种技术标准和技术规程、有关的技术资料等技术文件是房屋修缮进行技术活动的依据,是积累和总结经验、传达技术思想的重要工具,必须完整、系统地建档并严加管理。

房屋经营管理单位应配备专业人员搞好技术档案的管理工作,建立和健全技术档案管理制度。有条件的应采用电脑进行技术档案管理,以提高管理工作效率和水平。

(三) 工程质量检验与评定

质量检验评定的依据是国家现行《房屋修缮工程质量检验评定标准》和工程质量等级的划分,房屋修缮设计(修缮方案)及有关图纸或技术说明,图纸会审交底记录,设计变更签证,材料、构件试验报告,隐蔽工程验收记录,房屋设备安装记录等技术资料。

质量评定的程序是先分项工程,再分部工程,最后是单位工程。

1. 分项工程质量评定

对评定部位,评定项目,计量单位,允许偏差,以及检查数量、检验方法和检查用的工具仪表等,都要按照评定标准的规定进行。

合格:主要项目(即标准采用"必须"、"不得"用词的条文)均应全部符合质量标准的规定;一般项目(即标准中采用"应"、"不应"用词的条文)均应基本符合质量标准的规定;对有"质量要求和允许偏差"的项目,其抽查的点数中,有60%及其以上达到要求的,该分项质量应评为合格。

优良:在合格的基础上,对有"质量要求和允许偏差"的项目,其抽查点数中,有80%及其以上达到要求的,该分项质量评为优良。

各分项工程如不符合质量标准规定,经返工重做,可重新评定其质量等级,但加固补强后的工程,一律不得评为优良。

2. 分部工程质量评定

各分项工程均达到合格要求的,该分部工程评为合格;在合格的基础上,有50%及其以上分项工程质量评为优良的,该分部工程评为优良。

3. 单位工程质量评定

各分部工程均达到合格要求的,该单位工程评为合格;在合格的基础上,有50%及其以上分部工程质量评为优良的(屋面、主体分部工程必须达到优良),该单位工程评为优良。

从以上分项工程、分部工程和单位工程质量评定程序中,可以看出分项工程是质量评定的基础。分项工程质量有了保证,分部工程和单位工程质量也就有了保证。因此,做好分项工程质量评定是质量评定工作的重要一环。

(四) 隐蔽工程的质量检验

隐蔽工程质量的检验签证是工程监督的一个重要部分,施工单位在隐蔽前要通知经营管理单位,经甲方代表检验签证后,方可隐蔽掩埋。若施工单位不通知并未经经营管理单位验签而自行掩埋隐蔽工程,造成损失时,由施工单位直接负责;如经营管理单位在接到施工单位通知后,不按规定期限验签而造成损失时,由经营管理单位负直接责任。

(五)工程质量事故报告制度

严格执行质量事故报告制度,修缮工程发生质量事故后,甲方代表应向本单位技术负责人及时报告,并联系设计或方案制定人员,配合修缮施工单位认真分析事故原因,制定处理方案和补救措施,以确保工程质量。隐瞒不报者,应追究责任。

四、维修工程验收管理

房管部门应根据设计文件和国家规定的有关验收标准、规范,负责对所经营的房屋修缮质量进行全面严格验收。工程验收贯穿房屋修缮施工全过程,是检查修缮工程质量的继续,应对竣工项目分项检验,尤其注意对隐蔽工程、结构工程、专用设备和地下管道等配套设施的验收,并作出鉴定和验收记录。

(一)工程验收的一般依据

1. 修缮项目批准文件;

2. 工程合同;

3. 修缮设计图纸或修缮方案说明;

4. 工程变更通知书;

5. 技术交底记录或纪要;

6. 隐蔽工程验签记录;

7. 材料、构件检验及设备调试等资料。

(二)工程验收标准

1. 符合修缮设计或修缮方案的要求,满足合同的规定。

2. 符合《房屋修缮工程质量检验评定标准》;凡不符合的,应进行返修,直到符合规定的标准。

3. 技术资料和原始记录齐全、完整准确。

4. 窗明、地净、路通、场地清,具备使用条件。

5. 水、暖、卫、气、电等设备调试运行正常,烟道、沟管畅通。

(三)工程验收的组织

1. 经营管理单位在接到验收通知后,应及时组织设计或方案制定人员、甲方代表、地段房屋技术负责人、施工单位进行工程验收。

2. 工程验收合格,应评定质量等级,并由经营管理单位签证。

3. 凡不符合质量标准的,应返工,返工合格后,给予签证。

第二节 房屋维修的施工管理

一、施工管理的概念及主要内容

房屋维修施工管理,是指房屋维修过程中的各项管理工作,通过对维修施工中的人力、资金、材料、机具和施工方法进行科学计划和合理组织实施,尽量采用先进科学的管理方式,争取获得耗工少、成本低、工期短、质量好、效益高的最佳修缮效果。

（一）维修工程施工管理的基本原则

维修工程的施工管理基本原则是：经济性、适应性、科学性和均衡性。

1. 讲究经济效益

提高经济效益是施工管理工作的出发点，讲究的是综合经济效益。根据房屋的不同修缮要求综合考虑，制定正确的工方案，并抓好施工工程要素的重点顺序。重要房屋建筑考虑的重点顺序，首先是工程量；其次是完成产量指标、施工期；再次是成本。对一般结构的房屋建筑考虑的重点顺是成本、完成产量指标、施工期和质量。

2. 提高服务质量

修缮房屋的根本任务是恢复和增加房屋的使用价值，为满足住用户的使用要求。服务质量的优劣是衡量施工管理水平高低的重要标志。

3. 实行科学管理

维修工程目前大多仍是手工操作，实行科学管理尤为重要。必须建立统一的施工指挥系统，进行组织、计划和控制，做好各项规程、规章制度等基础工作。加强职工培训，树立科学管理要求的工作作风，逐步克服手工操作的管理习惯。

4. 组织均衡施工

均衡施工是指在划定的时间间隔内，施工进度均匀，施工数量按计划基本完成。要做到均衡施工，必须搞好施工计划管理，科学地安排施工进度；充分做好施工前的准备工作，建立有力的施工指挥系统；加强施工中各工种的调度和平衡，搞好施工内外的协作关系，保证料具供应渠道畅通；健全原始记录和统计量方验收工作，检查各工种施工环节均衡率的情况。

（二）维修工程施工管理内容

施工生产管理的内容包括施工准备和组织、施工计划和施工控制，必须做好各项工作，实现施工生产管理目标。

1. 施工准备和组织

施工准备和组织指施工生产的物质技术准备和组织，其内容有施工方案和方法制定、工地现场布置、施工过程组织、施工方案研究、劳动组织、料具管理、设备管理、安全施工和文明生产。

2. 施工计划

施工计划指施工组织设计及施工任务分配，其内容有编制施工组织设计、编制分段作业计划、编制班组作业计划和其它各项计划制定。

3. 施工控制

施工控制指围绕着完成计划任务的各项管理工作，如进度控制、物资、材料库存及供应控制、质量控制、成本控制等。

（三）维修工程施工管理规定

为加强修缮施工单位的管理，提高社会经济效益，建设部于1985年颁发了《房屋修缮工程施工管理规定》(试行)。它适用于房地产管理部门维修施工单位从承接房屋维修任务到竣工交验全过程的施工管理。

房屋修缮工程施工管理规定的主要内容有：

1. 承接任务与施工计划

承接维修工程任务，目前已逐步实行招投标制，工程合同承包方式使经营管理单位与维修施工单位之间有相互选择的自主权。施工计划安排,是根据工程实际情况及合同要求编制维修工程施工综合进度计划。

2. 施工组织与准备

按照经营管理单位提出的修缮方案要求,选定施工方案,编制施工组织设计。

3. 施工调度与现场管理

施工调度是以工程施工综合进度计划为基础的综合性管理;现场管理是以施工组织设计为依据的施工现场进行的经常性管理。

4. 技术交底和材料、构件检试

在工程开工前,维修施工单位应熟悉修缮设计或修缮方案,并参与经营管理单位组织的技术交底和图纸会审,并将在审查中提出的问题、解决的措施等,做好会议记录或纪要。对材料、成品、半成品须经过检验,凡现浇混凝土结构、砌筑砂浆必须按规定作试块检验。各种试验、检验用的测量仪器和量具等,必须做好定期和使用前的检修、校验工作。房屋的各种附属设备在安装前必须进行检查、测试,做出记录,妥善保管。

5. 质量管理和安全生产

维修施工单位均应分别设立质量和安全监督、检查机构。分别配备质量及安全检查人员,确保工程质量的技术措施并监督实施,指导执行操作规程。实行自检、互检和交换检的三检制度。对地下工程和隐蔽工程,特别是基础和结构的关键部位,一定要经过检查合格,做好原始记录,办理签证手续,才能进入下一道工序。发生质量事故要按有关规定及时上报。对已交验的工程要实行质量回访,按合同规定负责保修。安全检查机构或人员必须认真执行安全生产的方针、政策、法令、条例,经常对现场作业进行安全检查,组织职工学习安全生产操作规程。新工人未经安全操作的培训,不得上岗。

6. 基层管理

基层管理的任务是建立岗位经济责任制,加强质量和安全的具体管理,加强思想和职业道德教育,搞好文明施工,提高工程质量和服务质量。

7. 竣工验收

维修工程完工后,要根据《房屋修缮工程质量检验评定标准》评定质量等级,进行竣工交验。维修施工单位在工程正式交验前,均应预检,对整个工程项目、设备试运转情况及有关技术资料全面进行检查,凡存在的问题,应做好记录定期解决,然后才邀请发包、设计查勘单位正式验收。

8. 技术责任制

维修施工单位应建立技术责任制,按《房屋修缮工程施工管理规定》执行。

二、施工准备工作

施工准备工作是修缮工程施工的一个重要阶段。它的基本任务是针对修缮工程的特点及进度要求,了解施工的客观条件,做好施工规划,并积极从技术、物资、人力和组织等方面为修缮工程的施工创造一切必要的条件,保证开工后的连续施工。

修缮施工准备工作的内容,可按施工阶段来划分,如大型修缮工程项目的组织规划准备、开工前现场条件准备、全面施工准备等。

(一)开工前现场条件准备

1. 清除现场施工障碍,平整场地;

2. 布置现场平面;

3. 接通水源、电源、排水渠道;

4. 搭设临时工棚和简易材料库;

5. 组织材料、施工机械设备、工具进场,材料进场应根据进度及修缮施工现场的情况,分批组织进场;

6. 调集施工力量,充实健全现场施工指挥组织机构,对职工进行安全技术教育;

7. 报批开工。

(二) 全面施工准备

是指直接为修缮工程正式施工进行的准备。

1. 准备的内容

(1) 组织有关人员熟悉、会审图纸;

(2) 大修工程编制施工组织设计,一般修缮工程编写施工方案,小修工程编写施工说明,编制修缮工程预算;

(3) 对施工人员进行技术交底、下达任务书;

(4) 落实三大材料配套和加工计划,委托加工单位,注意特殊材料的落实;

(5) 工具添置和配备;

(6) 原材料的检查,混凝土、砂浆、玛碲脂等配合比的试验与测定。

2. 维修工程施工组织设计的编制

施工组织设计的编制应因地制宜,保证施工组织设计对施工起指导作用。首先要做好编制前的准备工作:

(1) 加强编制人员与查勘人员的联系,了解修缮的总体方案和查勘设计意图,以及有关的原始资料,以便掌握工程概况、特点及结构、材料等方面的特殊要求和使用单位的使用要求。

(2) 调查研究、搜集必要的资料。如了解修缮工程周围环境和用水、用电方面的情况,调查修缮工程主要项目的技术特点和劳动力、机具、材料等施工生产条件。

其次抓好小段工期的计划工作。小段工期是指从第一个工种进入施工段施工算起,到各个工种的全部项目施工完毕为止的施工工期。组织生产以施工段为单位,在抓完成计划人工的同时抓住施工段的进度,合理组织各工种配合施工。要开一段、清一段、验一段,便利住用户,加速设备周转,要及时总结经验,提高施工质量。

(1) 按段复核任务单。房屋维修的特点是零星分散,变化多,查勘设计的准确度受到一定的限制。要使施工段计划尽可能做到符合实际情况,使工地班组对房屋损坏项目事先做到心中有数,有利于技术交底。因此,在安排作业计划前必须认真做好复核任务单工作,复查任务单的时间最好是在月前 15 天左右,将下一个月准备开工的施工段全面地复核。

复核工作必须做到下列几点:

1) 核对查勘有无遗漏项目,定额套用是否合理,数量是否基本上正确,如有出入,应更正任务单;按段进行调整维修数量、项目和计划工时,最好是一次汇总,分列项目,把原计划和复核后计划列出明细表;

2) 明确和统一维修方法和用料标准;

3) 摸清住用户意见和要求,统一处理口径,做好事先解释工作;

4) 把可能存在问题暴露在施工之前,如特殊材料、预制构件和设备等,以便在施工前做好五落实,即:劳动力落实、任务落实、材料落实、设备落实和质量安全措施落实;

5) 在复核任务单的同时,要摸清危险点的情况,研究施工安全措施,以确保施工和住用户安全。

(2) 组织计划施工,编制月度计划。通过复核任务单,调整了每段各个工种的总工时之后,就必须着手组织计划施工,编制下月度的工地作业计划,要做好这一项工作必须注意下列几点:

1) 工种交叉。

2) 指标下达。因为班组的技术力量有强弱,采取平均做法或相差过大都不利于提高班组的积极性。因此要根据班组具体情况下达指标。

3) 工种平衡。安排月度计划时应该协调工种进度,保证他们能够相互搭接配合。当工种发生不平衡的时候,短少工种事先安排,工种之间相互支援,多余工种有计划的安排多面手,以达到尽一切可能使工种基本上得到平衡。

4) 注意关键性施工项目。所谓关键性项目是指由于工序时间关系而会影响施工进度的项目,如钢筋混凝土梁、柱、板等的浇捣,必须事先安排好木模,扎钢筋等项目。对关键性项目可将任务单抽出,另行安排,并且在上报计划时给予说明,否则会影响整个计划的实现。

5) 核实跨月度的施工段进度。安排下月度计划时必须摸清当月在修的施工段月底进度,核实跨转到下个月的工作量,了解尚未完成的工程项目,以及班组的劳动力安排等情况,才能正确安排下个月新开的施工段。

(3) 合理划分施工段。施工段的规模不宜过大,也不宜过小。施工段过大,工期长,施工组织不紧凑;过小工期太短,调度频繁,都是不利。理想的施工段,如以泥工8人左右为一个班组,每个段的泥工工作量最好在100~150工之间。独立式和半独立式住宅,一般以幢为单位,大楼内部以层为单位,如工作量过大可划成2~3个小段。

月度计划的段数规模,最理想的是经常保持在泥工进场班组数的1.5~2倍。这样做法的优点是安排紧凑,施工集中,施工面也有了控制。一个段将近收尾,另一个段又在施工,脚手设备周转也有利。

(4) 雨天和冻天的安排。雨天、冻天的安排是维修工作的重要环节,如安排得当,就能保证施工不受天气影响,保证施工计划的实现。要把雨、冻天的施工安排好,在编制月度、旬度计划时就必须把这个因素考虑进去,多雨、台风和寒冷季节应作重点考虑。在考虑施工安排时,应将屋面、外墙等外部工程列在前面,内部工程放在后面;即第一个施工段结束了外墙和屋面后才进入内部项目,同时第二个施工段的外墙和屋面又开始了,这样循环地进行安排。

3. 对修缮施工准备工作的要求

施工准备工作贯穿于修缮工程的全过程,是一项十分复杂而细致的工作。因此,必须根据施工准备工作固有的规律性,尽量使工作程序化,有计划、有步骤、分阶段地进行,并注意以下几个方面的配合。

第一,设计与施工的配合。施工技术人员与设计人员两者如能很好地配合,互相提供资料,可加快施工准备工作的进度。查勘设计单位在设计出图方面,要照顾到施工准备工作的要求,首先要提供正式区域平面图、房屋平面图、预制构件图和基础图等,以利早规划、准备现场、和制定预制构件的生产方案。在出图过程中,修缮施工单位应该参与查勘和研究,并提供修复或加固的意见(或方案)以及修复、装饰方面的工艺作法,供设计单位参考。

第二,室内准备与室外准备相配合。在准备工作中,要做到室内准备与室外准备同时并举、密切配合、互相创造条件。如图纸到达后经过会审,室内准备即可着手计算修缮工程量,提出构件加工计划、编制施工组织设计或施工方案,编制修缮工程预算等。室外准备则可进行场地抄平、放线、定桩、清除现场障碍物、布置现场等工作。

第三,土建工程与专业工种相配合。在修缮施工准备工作的过程中,修缮施工单位要综合研究施工中各工种之间的相互配合问题,提出施工方案和具体施工措施,然后分头进行施工准备工作。

三、施工阶段的管理

施工阶段的管理即修缮计划及修缮工程施工组织设计、修缮施工方案等付诸实施阶段的管理,所以施工阶段的管理要针对修缮特点,采取相应的管理办法。

(一) 大型修缮工程施工阶段的管理

大型修缮工程是指工程规模较大,技术较复杂的大修以上工程,其施工阶段的管理必须有一个强有力的指挥管理机构,以尽快解决施工现场出现的各种矛盾和问题。

现场组织管理的内容有:

1. 检查计划和合同的执行情况,进行人力、物力的综合平衡,合理调动人力、材料和施工机具,确保修缮工程计划的完成。

2. 及时发现解决施工现场上出现的矛盾,协调好各施工单位之间的关系。

3. 认真检查和及时调整施工现场管理。

4. 对于修缮工程中的主要项目,从人力、物力上予以保证。

5. 正确处理施工生产与住用安全的关系,在拆除旧房屋时,按合同规定处理好同相邻建筑用户的关系。

6. 认真抓好竣工收尾工作,确保工程按期完成。

(二) 一般修缮工程施工阶段的管理

一般修缮工程是指规模较小技术比较简单的中修工程,其施工阶段的管理内容如下:

1. 根据修缮施工方案中所确定的主要施工方法及工艺操作要求,在保证质量的前提下,按计划施工。

2. 实行科学管理,坚持文明施工。施工现场要有明确的标志;加强现场管理,做到"三清六好",即:手上完脚下清,活完场地清,日产日清,开工准备好,工程质量好,安全好,挂牌施工好,管、修、住结合好,服务便民好。

3. 妥善安排施工顺序,解决在用户住用中修房的矛盾。

4. 建立管、修、住三结合现场管理组织,及时听取用户的反映。

5. 抓好施工进度计划的落实及工程收尾的管理。

6. 做好修后回访工作,听取用户的意见,凡属施工质量问题,应及时予以回修或返工重做。

(三) 小型修缮工程施工阶段的管理

小型修缮工程主要是指零星项目的小修工程。其工作量小,工种全。其施工管理的内容有:

1. 根据查勘资料,确定小修工程要采取的安全技术措施,防止安全事故发生。

2. 要按修缮施工说明或维修任务单中的规定,落实修缮内容中的工程数量,做到不漏项。

3. 根据小而全的特点,抓好一工多能的工艺操作及质量标准的检查。

四、房屋维修工程的料具管理

房屋维修工程中的料具管理,主要是指施工过程中所消耗的建筑材料、建筑制品和使用的工具、机具设备等的管理。

由于房屋维修施工的技术经济特点,使房屋修建企业的材料供应管理工作,具有一定的特殊性和复杂性。房屋维修材料的品种、规格多,既有大宗材料,又有零星材料,甚至还有特殊要求的定加工材料。维修房屋的类型、结构不同,所用材料的品种、规格及数量的构成比例也不同。施工各阶段用料的品种数量都不相同决定了材料消耗和供应中的不均衡性。部分维修材料的生产和供应,还受到季节的影响,要考虑季节性的储备和供应问题。房屋维修工地一般施工场地较狭小,施工作业区和住用户活动区交叉分布,这就要求尽量减少现场材料储备量,材料堆场仓库能频繁重复使用。房屋维修主要材料耗用量多,重量大,施工现场一般通道狭窄,因此还必须考虑运输问题。

随着房屋维修水平的不断提高,装备了许多比较先进的维修施工机具设备。管好、用好、养好、修好施工机具设备,使其充分发挥效能,对加快施工进度、保证房屋修缮质量、提高效率有很大的作用。因此,施工机具设备管理是房屋修建企业管理工作中的一个重要方面。要做好施工机具设备的全面管理,必须根据企业的实际情况,明确机具管理工作的任务和目的,建立完善的管理制度;培养精通管理业务和有较高技术水平的机具设备管理及维修人员;加强机械化施工管理,不断提高机械化施工水平。

(一)编制主要材料要料计划

按工程预算编制主要材料要料计划是房屋维修工程中材料管理的重要环节。材料预算计划是申请要料的依据,也是工程完工后进行结算的原始资料。在编制整个工程的要料计划时,由于所需的材料品种规格繁多,用量不一,因此常按水料、木料、电料、化燃、五金、金属等分类汇总。维修工程在施工中根据实际情况可能要对原编制的要料计划进行补充修订和采取追加计划。由于房屋维修工程的施工进度常按分段计划执行,因此对各段要料计划要求准确。根据施工进度计划要求,在材料堆场允许的前提下,把分段要料计划分解成材料进场计划。在工作实践中,砂、石、砖、瓦、水泥等大宗材料,一般按周(旬)计划编制实施。五金、电料、卫生设备、钢材等一般按月(半月)计划编制实施。

(二)维修材料的仓储管理

1. 材料的验收。材料验收是指按合同规定的品种、数量、质量要求验收材料。在一般情况下要对材料全数检查;对于数量较大、协作关系稳定、凭证齐全、包装完整、运输良好者可采用抽查。

材料的质量检验分三种情况:从外观可判断其质量合格者,可由工地料具员、仓库管理员执行验收;需要进行技术检验才能确定其质量者,由专门技术检验部门或专职人员进行抽检;凡需进行物理化学试验才能确定其质量者,由专门技术检验部门抽检或取样委托专业单位检验。

2. 仓储的管理。材料进库场的管理,包括按合同规定核对凭证,现场查验材料数量、质量,做好验收记录,建立帐、卡和明细表。材料保管应按不同规格、性能等技术要求,合理存放,妥善保管,加强维护。材料出库场的管理要按供应计划和领料手续,核对实物,按时、按质、按量发放材料。堆放在施工现场的大宗材料,按实际使用及时进行记录和累积统计工作。材料仓储管理要求收、发、送料准确、及时,帐、卡、物相符,废旧料回收利用率高。

(三) 维修工地料具管理

维修工地料具管理的好坏是衡量施工现场管理水平和实现文明施工的重要标志,要求管好、用好材料、工具、机具设备。具体可分三个阶段进行管理。

1. 施工准备阶段的料具现场管理。根据维修工程施工的要求,编制材料、机具的计划和供应。认真做好施工前的现场布置计划,根据施工平面图并考虑方便住用户生活为前提,搞好材料堆放、仓库、机具设施的平面布置;做到材料进场合理堆放、堆近、堆集中、堆整齐,实现规格系列化,方便施工,避免和减少堆场内的二次搬运;并为施工班组领料和进行班组核算创造条件。机具设备、加工间设施应严格遵守有关的安全要求。

2. 施工阶段的料具现场管理工作要做好材料进场和验收工作,材料、工具和机具的领退工作。现场料具管理人员必须熟悉生产情况和业务,及时记好料具台帐,做到材料进场有据,消耗有数,余料退库,为单位工程核算提供正确依据。妥善保管和及时修理工具,延长使用期限,充分发挥工具的效能,注意对磨损工具的更新利用。加强对工具的领退管理,简化手续,及时准确地掌握工具的领退数量,以减少混用、损坏和丢失。

3. 竣工阶段的料具现场管理工作,主要是清理现场、回收、整理余料,做到工完场清。做好施工段的材料工具消耗统计资料,并分析原因,总结经验教训;搞好按施工段的料具帐卡转移手续,为下一个施工段作好料具准备。做好机具设备的保养维修,使其能正常运转使用。

(四) 废旧料的利用

在维修施工过程中,不仅有局部构件的拆除,还有较大范围的拆除改善,拆下了大量废旧料和旧构件。废旧料和旧构件的拆卸、整理和合理利用是维修工程中应该充分重视的一项工作。在不影响工程质量的前提下,合理地利用旧料和旧构件,变无用为有用,做到物尽其用,这是节约物资、减少运输工作量的一个重要途径,同时也提高了维修工程的经济效益。

五、房屋维修工程的文明施工

房屋维修工程的文明施工是施工管理的一项重要内容,文明施工不能仅仅理解为施工工地环境保持整洁,搞好现场的整洁;更重要的是维修工程施工要讲科学,要根据维修工程的特点合理安排生产,建立和执行一整套科学管理的规章制度;还要讲服务,特别要讲安全,使全体职工从思想上、行动上重视安全生产。

(一) 文明施工

文明施工一般说有三个基本点:一是有文明的生产者和管理者;二是有文明的管理;三是有文明的施工现场,这三点相互联系不可分割。只有文明的生产者和管理者,实行文明的管理,具备文明的施工现场,才能实现文明的生产。

建设部为城市房屋维修颁布了五条纪律、八项注意,供修缮单位职工遵守试行。

五条纪律的内容:

1. 执行修缮原则,不准任意增减项目数量。

2. 精心查勘施工,不准发生事故、拖延工期。

3. 爱护居民财物,不准刁难住户、增添麻烦。

4. 管好用好料具,不准丢失浪费、私拿送人。

5. 严格遵守纪律,不准吃拿卡要、优亲厚友。

八项注意的内容:

1. 保证全面完成年度计划规定的房屋维修任务;严格履行单位工程施工合同,按合同规定的维修范围、项目,积极组织施工。

2. 单位工程开工前,积极配合甲方(房屋经营管理部门)创造必要的施工条件,做好开工准备。施工负责人会同甲方向用户交底,公布施工计划、方案、工期、职工纪律以及对用户的要求。

3. 施工部署紧凑合理,贯彻"集中兵力,打歼灭战"的原则,大力缩短工期。

4. 文明施工,现场整洁,施工中保持道路通畅,料具整齐,建筑垃圾及时清运。竣工收尾干净利落,工完、料尽、场地清。

5. 尽力减少对用户的干扰。施工中保证管线、设备正常使用,即做到五通:水、电、下水、垃圾和供暖等管道通畅。必须临时断水、断电时,事先通知用户,并尽量缩短切断时间。

6. 遵守操作规程,保证工程质量。对隐蔽工程验收和竣工验收提出的质量问题,保证及时回修处理。

7. 采取必要措施防风、防雨、防火、防盗,防止发生安全事故,保证用户和生产安全。

8. 对待用户热情和气,文明礼貌。主动帮助用户搬挪家具,随手解决零星维修问题,及时向甲方转达用户的要求和意见。

(二) 安全生产

1. 建立安全生产岗位责任制

认真贯彻执行安全生产岗位负责制,是搞好房屋维修生产的一项重要措施。为此,必须加强对安全生产的领导,分管生产的领导必须对安全全面负责。不断提高对安全施工重要性的认识,建立和健全安全生产管理制度和严格执行安全操作规程,确保安全施工。

2. 加强安全生产宣传教育

安全生产宣传教育是搞好安全生产的有力措施,因此,要对广大职工进行安全生产教育,认真组织学习安全生产有关规定。

3. 健全施工现场的管理制度

维修施工方案应有详细的施工平面图,运输道路和临时设施的安排要符合施工、交通、住用户安全要求。靠近高压线修房和施工现场的用电设施应与供电部门联系,采取安全可靠的措施。现场机具设备要定机定人负责管理和使用,防护装置要经常检查维修保养。在编制生产计划和施工方案时,必须编制安全措施。在工程施工交底时,应交代安全措施。在施工现场管理中,对工作不负责任,违反安全制度,以致造成重大事故的,必须追究责任,严肃处理。

4. 定期召开安全生产会议和进行安全生产检查

对每个施工工地除进行经常性的安全检查外,还要定期召开安全生产会议,定期组织安全生产检查,主要检查领导对安全生产是否重视,查事故处理是否严肃、及时,查安全措施是否落实,查执行制度严不严。

5. 伤亡事故的调查和处理

发生伤亡事故后,必须组织调查和认真处理。通过分析伤亡事故,吸取教训,采取必要的防范措施,防止事故重复发生。通过分析,查明原因和责任,指定专人,限期落实改进措施。

（三）环境保护

在维修施工过程中产生的噪声、垃圾、污水、挥发性化工原料的有毒气体等,对环境有一定的污染,影响文明施工的实现,因此,在维修施工中应从以下几方面注意对环境保护的问题。

1. 噪声的控制。如维修工地上的机具间,应考虑选择适当位置;建筑垃圾综合利用所使用的粉碎机,应配合使用箱盖消声罩和风管吸尘设施,既可防止噪声,又可减少灰尘和飞物。

2. 建筑灰尘的控制。在翻做屋面、墙身修补或拆除时,有大量的建筑灰尘,要采取有效措施,防止灰尘泄漏,并在操作后及时清理干净。

3. 各类建筑材料的管理。砂、石、砖、瓦等材料应以一定数量分堆放置,周围应有围护;水泥应放在水泥间、纸筋及石灰可放在铁皮箱,防止外溢和雨水浸入。

4. 建筑垃圾的管理。建筑垃圾要集中堆放,严禁与生活垃圾混杂,超过一定容积、数量应及时消除(可利用的进行加工处理)。

5. 维修施工的操作要规范,防止房屋的设备管道和下水道出现堵塞现象。

6. 注意做好施工场地周围的绿化保护。

复习思考题

1. 简述房屋技术管理的概念和作用。

2. 房屋修缮技术管理有哪些主要任务?

3. 房屋的技术档案包括哪些资料?

4. 你是如何理解维修工程的特点的?

5. 简述维修工程施工管理的基本原则。

6. 房屋修缮工程施工管理规定的主要内容是什么?

7. 如何做好施工组织设计编制前的准备工作?

8. 如何做好维修工地的料具管理?

9. 怎样加强维修工地的安全生产工作?

第二篇 房屋修缮工程定额与预算

第九章 概 述

自古至今,凡是人类活动的生活空间均离不开房屋。无论房屋是如何简陋还是功能齐全,历经大自然风、霜、雨、雪的侵蚀,建筑物外界要破损乃至损坏、倒塌;建筑物内部虽经正常使用,但因年久失修也要损失其正常使用功能,直至报废。

一般房屋均有一定的使用寿命年限(据建筑物的性质而定,永久建筑物少则百年乃至更长,一般建筑物则为几十年不等),当然在其正常寿命年限之中要正常使用和恰当的维修管理。维修即施工阶段(当然,在施工之前要进行勘查、设计),古人云:土木工程不可善动。之意是指建筑工程的开销费用之大,要精心策划,合理运用。在目前市场经济为主流的前提下,投资者、施工单位均应做到心中有数,要按市场经济的客观规律去办事。

基本建设程序是客观规律的正确反映。所谓基本建设程序是基本建设工作中必须遵守、遵循的先后次序。建设工程均要认真执行这一客观规律,只有按照一定的工作程序有计划、按步骤、扎扎实实地进行,才能够体现其社会效益和经济效益,否则自食其果。

例如:煤矿的开发建设。在前期查勘阶段,没有清楚地查明地矿中的煤炭存储量,就盲目地建设井矿,结果是煤炭储量少,不得不减短有限的开采年限;或者只看到资源有利于开发的一面却忽视了交通运输配合不上等不利的一面,运输条件限制了采掘能力的发展,结果只好缩小建设的规模。

又如:房屋的综合修缮。正确的施工程序是:(1) 投资者应有明确的计划书(或计划文件)。(2) 投资者委托勘查设计人员到现场实测(投资者向房屋鉴定设计部门下达委托书)。(3) 由鉴定设计部门提供可行性方案,定案后提交设计施工图。(4) 委托招标部门进行招投标工作,来确定资信度高、工程造价合理的施工单位。(5) 施工阶段。(6) 竣工阶段,含工程验收和资料备案(指完整的竣工图和其它技术资料)。上述几个阶段,应严格管理、把关,任一阶段管理不严,均会造成一定的经济损失,而严重的可能使整个工程项目报废,后果不堪设想。

第一节 房屋修缮工程定额与预算研究的对象和任务

建筑业是国民经济发展中的重要支柱产业之一,它能够带动国民经济的良性循环与发展,为适应市场经济的高速发展及基本建设的需求,须采用现代的科学技术,先进的管理手段来指导建筑业。

任何一个工程项目均存在一对矛盾关系,即甲方和乙方。甲方系指项目投资者或投资者的委托代理人;乙方系指施工单位,具体讲是指按设计施工图来完成工程项目中工程环节的各个细部操作。甲乙双方就一个工程项目而言,均为各自利益发挥着不同的角色,也就是甲方为使工程项目合格完成如何少投资;而乙方为实施工程项目如何多赚钱,即工程造价高。

这样,定额就像一把尺子应发挥其应有的作用。国家政府的职能部门颁发的定额具有很强的严肃性和法律性,甲、乙双方均要认真执行、采纳和维护,受法律保护和约束。对工程项目中发生的绝大部分工序内容已在定额中表达、表述,未在其中的已下发有关文件来作补充说明,以示进一步来完善。

造价,即工程造价是甲乙双方合同项目中的关键内容,是双方的矛盾点。而工程造价文件的生成即建设工程预算书又是双方依据定额和具体施工方案(或工艺)来编制的,主要是约束双方的经济利益,即防止甲方无理的削减,降低工程预算成本,又防止乙方毫无理由的"高估冒算",以达到双方的"平衡心理"。使得定额像一名"公平的天使",而预算又像一名"黑脸的包公",维护着双方的利益,使工程项目得以合情合理地顺利实施。

第二节　房屋修缮工程预算员的作用和职责

工程预算人员是预算造价文件生成的执行者,是企业决策者的参谋和助手。工程项目的成功与失败与之息息相关,责任重大且任重而道远。

一、建筑工程预算人员应具备的知识

1.爱岗敬业,正直廉洁。

2.具有丰富的建筑识图、构造、建筑结构、水、暖、电、卫等知识。

3.有较丰富的施工管理、施工组织设计经验。

4.了解房屋修缮工程施工程序、施工方法、工艺标准、工程质量标准和安全技术知识。

5.了解常用建筑材料、建筑设备、构配件制品及常用机械设备的品种、规格、技术性能和用途。

6.了解房屋修缮施工有关政策法规及施工合同知识。

7.应熟练掌握定额中有关细则规定(工程量的计算规则、方法、计量标准。

8.应熟练套用各种定额。

9.了解计算机应用的基本知识,以达到最终用计算机来编制预算文件。

二、房屋修缮工程预算员的作用

房屋修缮工程预算人员是国家人事部在编的技术人员,同时又是参与企业经济活动的管理人员,从事各类房屋修缮工程活动,编制工程预算,确定工程造价。

房屋修缮工程建设是集建筑、房屋修缮工程、施工技术及相关的经济、法律等专业于一体的综合性专业。它要求从业人员必须有较全面的专业技术知识和较高的业务素质。房屋修缮工程预算员在企事业单位的生产,经营活动中起着至关重要的作用。

在搞好房屋修缮的工程建设中,预算员受单位法人的委托签订"房屋修缮工程施工合同书",进行现场的勘查设计、绘制简易图(最后详细整理出设计施工图)、测算工程成本、制定

工程造价、编制工程预(结)算书、招投标文件等。正是通过预算员一系列勤劳的工作,使企业得到了合理合法的经济收入,增加了企业的利润,提高了企业的经济效益、社会效益和企业在社会上的知名度。当然,也会因执行者在工作上的失误,玩忽职守、弄虚作假,而给企业造成严重损失,最后是自食其果,最终是要接受法律的审判和制裁。实践证明:预算人员的素质(人品方面与专业技能方面)是企业管理的一个重要组成部分,预算员的作用可直接关系到企业、事业单位兴旺发达和衰败。

三、房屋修缮工程预算员的职责

房屋修缮工程预算员的职责是:搞好房屋修缮的工程建设,参与承揽各类房屋修缮工程业务,对各类房屋修缮、加固、改造、装饰、装修、翻修等工程,要根据房屋修缮工程之特点进行工程勘查、估算、分析、正确地编制出工程预算文件,进行工程招投标,与建设单位签订《房屋修缮工程施工合同书》,深入学习和正确运用《房屋修缮工程预算定额》、《房屋修缮工程施工工艺标准》、《房屋修缮工程质量检验评定标准》、《房屋修缮工程安全技术手册》及其有关的政策法律规定,及时掌握房屋修缮工程预算定额调整的各项信息,正确地确定房屋修缮工程预算造价,按规定参加定额主管部门组织的预算员各个专业的业务学习和培训,不断增加业务素质,以保持在岗人员的持续稳定性及行业管理水平。

其次,还要熟悉和掌握企业内部生产、经营等各个环节情况,如施工队伍结构、等级、施工能力、施工程序、施工技术水平、工程质量标准、安全情况、机械装备程度、完好利用率、各种建筑材料采购、供货、价格的基本渠道、来源及企业成本盈亏、资金周转运用等。

第三节 房屋修缮工程预算员应达到的工作能力和职业道德

一、房屋修缮工程预算员应达到的工作能力

1. 能够按照施工图(无施工图的修缮工程能按照工程定案文件结合现场勘查)及施工组织设计规定施工工艺和技术措施,熟练运用有关定额,编制单位工程分部、分项工程预算及工料分析。

2. 结合房屋修缮工程施工情况,根据施工图(或施工方案)预算及有关工程变更签证和调价文件,来编制工程结算书。

3. 熟悉预算管理的有关规定、收集、掌握价格信息,适应房屋修缮工程造价的动态管理。

4. 对采用新材料、新工艺的工程项目,能够编制补充定额及各种价格的换算。

5. 能够参与房屋修缮工作投标前的估价和报价工作。

6. 能参与房屋修缮施工合同的签订工作。

7. 会使用修缮工程预算软件,编制预算造价文件。

8. 能够理论联系实际,灵活运用专业知识当好领导的参谋助手,完成本岗工作。

二、房屋修缮工程预算员的职业道德

房屋修缮工程预算员是国家建设部规定的建筑业关键岗位之一。它无论是从政治、经

济、法律、专业技术等方面都有一定的技能要求,除此之外,还必须有高尚的职业道德,才能承担本岗工作。

1. 首先要树立以经济建设为中心,坚持四项基本原则,坚持改革开放的思想,搞好房屋修缮工程建设,坚持法制观念,自觉遵守各项规定、依法办事。

2. 爱岗敬业,事实求是,诚实守信,工作不弄虚作假,不许采用欺骗手段掩盖事实真相、高估冒算,攫取不正当的经济利益。

3. 坚持严以律己,廉洁奉公,不以权谋私,不以职谋私,不损公肥私,不行贿受贿,不贪污腐化。

4. 立足本岗积极进取,讲科学、讲文明、讲道德、讲原则、讲效益、讲政治、讲经济、讲法律、讲专业。

5. 尽职尽责,克服官僚主义,树立良好的职业道德形象、办事不拖拉、不扯皮、搞好与各单位、各部门之间配合,以诚相待,以大局和国家利益为重,全心全意为人民,为树立良好的行业风气而努力。

复习思考题

1. 何为甲方? 何为乙方? 甲乙双方在同一个建设项目中,应持什么样的正确观点?
2. 了解房屋修缮工程定额与预算所研究的对象及任务。
3. 掌握房屋修缮工程预算员的作用和职责。
4. 做为一名合格的预算员应具备什么样的基础条件?
5. 房屋修缮工程预算员的职业道德是什么?

第十章 房屋修缮工程定额

第一节 房屋修缮工程定额概述

一、房屋修缮工程定额概述

企业管理成为科学应该说是从泰罗制开始。泰罗制的创始人是 19 世纪末的美国工程师泰罗(1856～1915 年)。他研究的课题是如何提高工人的劳动生产率,所以他把工人工作的时间视为课题的重点。为此,他将工人的工作时间分为若干组成部分,其中含工作中必要的间歇时间,并利用马蹄表来测定工人完成各组成部分所用时间,以便制定出工时定额,用以衡量工人工作效率的尺度。不仅如此,他还研究工人的操作方法,用图画的形式将其动作记录下来,逐一分析其合理性,以便消除那些多余的、无效的动作,制定出最能节约工作时间的操作方法。此外,他还对工人使用的工具和设备进行详细的研究,这样便把制定工时定额建立在合理操作的基础上。

制定科学的工时定额,实行标准的操作方法,再加上有差别的计件工资,这就是泰罗制的主要内容,我们后来的各种形式的定额都是在此基础之上发展而来。

定额,顾名思义,"定"就是规定,"额"便是额度或数量,即规定之数量。规定在产品生产中人力、物力、或资金消耗的标准额度,它能够反映一定社会生产力的水平。

房屋修缮工程定额是指在房屋建设工程中,在合理的劳动组织与合理使用材料的前提下,完成单位合格建筑产品所必须的而且是额定的人工、材料、机械台班消耗的数量标准。

编制定额的同时,必须考虑产品的质量标准与定额的相应关系。完成同一数量的产品因所达到的质量标准不同,势必造成其耗消的劳动力(工日)、材料、机械台班的数额也不同,因此在制定定额时还必须同时规定完成产品应达到的质量标准。所以,在上述房屋定额概念表述中强调完成的产品必须是合格的,否则一切工作都是无用的。

定额不仅是完成建筑产品所必须的劳动力、材料、机械台班耗用数量的标准,而且又是完成产品的工作方法、生产能力、技术水平的标准,涉及到工作内容和安全要求。

实行定额的目的,是为了力求用最少的人力、物力和财力的消耗,生产出符合质量标准的合格建筑产品,来取得最好的经济效果。定额既是使工程建设活动中的计划、设计、施工等各项活动工作取得佳绩的有效工具,又是衡量、考核上述工作经济效果的尺度。它在企业管理中占有十分重要的地位。在进行的建筑业行业改革中,改革的关键是推行投资包干制和招标承包制,其中签订投资包干协议,计算招标标底和投标报价,签订总包和分包合同,以及企业内部实行的各种形式的承包责任制,都必须以各种定额为主要依据。随着改革的深入发展,定额作为企业管理的基础,必将进一步得到完善和提高。

二、房屋修缮工程定额的性质

定额的水平应符合现阶段生产力发展的需要,应按照客观经济规律办事,应该符合从市场经济规律实际出发,技术先进,经济合理的要求,以促进施工企业、队组或个人,根据现有施工条件,经过主观努力,可以达到的水平标准。除此之外,又是根据国家有关规定标准、规范高低等,经过测算,统计分析而得来。定额具有如下性质。

(一)科学技术性(即科学性)

定额的科学性,表现在定额是遵循客观规律的要求,在认真研究和总结生产实践经验的基础上,用科学的态度来制定定额。定额中的内容,采用了经过实践证明是成熟的、行之有效的先进技术和先进操作方法,尊重现阶段市场经济的客观实际,去除主观臆断,事实求是。同时在编制定额的技术方法上采用现代管理的成就,形成一套系统的、完整的、在实际中行之有效的方法,因此定额能够正确反映现阶段生产力的水平。

定额的科学性还表现在定额的制定和贯彻一体化。制定是为了提供贯彻的依据,贯彻是为了实现管理的目标,也是为了检验定额在现阶段的适应性及各种对定额信息的反馈。

(二)系统性

房屋修缮工程定额是相对独立的系统。它是由多种定额结合而成的一个有机整体,它的结构复杂,有鲜明的层次,有明确的目标。

房屋修缮工程定额的系统性是由工程建设的特点所决定的。房屋工程建设是一个实体系统,而修缮工程定额就是为这个实体系统服务的。工程建设本身的多种类、多层次,就决定了工程建设定额的多种类、多层次,即系统化。

(三)统一性

房屋工程建设定额的统一性,按其使用范围来看,有全国统一定额、地方统一定额和部门统一定额等等,层次清楚,分工明确。按定额的制定、颁布和贯彻使用来看,有统一的程序,统一的原则,统一的要求,和统一的用途。

(四)法令性

定额一般是由国家或地方政府的职能部门,通过一定的程序来颁发实施的,代表国家的法律形式,一经颁发便具有了法令的性质,只要在执行范围以内,任何单位都必须严格执行,不得任意变更定额的内容和水平。这就意味在其规定的范围或区域内,对于定额的使用者和执行者来说,无论其主观上认可还是不认可,都必须按定额执行。

定额的这种权威性,在很多情况下具有法的性质。这种法令性其客观基础是定额的科学性,它赋于房屋工程建设定额一定的强制性。

定额的法令性保证了对企业和工程项目有一个统一的核算尺度,使国家对设计的经济效果和施工管理水平能够实行统一的考核和监督。

(五)稳定性和相对性

房屋工程建设定额,在一段时期内表现出稳定的状态。根据现阶段生产力发展水平程度而定。一般5~10年之间;发展较快地区一般在3~5年之间。保护定额的稳定性是维护定额的权威性所必须的,能够有效地贯彻执行定额。

但是,工程建设定额的稳定性又是相对的。任何一种工程建设定额都只能反映现阶段一个时期的生产力水平。当生产力向前发展了,定额就会变得陈旧了,它原有的作用就会逐步减弱,直至报废。当定额不能起到它应有的作用,也就不具备其科学性,随之丧失了其法令性,就要重新编制和修改、修订,以满足当前现阶段生产力发展的水平。

（六）群众性

定额的群众性,表现在定额的制定和执行都具有广泛的群众基础。定额的水平主要取决于建筑工人所创造的劳动生产能力的水平,因此定额中各种消耗的数量标准,是建筑企业职工群众劳动和智慧的结晶。

定额的制定是在工人群众直接参与下进行的,使得定额能从实际出发达到工人现实水平,又保持一定先进性,既反映了群众的愿望和要求,又能把国家、企业和个人三者的物质利益结合起来,群众乐于接受并认真贯彻执行。总之,定额的科学性是定额法令性的客观依据,定额的法令性是定额得以正确执行的重要保证,定额的群众性则是定额的科学性和法令性的基础。

三、房屋建设工程定额的分类

房屋建设工程定额种类较多,根据使用对象和组织生产施工的具体目的、要求不同,而定额分类也不相同。

（一）按生产要素分类

有劳动定额,材料消耗定额,机械台班使用定额。

劳动定额也称人工定额。它反映了建筑工人在正常的施工技术组织条件下,完成单位合格产品所必须的劳动消耗量的标准。这个标准是国家和企业对工人在单位时间内完成的产品数量、质量的综合要求。

材料消耗定额。是指在合理劳动组织与合理使用材料前提下,生产单位合格产品所必须消耗的一定规格的建筑材料、成品、半成品、或配件的数量标准。

机械台班使用定额。它反映了施工机械在正常施工条件下,合理均衡地组织劳动和使用机械时,该机械在单位时间内的生产效率。

（二）按编制程序和用途分类

有施工定额、预算定额、概算定额,和概算指标。

施工定额。是施工企业内部组织生产和加强管理的定额,属于企业内部定额。

预算定额。是编制施工图预算时,计算工程造价和计算工程中劳动、材料、机械用量,使用的定额。

概算定额。编制扩大初步设计概算时,计算和确定工程概算造价,计算劳动、材料、机械用量,使用的定额。

概算指标。在初步设计阶段,编制工程概算,计算和确定工程的初步设计概算造价,计算劳动、材料、机械用量,使用的定额。

（三）按投资的费用性质分类

1. 建筑工程定额。是指建筑工程施工定额,建筑工程预算定额,建筑工程概算定额和建筑工程概算指标的统称。

建筑工程包括一般土建工程、电气照明工程、水、暖、通风工程、工业管道工程、特殊构筑物工程等。除房屋和构筑物外还包括其它各类工程,如道路、铁路、桥梁、隧道、运河、堤坝、港口、电站、机场等等工程。

2．设备安装工程定额。是安装工程施工定额、预算定额、概算定额和概算指标的统称。设备安装工程是对需要安装的设备进行定位、组合、校正、调试等工作的工程。

3．其它直接费定额。是指预算定额以外，而与建筑安装施工生产直接有关的各项费用开支标准。

4．间接费定额。是指与建筑安装施工生产的个别产品无关，而为企业生产全部产品所必须，为维持企业的经营管理活动所必须发生的各项费用开支的标准。

5．其它费用定额。是工程建设独立于建筑安装工程以外的其它费用开支标准。包括土地征购费、拆迁安置费、建设单位管理费用等。

（四）按照专业性质分类

工程建设定额可以分为通用定额、专业通用定额和专业专用定额。通用定额是指在部门和地区间都可以使用的定额，如一般建筑工程定额。专业通用定额是指具有部门的专业特点但在部门间可以通用的定额，如机械设备安装工程定额。专业专用定额是指特殊专业的定额，只能供在特点的范围内使用，如古建筑修缮定额、冶金筑炉工程定额。

（五）按主编单位和执行范围分类

可分为国家定额、主管部定额，地方定额、企业定额和补充定额。

四、房屋修缮工程定额的适用范围

我国地大辽阔，东西南北地域跨越较大，尤其改革开发以来，全国经济迅速发展，生产力水平提高较快，且房屋预算定额的地区性较强，而每一地区的生产力发展又呈现出一定的不平衡现象。但其制订的原则、方式、方法是一样的，具体编制以各地区的实际水平为准。但我国绝大部分地区性房屋修缮定额的适用范围与下列条款相近：

本定额的适用范围是对已有建筑物进行拆除、翻建、大中修缮、加固、改造、装饰装修及随同修缮工程进行的 $300m^2$ 以内的添建工程，不适用新建、扩建工程。

添建：指新建。

拆建：指原拆原建。基础不动，不扩大面积。

改建：指基础不动，不扩大面积，只是为内部结构及作法进行局部改动。

扩建：因需要在原面积上进行扩大或加层。

大修：建筑物主要结构损坏需要修缮。如拆砌墙、翻修屋顶、架海掏砌等工程。

中修：建筑物主要结构部分损坏需要修缮。如揭挖屋面，木柁架加固、穿檩、铲抹墙皮、铲作地面等项目。

第二节　房屋修缮工程施工定额

施工定额是直接用于建筑施工管理中的一种定额，根据施工定额可以直接计算出不同工程项目的人工、材料和机械台班使用的需要量。

一、施工定额的内容和作用

施工定额是由劳动定额、材料消耗定额、机械台班使用定额三部分组成。

（一）施工定额的内容

1．文字说明

包括总说明、分册说明和分章(节)说明。

总说明主要内容包括：定额编制的依据、适用范围、用途、有关综合性工作内容、工程质量及安全要求、定额指标的计算方法和有关规定及说明。

分册和分章(节)说明，主要包括分册分章(节)范围内的定额项目和工作内容、质量安全要求、施工方法、工程量计算规则和有关规定及说明。

2．定额项目表和附注

定额表是分章节定额中的核心部分和主要内容。它包括工程项目名称、定额编量、定额单位和人工、材料、机械台班消耗指标。

"附注"一般列在定额表的下面，主要是根据施工内容及条件的变动，规定人工、材料、机械定额用量的变化，一般采用乘系数和增减工料的方法来计算。附注是对定额表内容的补充。

3．附录

附录一般放在定额分册的后面，作为使用和换算定额的依据。内容包括名词解释、附图、各种砂浆、混凝土配合比表，材料和半成品单位重量表等。

例如：全国建筑安装工程统一劳动定额§4-2砖墙单石清水墙，工作内容有：包括砌墙面艺术形式，墙垛，平旋及安装平旋模板，梁板头砌墙，梁板下塞砖，楼楞间砌砖，留楼梯踏步斜槽，留洞砌各种凹进处，山墙泛水槽，安放木砖，铁件，安装60kg以内的预制混凝土门窗过梁、隔板，垫块，以及调整好后的门窗框等。而施工定额除去劳动定额工作内容以外，还包括150m以内材料运输，搅拌砂浆、勾缝等全部砌墙工序和辅助工作所需的用工。

(二) 施工定额的作用

施工定额是施工企业内部实施的一种定额，是施工企业管理工作的基础，是编制施工预算实行企业内部经济核算的依据。

主要是用于施工企业内部经济核算，编制施工预算，编制施工作业计划，人工、材料、机械台班使用计划，组织劳动竞赛，实行计件，包工，签发施工任务书，限额领料计算劳动报酬和奖励的依据，也是编制预算定额和补充单位估价表的基础，并有着十分重要作用。

二、劳 动 定 额

劳动定额，又称人工定额。它反映了建筑工人在正常施工条件下，劳动生产率的一个先进合理的指标或水平，表明每个工人在单位时间内为生产合格产品所必须消耗的劳动时间或在一定的劳动时间内所生产合格产品的数量。

(一) 劳动定额的表现形式

劳动定额由于表现形式不同，可分为时间定额和产量定额两种表现形式。

1．时间定额：就是某种专业，某种技术等级工人班组或个人，在合理劳动组织与合理使用材料的条件下，完成单位合格产品所必须的工作时间。包括准备与结束的时间，基本生产时间，辅助生产时间，不可避免的中断时间及工人必须的休息时间。时间定额以工日为单位，每一工日按8h计算。其计算方法如下：

$$单位产品时间定额(工日) = \frac{1}{每工产量}$$

或 $$单位产品时间定额(工日) = \frac{小组成员工日数总和}{台班产量}$$

例如:人工挖土方,根据《全国建筑安装工程统一劳动定额》中§2－1人力挖土方编号1序号四,即人工挖土,四类土,每一立方米时间定额为0.333工日。小组成员为二级工六人,三级工三人,平均技术等级为2.33级。

2. 产量定额:就是在合理的劳动组织与合理使用材料的条件下,某专业,某种技术等级的工人班组或个人在单位工日中所应完成的合格产品的数量。

产量定额根据时间定额计算,其高低与时间定额成反比,两者互为倒数。其计算方法如下:

$$每工产量 = \frac{1}{单位产品时间定额(工日)}$$

或 $$台班产量 = \frac{小组成员工日数的总和}{单位产品时间定额(工日)}$$

根据劳动定额§2－1人力挖土方编号1序号四,即人工挖土,四类土,每工产量3m³。

由此可见,时间定额与产量定额互成倒数关系。如下式所示:

$$产量定额 = \frac{1}{时间定额}$$

$$时间定额 = \frac{1}{产量定额}$$

如上例:挖1m³四类土,时间定额为0.333工日,则每工产量定额为3m³。

时间定额和产量定额都表示同一个劳动定额,但各有用处。时间定额是以工日为单位,故便于综合,用于计算比较适宜和方便。所以劳动定额一般是采用时间定额的形式比较普通。产量定额是以产品数量为单位表示的,具有形象化的特点,便于作分配任务或计件产品工作。具体形式详表10-1和表10-2。

(二) 劳动定额的实质

每1m³砌体的劳动定额 表10-1

项 目		混 水 内 墙					混 水 外 墙					序 号
		0.25砖	0.5砖	0.75砖	1砖	1.5砖及以外	0.25砖	0.5砖	0.75砖	1砖	1.5砖及以外	
综合	塔吊	2.05 / 0.488	1.32 / 0.758	1.27 / 0.787	0.972 / 1.03	0.945 / 1.06	1.42 / 0.704	1.37 / 0.73	1.04 / 0.962	0.985 / 1.02	0.955 / 1.05	一
	机吊	2.26 / 0.442	1.51 / 0.662	1.47 / 0.68	1.18 / 0.847	1.15 / 0.87	1.62 / 0.617	1.57 / 0.637	1.24 / 0.806	1.19 / 0.84	1.16 / 0.862	二
砌砖		1.54 / 0.65	0.822 / 1.22	0.774 / 1.29	0.458 / 2.18	0.426 / 2.35	0.931 / 1.07	0.869 / 1.15	0.522 / 1.92	0.466 / 2.15	0.435 / 2.3	三
运输	塔吊	0.433 / 2.31	0.412 / 2.43	0.415 / 2.41	0.418 / 2.39	0.418 / 2.39	0.412 / 2.43	0.415 / 2.41	0.418 / 2.39	0.418 / 2.39	0.418 / 2.39	四
	机吊	0.64 / 1.56	0.61 / 1.64	0.613 / 1.63	0.621 / 1.61	0.621 / 1.61	0.61 / 1.64	0.613 / 1.63	0.619 / 1.62	0.619 / 1.62	0.619 / 1.62	五
调制砂浆		0.081 / 12.3	0.081 / 12.3	0.085 / 11.8	0.096 / 10.4	0.101 / 9.9	0.081 / 12.3	0.085 / 11.8	0.096 / 10.4	0.101 / 9.9	0.102 / 9.8	六
编号		13	14	15	16	17	18	19	20	21	22	

项　目			连续梁、井字架、框架梁、串梁			斜梁、十字梁、T. L. I形梁、单梁、拱形梁		序　号
			梁　　高　　限　　度 (m)					
			0.3 以内	0.6 以内	0.6 以外	0.6 以内	0.6 以外	
机械搅拌	人捣	单双轮车	$\frac{1.48}{0.676}$	$\frac{1.17}{0.855}$	$\frac{1.05}{0.952}$	$\frac{1.35}{0.741}$	$\frac{1.19}{0.84}$	一
		双轮混合小翻斗	$\frac{1.14}{0.877}$	$\frac{0.82}{1.22}$	$\frac{0.746}{1.34}$	$\frac{1.01}{0.99}$	$\frac{0.84}{1.19}$	二
	机捣	单双轮车	$\frac{1.22}{0.82}$	$\frac{1.01}{0.99}$	$\frac{0.84}{1.19}$	$\frac{1.13}{0.885}$	$\frac{1.02}{0.98}$	三
		双轮混合小翻斗	$\frac{0.869}{1.15}$	$\frac{0.662}{1.51}$	$\frac{0.559}{1.79}$	$\frac{0.781}{1.28}$	$\frac{0.671}{1.49}$	四

劳动定额反映产品生产中活劳动消耗的数量标准,是建筑安装工程定额中重要的组成部分。它不仅关系到施工生产中劳动的计划、组织和调配,而且关系到按劳分配原则的贯彻执行,特别是施工中的劳动定额,在生产和分配两个方面都起着很大的作用,是组织生产、编制劳动计划、施工预算、计算定额工日劳动生产率、考核队组工效、签发施工任务书、评定奖励或计算计件工资和编制预算定额等主要依据。

（三）劳动定额制定的基本方法

劳动定额是工人生产实践的总结,因此定额的制定必须采用工人、专业技术人员、领导干部结合的方式,根据劳动组织情况、技术水平、通过工人劳动实践,加以反复观测,整理分析对比,综合取定而定案。

一般比较常用的方法有经验估工法、统计分析法、比较类推法和技术测定四种。

1. 经验估工法

经验估工法,是根据老工人、施工技术人员和定额员的实践经验,并参照有关的技术资料、结合施工图纸、施工工艺、施工技术组织条件和操作方法等进行分析、座谈讨论、反复平衡制定定额的方法。

由于估工人员的经验和水平的差异,同一个项目往往会提出一组不同的定额数值,此时应对提出的各种不同数据进行认真分析处理,反复平衡,并利用统筹法原理进行优化,以确定出平均先进的指标。计算公式:

$$t = \frac{a + 4m + b}{6}$$

式中　t——表示定额优化时间(平均先进水平);

　　　a——表示先进作业时间(乐观估计);

　　　m——表示一般的作业时间(最大可能);

　　　b——表示后进作业时间(保守估计)。

经验估工法具有制定定额工作过程较短,工作量较小,省时,简便易行的特点。但是其准确程度在很大程度上决定于参加估工人员的经验,有一定的局限性。因而它只适用于产品品种多,批量小,不易计算工作量的施工(生产)作业。

2. 统计分析法

统计分析法,是把过去一定时期内实际施工中的同类工程或生产同类产品的实际工时消耗和产量的统计资料(如施工任务书、考勤报表和其它有关的统计资料),与当前生产技术组织条件的变化结合起来,进行分析研究制定定额的方法。统计分析法简便易行,较经验估工法有较多的原始统计资料,更能反映实际施工水平。它适用于生产条件正确,产品稳定,批量大,统计工作制度健全的生产过程。

3. 比较类推法

比较类推法,又称典型定额法。它是以同类型工序、同类型产品定额典型项目的水平或技术测定的实耗工时为标准,经过分析比较,以此类推出同一组定额中相邻项目定额的一种方法。

采用这种方法编制定额时,对典型定额的选择必须恰当,通常采用主要项目和常用项目作为典型定额比较类推。用来对比的工序、产品的施工工艺和劳动组织的特征,必须是类似或近似,具有可比性,这样可以提高定额的准确性。

这种方法简便,工作量小,适用于产品品种多、批量小的施工过程。

比较类推法常用的方法有两种:

(1) 比例数示法;

(2) 坐标图示法。

4. 技术测定法

技术测定法,是在正常的施工条件下,对施工过程各工序工作时间的各个组成要素,进行工作日写实、测定观察,分别测定每一工序的工时消耗,然后通过测定的资料进行分析计算来制定定额的方法。

根据施工过程的特点和技术测定的目的、对象和方法的不同,技术测定法分为测时法,写实记录法,工作日写实法和简易测定法。

三、材料消耗定额

材料消耗定额,是指在节约与合理使用材料的前提下,生产单位合格产品所必须消耗的一定规格数量的建筑材料、半成品、或配件的数量标准。

在建筑工程中,材料消耗量的多少,节约还是浪费,对产品价格和工程成本有着直接的影响。材料消耗定额在很大程度上影响着材料的合理调配和使用。在产品数量和材料质量一定的情况下,材料供应量和需要量主要取决于材料定额。用科学的方法正确地规定材料定额,就有可能保证材料的合理供应和合理使用,减少材料的积压、浪费和供应不及时的现象发生。

材料消耗定额是由材料消耗净定额和材料损耗定额组成。前者系指在不计废料和损耗的情况下,直接用于建筑物上的材料,后者是指施工中不可避免的废料和损耗,其损耗范围是由现场仓库或露天堆放场地运到施工地点的运输损耗及施工损耗,不包括可以避免的浪费和损失的材料。材料的损耗定额与材料的净定额之比,称为材料的损耗率。其相互关系如下:

$$材料消耗量 = 材料净用量 + 材料损耗量$$

$$材料的损耗率 = \frac{材料损耗量}{材料净用量} \times 100\%$$

在材料消耗率确定之后,编制材料消耗定额时,通常采用下列公式:

$$材料消耗量 = 材料净用量 \times (1 + 材料损耗率)$$

材料消耗定额不仅是实行经济核算,保证材料合理使用的有效措施,而且是确定材料需用量,编制材料计划的基础,同时也是定包或组织限额领料、考核和分析材料利用情况的依据。因此,加强材料定额管理工作是基本建设经济管理中的重要问题之一。

材料消耗定额是通过施工过程材料消耗的观察,试验室条件下的实验以及技术资料的统计和计算等方法制定的。

制定材料消耗定额的方法有:

1. 观测法;
2. 试验法;
3. 统计法;
4. 计算法。

四、机械台班消耗定额

机械台班消耗(或使用定额)定额,它反映了施工机械在正常施工条件下,合理均衡地组织劳动和使用机械时,该机械在单位时间内的生产效率。按其表现形式不同,可分为时间定额和产量定额

(一) 时间定额(机械时间定额)

机械时间定额,是指在合理劳动组织与合理使用机械前提下,完成单位合格产品所必需的工作时间。机械时间定额以"台班"表示。

$$单位产品的机械时间定额(台班) = \frac{1}{台班产量}$$

由于机械必须由工人小组配合,所以完成单位合格产品的时间定额,同时列出人工时间定额。即:

$$单位产品人工时间定额(工日) = \frac{小组成员工日数总和}{台班产量}$$

(二) 机械产量定额

机械产量定额,是指在合理劳动组织与合理使用机械前提下,机械在每个台班时间内,应完成合格产品的数量。同时,也是台班内小组成员总工日内完成合格产品的数量。

$$台班产量定额 = \frac{1}{机械时间定额(台班)}$$

机械时间定额和机械产量定额互为倒数关系。

机械台班消耗定额既是对工人班组签发施工任务单,实行计件奖励的依据,也是编制机械需用量计划和考核机械效率的依据。

第三节　房屋修缮工程预算定额

一、房屋修缮工程预算定额概念和作用

(一)房屋修缮工程预算定额概念

房屋修缮工程预算定额,是分别以房屋或构筑物各个分部分项工程为单位,在以施工定额为基础前提下,本着"平均先进"的原则来编制的,由国家或地区政府的职能部来颁发实施的,具有一定的法律性。概念如下:

房屋修缮工程定额,是确定一定计量单位的分项工程或结构构件的人工、材料和机械台班合理消耗数量的标准。

(二)房屋修缮工程预算定额的作用

房屋修缮工程预算定额,以下简称预算定额。预算定额主要是为了计算确定修缮工程预算造价,作为施工企业和建设单位工程结算的依据,是工程建设中的一项重要经济法规。它规定了施工企业和建设单位在完成施工任务时,所允许消耗的人工、材料和机械台班的数量标准。预算定额作用如下:

1. 它是编制单位估价表的依据。

2. 它是编制施工图预算,确定工程造价的依据。

3. 在招投标工作中,它是编制招标标底的依据。

4. 它是编制施工组织设计,确定劳动力、建筑材料、成品、半成品和施工机械台班需用量的依据。

5. 是拨付工程价款和进行工程竣工结算的依据。

6. 是施工企业贯彻经济核算,进行经济活动分析的依据。

7. 是编制概算定额和概算指标的基础。

8. 是设计部门对设计方案进行技术经济分析的工具。

总之,编制和执行好预算定额,充分发挥其作用,对于合理确定工程造价,推行以招标承包制为中心的经济责任制,监督建设投资的合理使用,促进经济核算,改善企业经营管理,降低工程成本,提高投资效益,具有十分重要的现实意义。

二、房屋修缮工程预算定额的组成

房屋修缮工程预算定额一般由以下几个主要部分组成:

(一)预算定额的总说明

1. 预算定额的适用范围、指导思想及目的作用。

2. 编制定额的原则、主要依据及上级下达的有关定额修缮的文件精神。

3. 使用定额时应必须遵守的规则。

4. 定额所采用的材料规格、材质标准、允许换算的原则。

5. 定额在编制过程中已经考虑的和没有考虑的因素及没有包括的内容。

6. 各分部工程定额的共性问题的有关统一规定及使用方法。

(二)分部工程定额说明

1. 说明分部工程所包括的定额项目内容和子目数量。

2. 分部工程各定额项目工程量的计算方法。

3. 分部工程定额内综合的内容及允许换算和不得换算的界限及特殊规定。

4. 使用本分部工程允许增减系数范围规定。

(三)分部工程各章节定额说明

1. 在定额项目表头上方说明各章节工程的工作内容及施工工艺标准。

2．说明本章节工程项目包括的主要工序及操作方法。

（四）定额项目表

1．分项工程定额编号。

2．分项工程定额名称。

3．预算价值（基价）其中包括：人工费、材料费。由于修缮工程的中、小型机械费在施工中计算与实际出入较大，因此中小型机械费以项目工料费为基数乘以不同系数，列入直接费中。

4．人工表现形式：包括基本用工和其它用工，不分工种不分等级，采取"综合工日"、"综合工日单价"。

5．材料（含构配件）表现形式：材料栏内所列的材料用量，只是主要材料和辅助材料消耗量。不容易计量的其它材料按主要材料和辅助材料总价的1%计算材料费。

6．预算定额的单价无论是人工工资单价，材料价格，均以预算价格为准。表现形式是对号入座的单项单价。

7．有的定额表下面还要列有与本章节定额有关的说明和附注。说明设计与定额规定不符时如何调查。

（五）定额附录

预算定额内容最后一部分是附录或称之为附表，是配合本定额使用，不可缺少的一个重要组成部分。一般包括以下内容：

1．各种不同强度等级或不同体积比的砂浆及砂浆配合比表、混凝土配合比表。

2．各种材料场内超运距加工表。

3．抹灰厚度表。

4．常用的建筑材料名称及规格表现密度（容重）换算表。

三、房屋修缮工程定额编制依据、原则

（一）主要依据

1．现行的设计规范、施工及验收规范、质量评定标准和安全操作规程。

2．现行的劳动定额、施工材料消耗定额和施工机械台班消耗定额。

3．通用标准图集，定型设计图纸和有代表性的设计图纸或图集。

4．新技术、新结构、新材料和先进经验资料。

5．有关的可靠的科学试验、测定、统计和经验分析等。

6．现行的工资标准、材料预算价格等。

7．过去颁发的定额编制时的基础资料等。

（二）房屋修缮工程预算定额的编制原则

1．按平均水平制定预算定额的原则

预算定额是确定房屋修缮工程造价的主要依据，是在现有生产力水平前提下，在社会平均的劳动熟练程度和劳动强度下制造某种使用价值所必须的劳动时间。

预算定额的平均水平，是根据现实的平均中等生产条件、平均熟练程度、平均劳动强度下，完成单位的工程基本构造要素所需的劳动时间来确定的。

预算定额的水平是以施工定额的水平为基础的，二者有着密切的关系。预算定额是平

均水平,施工定额是平均先进水平,所以预算定额水平要相对低一些,而施工定额则要相对高一些。

2．简明适用性原则

预算定额是在施工定额的基础上进行扩大和综合的,它要求有更加简明的特点。在贯彻简明适用性原则中,预算定额的项目齐全具有重要的意义。要注意补充那些因采用新技术、新结构、新材料和先进经验而出现的新定额项目。如果项目不全,缺漏项多,就使修缮工程产品价格缺少充足的、可靠的依据。

在确定预算定额的计量单位时,也要考虑到简化工程量的计量工作。

3．统一性和差别性相结合的原则

由于我国幅员辽阔,地区、部门之间发展很不平衡。施工方法、技术水平、材料资源、自然气候、交通运输条件和地区工业发展水平等方面,存在很大差别。因此,除了普遍性的定额项目由国家编制统一定额外,对于专业性和地区性的定额项目,由主管部、省、市主要机关组织编制专业性和地区性预算定额。这就形成了我国房屋修缮工程又有统一、有差别的预算定额管理体制。

4．专群结合以专为主的原则

预算定额的编制工作量很大,又具有很强的技术性和政策性,这就要求有一个专门机构,有一支经验丰富、技术与管理知识全面,有一定政策水平的稳定的专家队伍,负责编制定额工作。

贯彻以专家为主编制定额的原则,必须注意走群众路线,因为广大建筑工人是定额的执行者,最了解现行定额的执行情况和存在问题,虚心向他们求教,取得他们的配合和支持。

四、房屋修缮工程定额的编制步骤和编制方法

（一）步骤

1．准备阶段

（1）拟定编制方案：

A．编制定额的目的和任务。

B．定额编制范围和编制内容。

C．定额编制原则、水平、项目划分和表现形式。

D．定额编制的依据。

E．参加定额编制的单位和人员。

F．确定编制定额的地点,和编制定额的经费来源。

G．提出编制定额工作的规划及时间安排。

（2）抽调人员根据专业需要划分为多个编制小组和综合组。例如修缮定额可划分为土建定额组,设备定额组,费用定额及人工、材料、单价组等。

2．收集资料阶段

（1）普遍收集资料

在已确定的编制范围内,采取表格化方法,主要的统计资料为主,注明所需要的资料内容、填表要求和时间范围。

（2）专题收集资料

邀请执行单位的主要部门如:建设单位、设计单位、施工单位及管理单位有经验的专业人员开座谈会,收集一些有关意见,帮助在编制过程中决策。

（3）收集现行规定的资料

A. 现行的定额及有关规定。

B. 现行的房屋修缮工程施工工艺标准及质量验收技术规范及标准。

C. 房屋修缮工程安全技术操作规程。

D. 国家通用的设计规范。

E. 编制定额必须依据的其它有关规定。

（4）收集定额管理专业部门积累的资料。

A. 日常定额解释资料。

B. 补充缺项定额资料。

C. 现行定额需修定问题资料。

D. 当前推行新结构、新工艺、新材料、新技术等资料。

（5）专项查定及科学实验

主要是指混凝土及砂浆配合比试验资料,是编制预算定额不可缺少的重要工作之一,是定额附录内的主要内容,是确定材料耗用量的主要依据。配合比材料用量是否科学合理,直接影响定额的编制水平和工程造价的合理确定。

3. 定额编制阶段

（1）确定编制细则:

A. 统一编制表格及编制方法。

B. 统一计算口径、计量单位和小数点位数的要求。

C. 文字要求名称统一、用字统一、专业用语统一,文字要简练明确。

D. 定额各分部工程的人工工资、材料价格单价要统一。

（2）调整定额的项目划分。

（3）定额人工、材料耗用量的计算、复核和测算。

只有对人工工日消耗量、材料消耗量用科学的方法进行计算,才能正确反映定额的实际水平。为保证计算正确和水平合理,还要反复进行复核和水平测算。

4. 定额的报批阶段

（1）审核定稿

审稿工作的人选主要选具备丰富经验、责任心强,多年从事定额的专业技术人员来承担。审稿主要内容如下:

A. 文字通顺,简明易懂。

B. 定额的整体性、逻辑性。

C. 数字准确无误。

（2）预算定额水平测算

在新定额编制成稿向上级汇报之前,必须要与原定额水平进行对比测算,分析新定额水平升降原因。这是定额编制工作的重要工作,也是定额审批的核心问题。具体测算方法如下:

A. 按工程类别比重测算。首先在定额执行范围内,选择有代表性的单位,有代表性的各类工程,按要求测算的年限,以工程分布情况测算出所占比例。

B. 单项工程类别比重测算。不用加数,只是用算术的方法计算对比,测算出增减系数。

5. 修改定稿、整理资料阶段

(1) 修改方案

定额编制初稿完成以后,需要组织有关部门进行不同层次的讨论,通过分析研究和领导决策,将不同意见达到统一意见基础上整理分类,编制修改方案,对初稿进行相应的修改。

(2) 修改整理印刷稿

按修改方案的决定,按定额的顺序进行修改后,按印刷稿的要求整理一套最完整、字体最清楚,并经审核无误的印刷稿,交付印刷。

(3) 写编制说明

A. 项目、子目数量。

B. 人工 材料的确定内容范围。

C. 资料的依据和综合取定情况。

D. 定额中允许换算和不允许换算的规定计算资料。

E. 人工、材料单价的计算公式和资料。

F. 施工方法、工艺选择及材料运距的考虑。

G. 各种材料损耗率的取定资料。

H. 增减系数的考虑因素。

I. 其它应说明的事项与其他计算数据、资料。

(4) 立档、成卷

A. 定额、编制资料是执行定额查对资料唯一依据,定额在执行中发现问题只有查找编制依据,才能确定定额正确与否。另外定额的编制资料也为下届修订定额提供历史资料数据和创造有利条件。

B. 立档成卷目录。按不同文件资料分别立卷、列出目录名称。

(二) 编制方法

在定额资料完备、可靠的前提条件下,编制人员要反复阅读和熟悉掌握各项资料,在此基础上按照划分的定额项目计算各个分项工程的人工和材料的消耗量。确定分项工程人工、材料的消耗指标,包括以下几个方面:

1. 确定预算定额的计量单位

预算定额的计量单位,主要是根据结构构件和分项工程的形体特征和变化规律来确定。由于工作内容的综合,计量单位也具有综合的性质,所选择的计量单位要能确切地反映定额项目所包含的工作内容。

预算定额的计量单位按公制或自然计量单位确定。结构的三个度量都经常发生变化时,选用立方米作为计量单位比较适宜。例如:混凝土工程结构的三个度量中有两个度量经常发生变化,选用平方米为计量单位比较适宜,如地面、门窗工程等。当物体截面形状基本固定,或呈规律性变化,采用延长米作为计量单位。如果工程量主要取决于设备或材料的重量,可以按吨、千克作为计量单位。

预算定额中各项人工和材料的计量单位选择,比较简单和固定。人工按照"工日"计量,各种材料的计量单位,或按体积、面积、长度、公斤、吨、或块、根,总之,要能达到准确地计量。

预算定额中小数位数的取定,主要取决于定额的计量单位和精确度的要求,以及材料的贵重程度。精确度要求高,材料贵重,多取三位小数,如钢材、木材等。一般材料,多取两位小数。

2．人工工日消耗指标的计算方法

人工工日数可以有两种方法来选择。一种是以劳动定额为基础确定,一种是采用计时观察法来测定。

以劳动定额为基础计算人工工日采用的是"综合工日"包括基本工、其它工。

基本工:指完成单位合格产品所必须消耗的技术工种用工。或指完成某个分项工程所需的主要用工。它在定额中通常以不同的工种分别列出。例如砌筑各种墙体工程包括砖、调制砂浆、运砖和砖浆的用工。此外还应包括属于预算定额项目工程内容范围内的一些基本用工。如墙体砌筑工程中的基本工还应包括砌碳、墙心和附墙烟囱孔、垃圾道、预留抗震柱孔等等。

其它工:指技术工种定额内不包括而在预算定额内又必须考虑的工时,其内容有:辅助工、超运距用工、人工幅度差三部分。

辅助用工:是指材料需要在施工现场加工的用工,如筛砂子、洗石子、淋石灰膏、模板整理等等。

超运距用工:预算定额的水平运距是综合施工现场一般必须的各技术工种的平均运距。技术工种劳动定额内的运距是按某项目本身起码的运距计入的。因此预算定额取定的运距往往要大于劳动定额包括的运距,其超出部分称为超运距,超运距用工数量按劳动定额相应材料超运距定额计算。

人工幅度差用工:是指在劳动定额中未包括的,而在一般正常施工条件下又不可避免的,但无法计量的用工(各种零星工序用工)。它包括以下内容:

A．各工种间的工序搭接及土建工程与水电工程之间的交叉配合所需的停歇时间。

B．施工机械的转移及临时水电线路移动所造成的停工。

C．质量检查和隐蔽工程验收工作的影响。

D．班组操作地点转移用工。

E．工序交接时对前一工序不可避免的修整用工。

F．施工中不可避免的其它零星用工。

以现场测定资料为基础计算人工工日数的方法是劳动定额缺项的新工艺、新结构需要进行测定。要到现场用工作日写实等测时方法,科学地查定和计算定额的人工耗用量。

3．材料消耗指标的确定方法

材料消耗量是指在正常施工条件下,所用合格材料,完成单位合格产品所必须消耗的建筑材料指标,按用途可分为四种:主要材料、辅助材料、周转性材料、其它材料。

材料消耗量计算方法:

一般数据来源材料的规格、材料的用途和材料的性质用不同的方法来计算。有计算法、换算法、技术测定法等。

材料损耗量,是指在正常施工条件下不可避免的材料损耗,如现场内材料运输损耗及施工操作过程中的损耗等。

$$材料损耗率 = \frac{损耗量}{净用量} \times 100\%$$

$$材料损耗量 = 材料净用量 \times 损耗率$$

$$材料消耗量 = 材料净用量 + 损耗量$$

其它材料的确定：一般按平方米测算或在定额项目中用经验估计法以元为单位直接用金额表示。

4．预算定额中人工、材料单价的确定

（1）预算定额人工工资单价的计算：包括工资、工资性补贴、辅助工资、职工福利费、劳动保护费之和。

（2）预算定额材料价格的计算。材料预算价格是指各种建筑材料由来源地运至施工现场堆放地点或工地仓库后的出库价格，一般应包括以下几部分：

供应价：一般应用批发价格或采用出厂价格加供销部门手续费，需要进行外加工的材料，可按原材料价格加上加工费及加工时所需的运费计算。

运输费：由供应地点运至工地仓库或工地堆放点所发生的费用（运费）和装卸费。

包装费：指带有包装及在运输过程中必须包装而供应价格中不包括包装费的材料，应计算包装费。包装费应根据有关规定或实际发生情况计算列入材料预算价格。

场外运输损耗：自供应地点至工地仓库或工地堆放地点所发生的损耗。

采购保管费：包括该项材料在采购及保管过程中所发生的一切管理费用，以及工地仓库保管损耗，应根据该地区有关部门规定的计算方法计算。全国大部分地区建筑工程土建材料预算价格中的采购保管费按 2.4% 计算。同时还规定：

由建设单位负责供料至工地交施工单位保管者，退给建设单位 40%，施工单位留 60%。

由建设单位负责供应至工地并负责保管者，退给建设单位 80%，施工单位留 20%。

包装费的回收值：指供应所包括包装费和已计算包装费的材料根据规定应扣除包装材料的回收残值。

5．编制预算定额说明及工程量计算规则

定额总说明、分部定额说明以及工程量计算规则是预算定额的主要组成部分，它与定额项目表是相辅相成的一个整体。定额总说明是定额纲领性说明，凡是与定额整体性有关的规定或各分部共性的规定均应体现在总说明内，用文字表达清楚，它也是定额的组成部分。分部说明是分部定额的组成和补充，凡在执行定额过程中应予说明的问题也要用文字表达清楚。计算规则主要规定定额工程量计算方法和计算范围，应计算在内或不应计算的范围均应明确，它是计量工作的法规，必须作出统一法规规定。

6．预算定额中基价的确定

人工、材料消耗量是修缮工程预算定额中的主要指标，它以实物量表现。为了使用方便，预算定额也普遍设有价值指标。这就是由人工费、材料费构成的基价。基价就是一种工程单价，基价 = 定额人工费 + 定额材料费。

$$定额人工费 = \sum(定额工日数 \times 综合工日单价)$$

$$定额材料费 = \sum(材料数量 \times 材料预算价格) + 其它材料费$$

五、房屋修缮工程预算定额与建筑安装工程预算定额的区别

主要区别有以下四个方面：

1．房屋修缮工程预算定额与建筑工程预算定额有本质上的区别。因为建筑安装工程主要是新建，设计人员可以按照房屋功能的不同，自由地发挥其主观能动性，设计出各种款式的房屋，以满足投资者的设想和目的。可达到从无到有，生产新的产品。房屋修缮工程是为了恢复和改善房屋的使用功能，延长其使用年限，它是在原有基础上进行的。房屋修缮要受到很多条件的制约，因此设计人员的构思是难以脱离和超越客观环境与原有技术条件的，不仅要考虑房屋的原有结构，而且要考虑环境、相邻房屋或其它构筑物的存在。因此从生产工艺、施工程序上修缮工程与建筑安装工程是不尽相同的，两套定额在项目内容的设置上也有所区别。首先房屋修缮工程预算定额有拆除项目，因为房屋修缮工程要对原有建筑物的损坏部分进行拆除、清理，对不拆的部位要进行保护，采取临时支顶、苫盖等措施，这些项目建筑安装工程预算定额是没有的。对原有建筑物的维修、养护所采取的旧门窗修理、拆换；屋面的铲作、瓦顶的修补；内檐墙面、地面、顶棚、隔断的铲作、修补、拆换；屋面的铲作、瓦顶的修补内外檐粉刷的基层处理；玻璃工程的修补；各种类型脚手架的搭设等项目与建筑安装工程预算定额的项目也有所不同。

2．机械化程度相差较大。新建工程随着社会科学的不断发展，施工机械化、标准化程度越来越高，生产效率不断提高，建筑产品的成本不断降低。而房屋修缮工程则不同。由于是在旧有建筑物上施工，绝大部分是手工操作，一般中小型机械也多属辅助性生产机械，机械化水平很低。故定额水平低于建筑安装定额水平，相应定额项目的人工消耗高于建筑安装定额，一般在 10% 左右。

3．现场施工条件较差。由于旧有建筑物形式多、结构复杂、施工场地狭窄、条件复杂、任务零星分散、工程小等因素，从查勘设计、组织施工到管理考核都比新建工程复杂。同时，还存在着辅助用工多，二次倒运多，管理人员多，开支费用均要多于建安工程费用。

4．建筑安装工程必须随着时代的发展而发展，随着新技术、新材料、新工艺的变化而变化。建筑安装定额则充分体现这一原则精神，符合时代的新技术特征和经济要求。而修缮工程定额则必须体现不同时代建筑物的风格特点和操作工艺，因此定额的组成既符合现代化的要求，又要满足历代建筑维修的需要，定额的跨世纪步距长，即有现代工程通风、空调的分册分项，又有古建筑明清分册、唐式分册、宋世分册的定额，就是现代建安工程定额所不能比拟的。

复 习 思 考 题

1．了解泰罗制的内容。

2．掌握房屋修缮工程定额的概念。

3．实行定额的目的是什么？

4．房屋修缮工程定额的性质是什么？

5．房屋修缮工程定额是如何分类的？

6．简述所在地区房屋修缮工程定额的适用范围。

7．何为房屋修缮工程施工定额，有何作用？试简述之。

8．了解施工定额的内容

9．何为劳动定额？劳动定额的表现形式有哪些？

10．劳动定额制定的基本方法有哪些？试简述之。

11．何为材料消耗定额？其制定方法有哪些？

12. 如何计算材料消耗量。

13. 何为机械消耗定额。

14. 房屋修缮工程预算定额的作用是什么?

15. 了解房屋修缮工程预算定额的组成部分。

16. 了解房屋修缮工程预算定额的编制依据和原则。

17. 房屋修缮工程预算定额的编制步骤有哪些?

18. 房屋修缮工程预算定额中的用工有:基本工、其它工,其含义是指什么?

19. 何为材料的预算价格?

20. 何为材料的采管费?

21. 房屋修缮工程预算定额与建筑安装工程预算定额的主要区别有哪些?

第十一章 房屋修缮工程单位估价表的编制

第一节 单位估价表的概念和作用

一、单位估价表的概念

房屋修缮工程单位估价表是以货币形式来表示预算定额中分项工程或结构构件的预算价值的计算表。称单位估价表,简称单价表。

单位估价表是由预算定额和工料的预算价格所决定的,即每一分项预算定额基本上是由工程内容和定额工料表所组成。例如:华北地区综合定额,用 M10 砂浆砌 $1m^2$ 砖墙(半砖墙),其预算单价是 12.65 元,其中用工 0.244 个,人工费是 0.94 元,材料费是 11.71 元,水泥 7.47kg,粗砂 $0.03m^3$,机砖 67 块等。

分项工程的单价表,是预算定额规定的分项工程的人工、材料和施工机械台班消耗指标,分别乘以相应地区的工资标准、材料预算价格和施工机械台班费,算出的人工费、材料费及施工机械费,并加以汇总而成。因此,单位估价表是以预算定额为依据,既列出预算定额中的"三量",又列出了"三价",并汇总出定额单位产品的预算价值。

由于单位估价表的实物量来自统一的现行预算定额,而其价格又是按每一个不同地区的材料预算价格分别编制的,所以单位估价表是预算定额在该地区的具体表现形式,也是该地区编制预算最直接的基础资料。

为便于施工图预算的编制,简化单位估价表的编制工作,各地区多采用预算定额和单位估价表合并形式来编制,即预算定额内不仅列出"三量",同时列出预算单价,使地区预算定额和地区单位估价表融为一体。

二、单位估价表的作用

单位估价表的每个分项单位价值,分别乘以相应的工程量后,可以确定每个分项工程价值,从而可以算出每个建筑物或构筑物的全部直接费用。其具体作用如下:

1. 是编制和审查房屋修缮工程施工图预算,确定工程造价的主要依据。
2. 是拨付工程价款和结算的依据。
3. 在招投标竞争中,是编制标底和合理报价的依据。
4. 是设计单位对设计方案进行技术经济分析比较的依据。
5. 是施工单位实行经济核算,考核工程成本的依据。
6. 是制定概算定额、概算指标的基础。

单位估价表经当地政府的职能部门批准后,即成为法定的单价,未经主管部门的同意不得任意修改。

第二节　单位估价表的编制

一、单位估价表的编制原则

编制单位估价表,是一项细致而繁重的工作,工作量很大。为简化编制工作,目前各省、市、自治区都以预算定额基价来代替或都编有地区统一使用的单位估价表。因此,在编制预算时,应尽量采用工程所在地区的单位估价表或相邻地区的单价估价表。如工程所在地区的材料预算价格与地区统一单位估价表中所采用的材料预算价格出入较大时,可根据实际情况将地区统一单位估价表中主要材料的价格进行换算,或采用地区差价系数进行调整,这样可以简化编制工作。

二、单位估价表的编制依据

单价估价表是以一个城市或一个地区为范围来进行编制,可在本地区得以实施。对本地区不适用的项目可不列入,对定额项目缺项者,可以由地区来进行补充和说明。其编制的主要依据如下:

1. 全国统一建筑工程和设备安装工程预算定额或综合定额,以及当地的补充定额。
2. 现行地区建筑、安装工人的工资标准。
3. 现行地区建筑材料预算价格。
4. 现行地区施工机械台班单价。
5. 有关国家或地区编制单价估价表的规定。

三、单位估价表的编制方法

(一) 准备工作阶段

1. 制定编制方案

组织临时机构,确定编制人员,拟定工作计划。搜集编制依据等基础资料,如预算定额、材料价格、工资标准、运输费率,编制地区范围的工程类型及其特点,修建工程地点的分布、各种规格、型号材料的产生地,供应和运输等方面的情况,提出该地区单位估价表的编制方案。

2. 拟定需要编制的项目

这项工作关系到整个编制过程的繁简和使用方便与否。由于地区条件不同在确定地区单位估价表编制项目时,应结合地区的施工力量,施工技术条件,修缮标准、修缮工艺、建筑物的结构形式,材料物资条件等因素,考虑选择编制项目。

(二) 单位估价表的编制

根据已确定的编制方案,进行修缮工程分布图的绘制,确定材料来源、运输方式、综合材料单价、确定工资标准,然后进行单位估价表的具体编算。

根据编制地区单位估价表的特点,单位估价表的制定可考虑以下三种情况:

1. 完全套用的:系指实际的分项工程,完全符合预算定额项目的工程内容,全部可套用者。

2．须经换算的:系指预算定额项目大部分可以套用,部分不适用,须经换算,可以根据定额规定换算办法进行换算,力求与实际相同。

3．另行补充的:系指预算定额所缺少的项目。

具体步骤可简化如下:

摘抄定额→填写单价→计算填写工作。

（三）应用地区单位估价表应注意的事项

使用地区单位估价表时,对地区单位估价表中未包括的结构构件和工程项目,如果预算定额中有这些项目时,可按地区单位估价表的编制依据和方法进行编制。如果没有这些项目,可由编预算的单位进行生项处理,即根据现行的施工定额、设计图纸、修缮工程工艺标准与及验收标准,现场标定材料以及已有的材料预算价格等,编制补充单位估价表,补充单位估价表须由定额主管部门来批准,方可以实施、执行。

（四）补充单位估价表的编制

1．编制原理

（1）编制补充单位估价表的项目划分、编制内容、组成等原则,应同国家颁发的预算定额或地区性定额相统一,其工程内容必须详细列明。即必须按本地区修缮工程预算定额总说明来执行。

（2）补充单位估价表中的人工费、材料费、机械费三部分,其中人工数量应根据劳动定额来计算,材料数量应根据设计图纸或施工消耗定额,机械费可按施工机械台班定额。这三部分也可按类似工程项目计算。

（3）对一些比较复杂特殊的构件,也可适当扩大其结构范围,如属于几个分部工程,可都一一列出数量。

2．编制方法

（1）确定构件的工程量后,再进行材料分析,并根据定额规定的损耗率计算出消耗量,作为材料用量。

（2）一些微小材料或消耗品,均应列为其他材料费。

（3）计算人工工日数量,一般按劳动定额或参照类似定额项目,确定人工工日。

（4）计算机械费,计算方法有两种,一种以机械台班定额来确定;另一种以类似定额项目参照执行。

（5）补充单位估价表如用于编制概算时,应另行增加5%的幅度差,亦即在人工费、材料费、机械费中分别增加5%,这三部分之和为概算综合价格。

第三节　定额日工资单价的确定

在前面章节已讲述定额日工资单价是由施工工人的:日基本工资,工资性补贴,辅助工资,职工福利费,劳动保护费共计五个部分来组成。

一、建筑修缮工程工人的日基本工资

（一）技术等级标准

技术等级标准是确定工作等级和工人技术等级的一个重要依据。它是按不同工种工作的复杂性、精确性和责任以及工人为完成该工作所必须具备的理论知识和生产技能来制定的。

我国建筑企业工人的工资等级,是根据工人的操作技术水平来确定的。原来建筑工人实行七级工资制,安装工人实行八级工资制。近年来,按国家劳动部门现行的有关规定,建筑、安装工人统一改为八级工资制。

(二)工资标准

工资标准又称工资率。它是规定一定等级的工人在一定的工作时间内耗费相应的劳动量应领取的工资数额。如:八级工工资标准为一级工工资标准的3倍。例如表11-1为六类工资区各级建筑安装工人工资等级系数。

建筑安装工人工资等级系数表(六类工资区)　　　　　　　表 11-1

工　种	工资等级系　数	工　　资　　等　　级							
		1	2	3	4	5	6	7	8
建筑安装　系　数		一 二	三 四	五 六	七 八	九 十	十一 十二	十三 十四	十五
		1.00 1.079	1.184 1.289	1.421 1.553	1.684 1.816	1.974 2.132	2.289 2.447	2.632 2.816	3.000

利用一级工月工资标准及其它等级工的工资系数,即可计算出任一等级的月工资。公式如下:

各级工人的月工资 = 一级工的月工资 × 各级相应的工资等级系数

$$各级工日基本工资标准 = \frac{各级工月工资标准}{平均每月实际工作天数}$$

式中平均每月实际工作天数 $= \dfrac{国家规定全年应出勤天数}{12(个月份)}$,由于目前我国实行每周5天工作制(即双休日),如全年按365天计算,考虑全年法定假日7天,则国家规定全年应出勤天数为254天(365天－104天－7天＝254天),即每月实际工作天数应为21.5天。由工人的月基本工资和每月实际工作天数,很容易计算出工人的日基本工资。

二、预算定额中日工资单价的确定

(一)编制级差为0.1级工资等级系数

在编制预算定额时,工人工资等级是按照完成工作实物所应配备的各技术等级工人及其人数再计算出小组平均工资等级。并不恰好就是1~7或8级的某一个等级,而是介于两个等级之间其级差为0.1级的某个等级,如2.1级、2.2级、2.3级……。

为确定预算定额中日工资单价,须根据现行工资制度中的工资等级系数,用插入法来编制级差为0.1级建筑安装工人工资等级系数。其公式如下式示:

$$B = A + (C - A) \times b \cdots \cdots$$

式中　B——表示介于两个工资等级之间级差为0.1级的某工资等级的级差系数;

　　　A——表示与B相邻而较低一级工资等级级差系数;

　　　C——表示与B相邻而较高那一级工资等级级差系数;

　　　b——表示介于两个等级之间级差为0.1级的各种等级,如0.1、0.2、0.3、……。

例如:求建筑工人1.2级的工资级差系数时,将有关数据代入上述公式之中,计算结果应为：

$$B = 1 + (1.187 - 1) \times 0.2$$
$$= 1.04$$

按上述公式计算完各工资等级系数后，应编制出级差为0.1级的工资等级系数表。我国现行的建筑安装工人级差为0.1级的工资系数表如表11-2。

建筑安装工人工资级差为0.1级工资等级系数表　　　　表11-2

等级	系数	等级	系数	等级	系数	等级	系数	等级	系数	等级	系数	等级	系数	等级	系数
1.0	1.000	2.0	1.184	3.0	1.421	4.0	1.684	5.0	1.974	6.0	2.289	7.0	2.632	8.0	3.000
1.1	1.018	2.1	1.208	3.1	1.447	4.1	1.713	5.1	2.006	6.1	2.323	7.1	2.669		
1.2	1.037	2.2	1.231	3.2	1.474	4.2	1.742	5.2	2.037	6.2	2.358	7.2	2.706		
1.3	1.055	2.3	1.255	3.3	1.500	4.3	1.771	5.3	2.069	6.3	2.392	7.3	2.742		
1.4	1.074	2.4	1.279	3.4	1.526	4.4	1.800	5.4	2.100	6.4	2.426	7.4	2.779		
1.5	1.090	2.5	1.303	3.5	1.553	4.5	1.829	5.5	2.132	6.5	2.461	7.5	2.816		
1.6	1.110	2.6	1.326	3.6	1.579	4.6	1.858	5.6	2.163	6.6	2.495	7.6	2.853		
1.7	1.129	2.7	1.350	3.7	1.605	4.7	1.887	5.7	2.195	6.7	2.529	7.7	2.890		
1.8	1.147	2.8	1.374	3.8	1.631	4.8	1.916	5.8	2.226	6.8	2.563	7.8	2.926		
1.9	1.166	2.9	1.397	3.9	1.658	4.9	1.945	5.9	2.258	6.9	2.598	7.9	2.963		

（二）预算定额工日单价计算

1．日基本工资计算

在预算定额分项工程已确定的工人平均技术等级的基础上，查表或据公式计算出相应的级差为0.1级工资等级系数后，再乘以该地区国家给定的一级工月工资标准，即为该平均等级的月工资，月工资除以平均每月工作天数，即为该等级的日工资标准。利用该平均等级的日工资标准，即可计算生产工人的基本工资。

2．工资性补贴、生产工人辅助工资、职工福利费、劳保费用的确定

（1）工资性补贴。包括该地区的物价补贴、取暖费补贴、交通补贴、流动施工津贴、房屋补贴、岗位津贴等费用。

（2）生产工人的辅助工资。是指开会和执行必要的社会义务时间的工资；职工学习、培训期间的工资；调动工作期间的工资和探亲假期的工资；因气候影响停工的工资；女工哺乳时间的工资；由行政支付的病（六个月以内）、产、婚、丧假期的工资等。

（3）生产工人的职工福利费。是指国家规定计算的支付生产工人的职工福利费。

（4）生产工人劳动保护费。是指按国家有关部门规定标准发放的劳动保护用品的购置费、修理费等费用。

上述四项费用应按地区规定标准执行，并计算出每月的每人执行标准，除以平均每月实际工作天数，即为每日标准。该四项每日标准再加上其日工资标准，即为该项的日工资单价：

工人日工资单价＝日基本工资＋工资性补贴＋辅助工资＋职工福利费＋劳动保护费

（三）预算定额人工费的计算

人工费＝合计工日数×平均技术等级的日工资单价

第四节　材料预算价格的确定

在修缮工程中,材料款项约占整个造价的 60%～70% 左右,是工程直接费的主要组成部分。建筑产品基本上是各种材料和构件的堆积和组合,材料耗用量非常大,将直接影响到建设费用的大小。因此必须加以正确细致的计算,并且要克服价格计算偏高偏低等不合理的现象,方能如实反映工程造价,同时也有利于促进建筑施工企业的材料和成本管理以及经济核算。

一、材料预算价格的组成

材料预算价格是指材料由其来源地(或交货地)运到建设工地仓库后的出库价格。

材料预算价格,由下列费用组成:

1. 材料原价;
2. 材料供销部门手续费;
3. 包装费;
4. 运输费;
5. 材料采购及保管费。

二、材料预算价格的编制依据

1. 预算定额内所需的材料和构件的名称、品种、规格、单位以及单位重量。
2. 国家统一分配、主管部门分配的物资出厂价格,地方材料出厂价格,五金、交电、水暖器材和其他有关产品价格及价格信息。
3. 各种材料来源地、进货数量及比例和运输方式及比例的合理方案。
4. 铁路、公路、水路和地方运输及装卸的费用标准,以及相应的里程图表。
5. 建设地区运输总平面图和施工组织设计资料。
6. 其它有关资料。

三、材料预算价格的计算方法

1. 材料原价

材料原价是指建筑企业向外单位购买材料的进货价格,其内容要根据材料的供应方式来确定。凡是由材料生产单位供应的以出厂价格为原价;由商业部门供应的,以商业部门的批发价格或市场批发价为原价。进口物资按照国家批准的价格计算,无批准的调拨价格时,按国内同类产品的现行出厂价格计算。

2. 材料供销部门的手续费

材料供销部门的手续费是指某些材料由于不能直接向生产单位采购、订货,需经当地物资部门或供销部门供应而支付的附加手续费。这项费用可按物资部门或供销部门现行的取费标准计算,直计算方法为:

材料供销部门手续费＝材料原价×材料供销部门手续费率

如果供销部门的供货价格已包括了供应手续费,则不应再计取此项费用。

3．包装费

包装费是指为了便于材料运输或为保护材料而进行包装所需要的一切费用。

包装费的发生可能有下列两种情况：

(1) 材料在出厂时已经包装者，如袋装水泥、玻璃、铁钉、油漆等，这些材料的包装费一般已计算在原价内，不再分别计算，但需考虑其包装品的回收价值。

(2) 施工单位自备包装品如麻袋、铁桶等，其包装品费用应以原包装品的价值按使用次数分摊来计算。

4．材料运输费

材料运输费用是指材料由来源地起运至施工工地仓库后的全部运输过程中所支付的一切费用（包装费除外），如火车、汽车、船舶及马车等的运输费、运输保险费及装卸费等。

一般建筑材料运费约占材料费的 $10\% \sim 15\%$，砖的运费往往占材料的 $30\% \sim 50\%$，砂子和石子的运费有时可以占到材料费的 $70\% \sim 90\%$，由此可见运费直接影响着建筑工程的造价。因此，就地取材，减少运输距离，是有很重要的意义的。

运费可根据材料的来源地，运输里程，运输方法，并根据国家或地方规定的运价标准分别计算。图 11-1 是材料的运输过程。

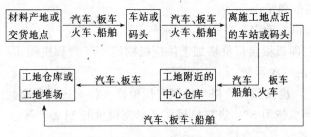

图 11-1 材料的运输过程

5．采管费

采管费，即采购、管理费用，是指施工单位在组织采购、供应和保管材料过程中所发生的各项费用。采管费是以材料原价和上述各项费用之和为基数乘以采管费率来确定的。其计算公式为：

材料采购保管费＝(原价＋供销部门手续费＋包装费＋运输费)×采购保管费率

综上所述，材料预算价格的计算公式如下：

材料预算价格＝(材料原价＋供销部门手续费＋包装费＋运费)×(1＋采购保管费率)
　　　　　　－包装品的回收值

第五节　施工机械台班使用费的确定

施工机械台班使用费，是指一台班施工机械在正常运转条件下，一个台班中所发生的费用标准。也是施工企业对施工机械费用进行成本核算的依据。

随着我国经济建设的发展，建筑安装工程施工机械化水平的不断提高，施工机械台班使用费的比重将相应的增加，所以正确地计算施工机械使用费，对促进机械化水平的提高和降低工程造价都具有现实的意义。

一、施工机械台班费用的划分

按费用因素的性质可划分为两大类：

（一）第一类费用

包括内容有：折旧费、大修费、经修费，替换设备，工具及附具费，润滑及擦拭材料费，拆卸及辅助设施费，管理费用等。

这类费用主要是取决于机械年工作制度的费用，不因施工地点和条件不同而有较大的变化。据此特点，在施工机械台班费用中是直接以货币形式表示的。

（二）第二类费用

包括机上人员工资、动力燃料费以及牌照税和养路费用等。这类费用常因施工地点和条件不同而发生较大变化，它的特点一般只有在机械运转工作时才会发生，所以它是取决于机械工作班内工作制度的费用。所以在施工机械台班费用中只规定实物量填列在预算价格计量表中，应按各地区实际情况（当地的日工资单价和各种动力和材料预算价格）计算费用。

二、施工机械班台费用的确定

（一）基本数据的确定

1. 机械预算价格的确定

机械预算价格：即机械出厂价格加上供应机构的手续费和机械出厂地点运至购买方单位或指定地点所需的一次运费。

$$机械预算价格＝机械出厂价格×（1＋进货费率）$$

进货费率：国产机械为 5%，进口机械按到岸完税价的 11% 计算。

折旧后的机械残值率综合取 4%～6%。

2. 机械使用总台班

机械使用总台班，是指机械使用的年限。

计算公式为：

$$机械使用总台班＝机械使用年限×年工作台班$$

或：使用总台班＝使用周期数×大修理间隔台班

（二）第一类费用

1. 基本折旧费：指按规定的机械使用期内逐渐收回其原始价值的费用。计算公式如下：

$$台班折旧费＝\frac{机械预算价格×（1－残值率）}{使用总台班}$$

2. 大修费：指机械使用达到规定大修间隔期必须进行大修理所需要的费用。计算公式如下：

$$台班大修理费＝\frac{一次大修理费用×大修次数}{使用总台班}$$

式中，大修理次数＝使用周期数－1

或：大修理次数＝使用总台班数÷大修理间隔台班－1

3. 经常修理费：指机械中修及定期保养的费用。

$$台班经常修理费＝台班大修费×K_a$$

式中，$K_a = \dfrac{台班修理费}{台班大修费}$

4．替换设备及工具附具费：包括机械上所需的开关、轮胎、电缆转运皮带、钢丝绳、胶皮管等以及随机使用的全套工具和附具摊销及维护费用。一般按原机械配备数量考虑。计算公式为：

$$台班替换设备、工具及附具费 = \Sigma\left(\dfrac{某替换设备工具及附具一次使用量 \times 相应预算价格}{使用台班数}\right)$$

5．润滑材料及擦拭材料费：为保证机械正常运转进行日常保养所需的润滑油脂(机油、黄油等)及棉纱和擦拭用布等。这项费用是综合取定的。计算公式如下：

$$润滑材料及擦拭材料费 = \Sigma(某润滑材料台班使用量 \times 相应单价)$$

$$某润滑材料台班使用量 = \dfrac{一次使用量 \times 每个大修间隔期平均加油次数}{大修间隔台班}$$

6．安装拆卸及辅助设施费：指机械进出工地必须安装拆卸所需的工料机具消耗和试运转费以及辅助设施分摊费用。计算公式如下：

$$台班安装拆卸费 = \dfrac{一次安拆费 \times 每年安拆次数}{年工作台班}$$

$$台班辅助设施分摊费 = \Sigma\left[\dfrac{一次使用量 \times 预算价格(1 - 残值率)}{摊销台班数}\right]$$

7．机械进出场费：(即机械场外运费)是指机械整体和分件自停放场至工地或工地之间转运，运距在25km以内的机械进出场运输及转移费。计算公式如下：

$$台班进出场费 = \dfrac{(每次运费 + 装卸费) \times 每年平均次数}{年工作台班}$$

8．管理费：指机械管理部门为管理机械所消耗的费用。计算公式如下：

$$台班机械管理费 = 台班折旧费 \times K_b$$

式中　K_b——系数为台班管理费与台班折旧费的比值。

(三) 第二类费用

机上工人的人工费、动力、燃料费、养路费及牌照税等费用，可按当地实际情况来取定。

第六节　单位估价表及单位估价汇总表

一、单位估价表

单位估价表的概念、作用、编制依据、方法已在前面详细介绍，这里不再重复。

二、单位估价汇总表

为使用方便，在地区单位估价表完成后，应编制单位估价汇总表。单位估价汇总表是将单位估价表中已汇总的价格编在一个表格里，亦称单价表。该表应将单位估价表中的主要资料列入，包括单位估价表项目编号，分项工程名称，计量单位，预算单价以及其中人工费、材料费和机械费用的小计数。为了便于做工料分析，有的地区单位估价汇总表还在每个项目后面按材料的品种、规格列出其材料数量。这样，在编制预算文件时，所需要的各项单价、工料数量直接可以从单位估价汇总表中查得，简化方便了编制工作。见表11-3、11-4。

新 作 屋 面

表 11-3

工作内容：铺钉土板，铺油毡用油焊口，钉顺水条及挂瓦条，挂瓦，瓦打眼栓铅丝，披水烟囱根抹灰。

定额编号	工程项目	单位	总价(元)	人工费(元)	材料费(元)	合计工日	基本工工日	其它工工日	二类木材 m³	油毡 m²	沥青 kg	红陶瓦 块	红陶脊瓦 块	板条 捆	灰膏 m³	青灰 kg	麻刀 kg	黄土 m³	20# 镀锌铁丝 kg	煤 kg	水泥瓦 块
	单价		元	元	元	3.86			1126.85	1.52	0.46	0.45	0.62	23.94	104.28	0.04	0.80	9.78	3.50	0.15	0.55
1-300	红陶挂瓦屋面(20mm厚土板)	m²	39.63	0.86	38.77	0.224	0.179	0.045	0.0238	1.2	0.62	18	0.45	0.02	0.003	0.4	0.11	0.001	0.004	0.04	
1-301	水泥挂瓦屋面(20mm厚土板)	m²	41.68	0.86	40.82	0.224	0.179	0.045	0.0238	1.2	0.62			0.02	0.001		0.03		0.004	0.04	18
1-302	红陶瓦坐泥屋面 椽子笆砖	m²	31.25	1.58	29.67	0.409	0.327	0.082	0.0128			18	0.45		0.003	0.4	0.11	0.08			
1-303	苇把油毡	m²	27.64	1.97	25.67	0.510	0.408	0.102		1.2	0.62	18	0.45	0.02	0.003	0.4	0.11	0.15		0.04	
1-304	椽子苇箔	m²	28.79	1.56	27.23	0.403	0.322	0.081	0.0108	1.2	0.62	18	0.45	0.02	0.003	0.4	0.11				
1-305	干岔瓦屋面 椽子笆砖	m²	35.05	2.53	32.52	0.655	0.524	0.131	0.0128						0.008	1	0.3	0.08		0.04	
1-306	苇把	m²	28.98	2.71	26.27	0.702	0.562	0.140							0.008	1	0.3	0.15			
1-307	低背密院 椽子笆砖	m²	41.05	2.66	38.39	0.688	0.550	0.138	0.0128						0.012	1.5	0.42	0.12			
1-308	大筒瓦屋面 苇把	m²	34.89	2.71	32.18	0.702	0.562	0.140							0.012	1.5	0.42	0.19			

表 11-4

新 作 木 门

工作内容：门框以双榫为准，包括制作榫子；门扇以单榫倒八字榫或起线为准，包括框扇制作、安装，使朦加楔，净面，裁钉铁纱，装配小五金等。

定额编号	工程项目		单位	预算价格			人工			材料									
				总价 元	人工费 元	材料费 元	合计 工日	基本工 工日	其它工 工日	框木料 m³	扇木料 m³	三类木料 m³	铁钉 kg	胶 kg	3mm玻璃 m²	油灰 kg	铁窗纱 m²	三层胶合板 m²	其它材料费 元
			m²				3.86			1487.87	1487.87	595.39	2.85	7.08	6.66	0.53	2.99	10.39	
1-781	半截玻璃门 不带纱扇	不带亮子	m²	86.26	4.70	81.56	1.217	1.020	0.197	0.0200	0.0290	0.0024	0.12	0.19	0.43	0.37			2.48
1-782		带亮子	m²	83.47	5.74	77.73	1.488	1.250	0.238	0.0212	0.0246	0.0023	0.09	0.17	0.52	0.45			3.05
1-783	半截玻璃门 带纱扇	不带亮子	m²	132.86	7.90	124.96	2.047	1.710	0.337	0.02650	0.0480	0.0024	0.14	0.28	0.43	0.37	1.03		4.16
1-784		带亮子	m²	132.70	9.45	123.25	2.448	2.050	0.398	0.0277	0.0450	0.0023	0.12	0.26	0.52	0.45	1.04		4.72
1-785	胶合板门 门扇不带玻璃	不带亮子	m²	93.27	4.83	88.44	1.250	1.042	0.208	0.0200	0.0218	0.0024	0.09	0.25				1.93	2.74
1-786		带亮子	m²	90.15	5.13	85.02	1.329	1.110	0.219	0.0212	0.0200	0.0021	0.08	0.23	0.15	0.13		1.6	2.92
1-787	胶合板门 门扇带玻璃	不带亮子	m²	96.07	5.16	90.91	1.337	1.115	0.222	0.0200	0.0230	0.0024	0.09	0.25	0.1	0.03		1.93	2.74
1-788		带亮子	m²	92.96	5.47	87.49	1.417	1.184	0.233	0.0212	0.0212	0.0021	0.08	0.23	0.25	0.16		1.6	2.92
1-789	装板门	不带亮子	m²	99.93	4.94	94.99	1.280	1.070	0.210	0.0224	0.0369	0.0029	0.07	0.25					3.06
1-790		带亮子	m²	91.20	5.69	85.51	1.474	1.232	0.242	0.0212	0.0314	0.0023	0.06	0.23	0.15	0.13			3.01

复习思考题

1. 什么是单位估价表？有何作用？

2. 地区单位估价表的编制依据是什么？

3. 了解地区单位估价表的编制方法。

4. 何为人工日工资单价？它是由哪几部分组成的。

5. 何为工资标准？日工资标准是如何计算的？

6. 预算定额中人工费是如何计算的？

7. 了解材料预算价格的编制依据。

8. 材料预算价格由哪几部分组成，其计算公式中各内容是如何说明的？

9. 施工机械台班费用划分为哪几类？

10. 什么是机械预算价格？

11. 了解施工机械台班费用的组成。

12. 什么是单位估价汇总表？与单位估价表有何区别与联系。

第十二章 房屋修缮工程概(预)算分类及费用构成

第一节 房屋修缮工程概(预)算分类

房屋修缮工程概(预)算就是确定修缮工程全部费用的文件。它是根据已批准的设计图纸和已定的施工方案,按照国家或地区对修缮工程概(预)算的有关规定以及现行定额计算各分部分项的工程量,并计算出所必需的全部工程造价和技术经济指标。

按不同的设计阶段和编制依据不同,修缮工程概(预)算可分为:设计概算、施工图预算和施工预算三种。

一、设 计 概 算

修缮工程设计概算是设计单位根据初步勘查设计、概预算定额、费用定额等有关资料,预先计算和确定修缮工程费用文件。

通常所说修缮工程项目总概算是指所确定的修缮工程项目从勘查设计到工程竣工所需全部费用的文件。

概算是控制修缮工程投资、编制工程计划、控制修缮工程拨款、选择确定修缮方案以及实行修缮工程项目投资大包干的依据。

二、施 工 图 预 算

修缮工程施工图预算是施工企业依据批准的施工图设计文件、施工组织设计,现行修缮工程预算定额及取费标准等有关资料进行计算和编制的修缮工程费用(即确定修缮工程造价)的文件。

施工图预算是确定修缮工程造价、实行经济核算和考核工程成本、实行工程包干,进行工程结算的依据,也是建设银行划拨工程价款的依据。

三、施 工 预 算

修缮工程施工预算是施工企业在工程施工前内部编制的一种预算,它是在施工图预算控制下由施工基层单位根据施工图纸、施工定额、施工组织设计及现场实际情况,并考虑节约措施条件下所计算出的单位工程或其中的分部工程所需的人工、材料、施工机械台班消耗及其相应费用的文件。

施工预算是施工单位签发施工任务单、限额领料、编制施工作业计划、进行"两算"对比的依据,也是实行按劳分配的依据。

第二节 修缮工程概(预)算费用构成

修缮工程概预算费用是由若干性质不同的支出所构成的。为了统一工程费用项目的划分,使修缮工程计划、统计、预算和核算的口径取得一致,加强管理和经济核算,节约和合理使用修缮资金。一般修缮工程概预算费用(即修缮工程造价)划分为:直接工程费、间接费、计划利润和税金等四个部分组成,详见图 12-1。

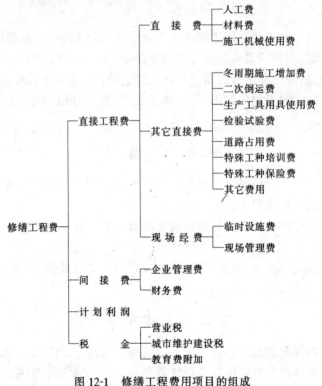

图 12-1 修缮工程费用项目的组成

一、直接工程费

直接工程费是指施工中直接用于某修缮工程上的各项费用总和。它是由直接费、其它直接费和现场经费组成。

(一) 直接费

直接费是指施工过程中耗费、构成工程实体和有助于工程形成的各项费用。它是由人工费、材料费、施工机械费组成。

修缮工程直接费一般是根据地区修缮工程单位估价表或概(预)定额基价,及修缮工程各分部分项工程量计算的。直接费的计算可用下式表示:

直接费 = Σ[概(预)算定额基价 × 实物工程量]

1. 人工费

人工费是指直接从事修缮工程施工工人的基本工资、工资性补贴、辅助工资、职工福利费及劳动保护费。

但不包括材料采购、保管人员、驾驶施工机械的工人,材料到达工地仓库以前的搬运、装卸工人和其它由管理费支付工资的人员的工资。上述人员的工资应分别列入相应费用项目,如材料预算价格,施工机械台班使用费、现场管理费和企业管理费项目内。

人工费的计算可用下式表示:

人工费=Σ[概(预)算定额基价人工费×实物工程量]

2．材料费

材料费是指直接用于修缮工程的各种材料、构件、成品、半成品的消耗量以及周转性材料的摊销量和相应材料预算价格计算的费用。

材料费的计算可用下式表示:

材料费=Σ[概(预)算定额基价材料费×实物工程量]

或　材料费=Σ[概(预)算定额材料消耗量×材料预算价格×实物工程量]

3．施工机械费

施工机械费是指修缮工程施工过程中使用施工机械所发生的费用。

施工机械费的计算可用下式表示:

施工机械费=Σ[概(预)算定额基价施工机械费×实物工程量]

或　施工机械费=Σ[概(预)算定额施工机械台班需用量×机械台班费×实物工程量]

（二）其它直接费

其它直接费是指直接费以外施工过程中发生的其他费用。其内容包括:

1．冬雨期施工增加费。冬雨期施工增加费是指在冬雨期施工期间,为确保工程质量所采取各项措施,所增加的材料费。人工费和设施费。不包括特殊工程搭设暖棚的设施费用。

2．二次倒运费。二次倒运费是指因修缮工程零星分散,施工现场狭窄、材料存放场地小等因素造成材料一次运输卸料点至施工现场材料存放点的各项费用。

3．生产工具用具使用费。生产工具用具使用费是指施工、生产所需不属于固定资产的生产工具、检验、试验用具等的购置、摊销和维修费,以及支付给工人自备工具的补贴费。

4．检验试验费。检验试验费是指对建筑材料、构件和建筑安装产品进行一般检查鉴定所发生的费用。包括自设试验室进行试验所耗用的材料和化学药品费用等,以及技术革新和研究试验费。不包括新结构,新材料的试验费和建设单位要求对其有出厂合格证明的材料进行检验、对构件破坏性试验及其它特殊要求检验试验的费用。

5．道路占用费。道路占用费包括修缮工程中因场地狭窄需占用道路,边道,里巷等向有关部门缴纳的使用费。

6．特殊工种培训费。

7．特殊工种保险费。

8．其它费用。其它费用是指工程测量定位,复测,工程交接,场地清理等费用。

其它直接费的计算可用下式表示:

其它直接费=直接费×其它直接费费率

或　其它直接费=直接费中人工费×其它直接费费率。

（三）现场经费

现场经费是指为施工准备组织施工生产和管理所需费用。其内容包括:

1．临时设施费

临时设施费是指施工企业为进行房屋修缮工程所必须的生产和生活用的临时建筑物,包括办公室、仓库、机械棚、料具棚、临时现场围护措施、职工生活用食堂、厕所、浴室、水电表线、饮水锅炉等临时设施的用工用料、摊销、拆除、维修、租赁的费用。

2.现场管理费

现场管理费是指项目经理部组织工程施工过程中所发生的费用。其内容包括:

(1) 现场管理人员的基本工资,工资性补贴,职工福利费,劳动保护费等。

(2) 办公费:是指现场管理办公用的文具、纸张、印刷、邮电、书报、会议、水、电、烧水和集体取暖(包括现场临时宿舍取暖)用煤等费用。

(3) 差旅交通费:是指职工因工出差期间的差旅费,住勤补助费,市内交通费和误餐补助费,职工探亲路费,劳动力招募费,职工离退休、退职一次性路费,工伤人员就医路费,工地转移费以及现场管理使用的交通工具的油料、燃料、养路费及牌照费。

(4) 固定资产使用费:是指现场管理及试验部门使用的属于固定资产的设备,仪器等折旧、大修理、维修费或租赁等。

(5) 工具用具使用费:是指现场管理使用的不属于固定资产的工具,器具、家具、交通工具、检验、试验、消防用具等的摊销及维修费用。

(6) 保险费:是指施工管理用财产,车辆保险。

(7) 工程排污费:是指施工现场按规定交纳的排污费用。

(8) 其它费用。

现场经费的计算可用下式表示:

现场经费＝直接费×现场经费费率

或　现场经费＝直接费中人工费×现场经费费率

二、间接费

间接费是指建筑安装企业进行经营管理以及间接为修缮工程生产服务的各项费用,间接费是由企业管理费,财务费组成。

(一)企业管理费

企业管理费是指施工企业为组织施工生产经营活动所发生的管理费用。其内容包括:

1.管理人员的基本工资、工资性补贴、养老保险费及按规定标准计提的职工福利费。

2.差旅交通费:是指企业职工因公出差、工作调动的差旅费、住勤补助费,市内交通及误餐补助费,职工探亲路费、劳动力招募费。离退休职工一次性路费及交通工具的油料、燃料、牌照、养路费等。

3.办公费:是指企业办公用文具纸张、帐表、印刷、邮电、书报、会议、水、电、燃煤等费用。

4.固定资产折旧、修理费:是指企业属于固定资产的房屋,设备、仪器等的折旧及维修等费用。

5.工具用具使用费:是指企业管理使用不属于固定资产的工具、用具、家具、交通工具,检验、试验、消防用具等的摊销、维修费用。

6.工会经费:是指企业按职工工资总额2%计提的工会的经费。

7.职工教育经费:是指企业为职工学习先进技术和提高文化水平按职工工资总额的

1.5%计提的费用。

8. 劳动保险费:是指企业支付离退休职工的退休金,物价补贴、医药费、易地安家补助费、职工退职金、六个月以上的病假人员工资,职工死亡丧葬补助费,抚恤费,按规定支付给离退休干部的各项经费。

9. 待业保险费:是指企业按国家规定交纳的待业保险基金。

10. 税金:是指企业按规定交纳的房产税、车船使用税、土地使用税、印花税等。

11. 工程定额编制管理费、定额测定费:是指按规定支付工程造价(定额)管理部门的定额编制管理费及劳动定额管理部门的定额测定费。

12. 其他:包括技术开发费,业务招待费、绿化费、广告费、公证费、法律顾问费、审计费、咨询费、防洪工程维护费、合同审查费及按规定支付的上级管理费等。

企业管理费的计算可用下式表示:

企业管理费=直接工程费×企业管理费费率

或　企业管理费=直接工程费中人工费×企业管理费费率

有些地区将直接工程费中的现场经费内容纳入企业管理费中。

（二）财务费

财务费是指企业为筹集资金而发生的各项费用。包括企业经营期间发生的利息净支出,汇兑净损失、调剂外汇手续费,金融机构手续费以及企业筹集资金发生的财务费。

财务费的计算可用下式表示:

财务费=直接工程费×财务费费率

或　财务费=直接工程费中人工费×财务费费率

三、计 划 利 润

施工企业在生产经营管理中,为了维护自身的生存和发展,国家规定在成本以外允许提取一定数额的资金,用以购置施工机械、设备及兴办企业职工的集体福利事业。

计划利润的计算可用下式表示:

计划利润=直接工程费×计划利润率

或　计划利润=(直接工程费+间接费)×计划利润率

或　计划利润=直接工程中人工费×计划利润率

计划利润率根据不同投资来源或工程类别实施差别费率。

四、税金(二税一费)

税金是指国家税法规定的应计入修缮工程造价内的营业税,城市维护建设税及教育费附加。

税金的计算可用下式表示:

税金=(直接工程费+间接费+计划利润)×税率

组成修缮工程造价的各类费用,除定额直接费是按设计图纸和概预算定额计算外,其它费用项目,应根据国家和地区制定的费用定额及有关规定计算。修缮工程一般采用工程所在地区统一定额,间接费与其它费用定额配套使用。

复习思考题

1. 什么是修缮工程概预算？修缮工程概预算分为几种？
2. 修缮工程概预算是由哪些费用组成的？每一种费用都包括哪些内容？如何计算？
3. 结合本地区的有关规定掌握各项费用的计取方法及取费标准。

第十三章 土建修缮工程施工图预算的编制

第一节 施工图预算的作用及编制依据

一、施工图预算概念

房屋修缮工程施工图预算是确定房屋修缮工程修缮费用的文件,简称修缮工程预算。

修缮工程预算分为土建修缮工程预算、给排水修缮工程预算、电气照明修缮工程预算及采暖修缮工程预算。

二、施工图预算的作用

（一）是拨付工程价款的依据

修缮工程预算一经有关单位审定,即应报送当地开户建设银行,建设银行根据审定批准后的施工图预算办理基本建设拨款,并监督预算执行,所以说施工图预算是拨付工程价款的依据。

（二）是修缮工程结算的依据

修缮工程竣工结算,实质上是修缮工程竣工后对预算的调整。对于那些在施工中有变更修缮项目、现场发生特殊工程费用签证及合同规定中允许调整的内容。则应在原修缮预算的基础上,对有关费用局部调整,使其形成一个完整的修缮工程竣工结算。

（三）是修缮工程招投标的依据

招标,投标是建筑业管理体制的经营方式的一项重大改革。修缮工程预算即然标定了修缮工程造价,就必然要作为建设单位与施工单位在招投标过程中所共同依据的经济基础。

（四）是编制施工计划的依据

施工图预算是施工单位编制施工计划的依据。施工图预算是建筑安装企业正确编制施工计划(材料计划、劳动力计划、机械需用量计划、施工计划等),进行施工准备、组织材料进场的依据。

（五）是加强经济核算的依据

施工图预算是建筑安装企业加强经济核算、提高企业管理水平的依据。工料分析与工料汇总是修缮工程预算的主要内容之一,各种材料的供应与控制都要以此为依据。预算定额的消耗水平是按平均水平取定的,企业在完成某单位工程施工任务时,如各种消耗低于施工图预算时,则这一生产过程的劳动生产率达到了高于预算定额水平,从而提高了企业的经济管理水平。

（六）是施工企业内部进行两算对比的依据

修缮工程预算是施工企业经营收入一方的预算成本。施工预算是施工企业内部计划支出的一方,是计划成本。施工前首先要进行两算对比,作到心中有数,并在此基础上采取有效措施,改善劳动组织,推广先进技术,提高劳动生产率,节约原材料及各项有关费用。为搞好经济核算,降低工程成本创造有利条件。

三、施工图预算的编制依据

（一）房屋修缮工程查勘设计资料

查勘设计是房屋修缮工程中一个重要环节。查勘与设计的紧密结合,是一项整体的设计工作,是有别于新建工程设计的重要方法,成为房屋修缮设计的特殊技术。修缮工程预算不同于新建工程预算,新建工程预算根据施工图纸及有关资料就可以编制,而修缮工程预算必须经过现场勘查,掌握原有建筑物的损坏情况,观察建筑物周围的环境,交通情况、材料堆放场地,了解施工现场的地质条件土质情况,确定经济、合理、安全的设计方案,精确计算出各分项工程的工程量,套用相应定额项目才能完成。

（二）施工组织设计或施工方案

施工组织设计是确定修缮工程的施工方法、施工进度计划、施工现场平面图及主要技术措施等内容的文件。它确定了施工机械的选用,土方工程中的施工方法及运土距离,特殊分项工程的技术措施,材料、构件的加工方法及运输距离等等。这些资料与计算工程量、选套定额单价、计算费用等都有重要关系。

（三）修缮工程预算定额及单位估价汇总表

修缮工程预算定额及单位估价汇总表是编制施工图预算的基础资料。编制修缮预算时,无论是划分工程项目或计算工程量,以及套用单价,计算直接费,都必须以定额作为标准和依据。

（四）人工、材料、施工机械单价

现行的修缮预算定额中人工、材料、施工机械单价及有关调价的规定,材料市场实际价格,这些是编制施工图预算的重要依据之一。

（五）甲乙双方签订的合同或协议

修缮工程在发包、承包时甲、乙双方要签订合同或协议,明确甲、乙双方的权益和义务,如工程付款方式,材料供应、订货、提运分工、工程要求及内容等。这些是计算工程量。选套定额的重要依据。

（六）预算工作手册

预算工作手册是将常用的数据,计算公式和系数等资料汇编成手册以便查用,可以加快工程量计算速度。

此外,是有关部门批准的拟建工程概算文件。

第二节　修缮工程施工图预算编制步骤

一、修缮工程施工图预算编制的步骤

（一）熟悉修缮施工图纸及准备有关资料

熟悉修缮施工图了解修缮内容。收集编制预算的全部依据资料,如有残缺,也应及时补齐。

（二）现场查勘了解施工现场情况

现场查勘必须作到深入细致，一丝不苟，绝不能走马观花，粗心大意，不然查勘不细开工后还要追加预算。

（三）了解施工组织设计或施工方案

编制施工图预算前，应了解施工组织设计中影响工程造价的有关内容。例如，各分项工程的施工方法，施工机械的选择、施工条件以及技术组织措施等。

（四）计算分项工程量

根据施工图，预算定额确定工程预算项目并计算其工程量。在整个预算的编制过程中，计算工程量是最花费时间、最繁重的工作。工程量计算的快慢和精确度，直接影响预算的及时、正确。所以必须在工程量计算上多下功夫，以保证预算质量。

（五）工程量汇总

各分项工程量计算完毕，并经复核无误后，按预算定额手册规定的分部分项工程顺序逐项汇总，调整列项，为套预算单价提供方便。

（六）套预算定额单价和工料分析

把算好的分项工程量和计量单位，按预算定额分部顺序分别填写到预算表中，并按顺序分别填写各分项工程名称，然后再从地区统一定额（地区单位估价表）中查得相应的分项工程定额编号、单价和主要材料定额用量。将工程量和单价、材料定额用量、人工定额用量相乘，即得出分项工程的造价，人工、材料用量。

最后所有分项工程的造价、人工、材料消耗进行汇总，即得土建工程直接费和各种材料、人工用量。

（七）计算各项费用

工程直接费确定后，还需根据与地区统一定额（单位估价表）相配套的费用定额，以直接费或人工费为基数，计算间接费、计划利润及税金等费用，最后汇总得到修缮工程造价。

（八）校核

校核是指施工图预算编制出来后，由有关人员对编制的预算各项内容进行检查核对，以便及时发现差错，提高工程预算的准确性。在核对中，应对所列项目、工程量计算，套用的预算定额基价以及采用的各种费用定额等进行全面核对。

（九）编制说明、填写封面、装订成册

编制说明一般包括以下几项内容：

（1）工程概况。通常要写明工程编号、工程名称、建筑面积、结构形式、修缮费用及费用分析。

（2）编制依据及内容。编制预算时所采用的施工图名称、采用的定额。预算包括哪些内容，不包括哪些内容，材料价格中有无参考价格及按实调整内容。

（3）取费依据及取费标准。

工程预算封面通常需填写的内容有：工程编号及名称、修建单位名称、建筑面积、修缮预算造价和单方造价、编制单位及日期等。

最后，把预算封面、编制说明、工程预算表、补充定额资料等，按顺序编排并装订成册，请有关单位审阅、签字并加盖单位公章后，修缮工程预算才最后完成。

二、修缮工程的查勘设计

对于大修的房屋修缮设计一般由修缮设计单位完成,而中修的房屋修缮设计是由施工单位接受修建单位的委托,双方会同对欲修房屋进行查勘,在查勘过程中根据修建单位提出的范围、功能要求以及财力情况双方协商一致,确定修缮方案,进行具体的修缮设计。根据双方定案的修缮设计,进行修缮预算的编制。所以说查勘设计是编制修缮工程预算的第一步。

（一）现场查勘

接到任务书后,带好所用查勘工具,到房屋所在地。首先观察建筑物周围的环境,交通情况、材料堆放地方。再观查建筑本身的情况,查勘时要随查随记录,首先绘制原房屋的单线平面图注明各个部位的尺寸,然后分以下几个部位进行查勘。

1. 墙身:外墙的厚度,砂浆强度等级、外墙面灰皮、灰缝是否有脱落情况、墙面要用线堕吊看一下,是否有鼓闪、背张程度如何,墙面是否有碱蚀情况,有无圈梁、圈梁是否闭合。基础(台子)是否平直,有无滚台子情况,基础隔潮的作法及隔潮层是否失效。内墙墙厚及砂浆标号,内外墙连接咬磋情况,女儿墙是否有补闪。

2. 屋顶:外观表面是否平整,灰腮是否脱落、泥背是否松散、瓦的损坏程度,油毡顶检查四周边缘处是否粘结牢固、有无翘边张嘴现象、压油毡边的灰皮是否脱落、沟嘴处是否有倒沧水现象,油毡是否粘结牢固、躺卧沟的损坏程度。屋顶防水层以下部分的查勘如:混凝土部分是否有脱落钢筋外露,是木结构屋顶,进入室内找检查孔,如没有上人孔,征得用户同意可以破顶检查,检查桁、檩的断面尺寸,结构是否合理,笆砖是否有碱蚀、椽子头是否有挠曲和断裂、防火处理是否合理、桁架铁件是否牢固、桁头、土板是否糟朽、椽子头是否有脱离、顶棚吊挂是否牢固、顶棚龙骨断面钉子是锈蚀,进入屋顶后必须站在顶棚龙骨上,不可踏板或苇泊上,以免陷落伤人,注意观察顶棚内电线是否有老化露芯现象,保障人身安全,一般查勘是两个人,一个人进入顶棚检查,一个人扶梯。屋顶漏雨现象可根据顶棚的水印或向用户了解情况,在检查屋顶时如发现结构有危险情况,应马上采取应急措施,进行临时性的解危工作,然后等开工后再彻底解决。

3. 室内外装修:外檐装修作法及损坏程度,临街建筑物的挑檐、及高处外檐灰皮是否有松散现象,如发现应立即采取措施。内墙灰皮作法厚度,筒子板、贴脸是否松动,是否有离脱脱落现象,护墙板、墙裙、作法及损坏程度。

4. 门窗:种类、作法、具体尺寸、木料是否糟朽,开关灵活程度、小五金是否齐全、铁窗纱及玻璃油灰的损坏程度、门窗油皮是否需要维修。

5. 楼地面:地面的作法,表面的平整程度,水泥地面是否有起鼓、起砂及面层脱落,木地板磨损程度、龙骨头糟朽程度、地面是否有下沉现象,木趄脚板是否有离墙松动现象,厕所水池处的木结构更应注意,地下室的埋深是否有漏水现象及部位。

6. 其它:上下水道管径、是否通顺、有无碱蚀,电线老化程度是否漏电,建筑物周围是否有高压线。高层尖顶是否有避雷设备。

（二）修缮工程设计

根据现场查勘的第一手资料,进行综合整理,确定修缮方案,如有复杂方案可多招集老工长,组长、技术人员共同会审定方案。

查勘的现场记录是确定方案的重要资料。修缮工程的设计分以下几个部位:

1. 墙身:砂浆强度等级低,外檐鼓闪严重可进行拆砌,如果墙身基本完好,只是檐头部分外闪可拆砌檐头,拆砌墙及檐头时必须将压墙部分的承重结构屋顶,柁架、檩木、木龙骨及顶棚支顶牢固后才可拆墙施工。

墙身平直无变形,只是局部砖碱蚀严重可进行掏剔碱。墙面灰缝脱落,可进行补勾水泥缝。如果楼房墙身上部完好只是下部损坏时可用钢木支顶牢固后进行架空掏砌。如果墙身出现裂缝及墙体承载能力不够,可在墙身两侧贴钢筋网再抹水泥砂浆。拆砌墙身时如发现隔潮层失效可以从新作基础防潮,基础部分如有下沉不平直时可局部拆砌砖基础,内外墙接槎处要放置加固钢筋。

2. 屋顶:瓦屋面根据不同的损坏程度可进行揭垄,加腮和补漏的不同方法,揭垄各种瓦屋面时可局部进行,拆换檩杄土板,拆换椽子及碱蚀的笆砖,如柁头槽杄需钉夹板时可局部拆砌檐头和局部反修屋顶。油毡顶可根据实际情况进行铲修和修补,如找平层松散、开裂严重可铲抹找平层。

3. 室内外装修:外檐作法可根据不同损坏程度进行铲抹修补,内墙皮如有离骨脱落者可根据操作面积进行铲抹和补抹。

4. 门窗:可根据实际损坏程度进行换料,门窗扇修理分简修、小修、中修、大修四个等级,添配小五金、换纱、筒子板、贴脸松动者使膘加楔,门窗油皮年久者可刷油。

5. 楼地面:水泥地面大面积起鼓开裂脱落者可以铲抹、小面积脱落进行修补,大面积起砂可作107胶地面,木地板龙骨有问题可进行加固,槽杄者打夹板或串木龙骨,底层木地板损坏严重可改为其它作法。

第三节 工程量计算的一般原则

工程量计算应规定一定的准则,这个准则就是大家必须遵守的统一原则,现简述以下几点:

一、正确列出预算项目

预算项目必须与定额项目划分的方法一致,才能正确地使用定额。对于单一内容的项目比较好划分,一般不会错,经常出现错误的是定额综合了某些内容的情况。往往出现在项目计算重复,有时也有理解上错误及漏算项目的情况。要想正确列出预算项目,必须熟悉施工全过程,掌握定额规定。列预算项目应注意以下几点:

1. 预算项目并不完全等于施工项目,也就说列预算项目并不是把所有施工项目一一全部列出,因为有些施工项目已综合在其它的预算项目中。例如,各类地面面层项目已包括了刷素水泥浆一道,刷素水泥浆一道不再另列项目计算。

2. 所列预算项目包括的内容应包括施工的全过程,不能漏项。

3. 懂得施工工艺,熟悉施工过程。因为不懂施工就不知道漏算了哪些内容。

4. 全面掌握定额规定。列项根据定额项目划分原则还要根据定额的其它规定,例如大型机械台班费中不包括场外运费和安拆费应另列项目计算。

二、计算规则必须与定额一致

预算定额的各个分部都有工程量计算规则,必须认真阅读,正确应用。例如工程量计算按图示尺寸以实体积计算或按实体积计算,这是两种不同的计算方法,虽然都是求体积,但第一种方法长、宽、高要严格执行图,而第二种方法长、宽、高不执行图尺寸取工程实际尺寸。再例如求抹灰工程面积按展开面积计算或按图示尺寸展开面积计算,这也是两种不同的计算方法,第一种方法求面积时要考虑抹灰的厚度,而第二种方法不考虑抹灰厚度。

三、必须准确计算、不重、不漏

工程量计算必须严格按定额规定计算,尺寸按规定计算,列式正确,计算准确。图纸中的项目,要认真反复清查,不得漏项和多项以及重复计算。

四、工程量计算要按一定顺序进行

修缮工程中,不同的分项工程有几十项甚至上百项,如不按一定顺序计算,就会漏项,工程量计算顺序一般按施工顺序进行,按定额的分部工程为单位,一个分部一个分部计算。

对某一项分项工程的工程量计算,也存在着顺序问题,因为它分布在整个的建筑物中,所以在工程量计算过程中,为了防止遗漏,避免重复,按照一定的顺序计算是必要的。例如室内楼地面工程按图 13-1 所示的顺时针方向计算。再例如计算墙体时,一般按先横后竖,从上而下,从左到右计算。如计算混凝土构件时,按构件编号顺序计算。

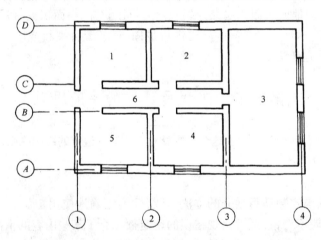

图 13-1　室内楼地面工程顺序计算方向

五、计算工程量的步骤

1. 列出分项工程项目名称:根据施工图纸,并结合施工内容、预算定额,按照一定的计算顺序,列出单位工程施工图预算的分项工程项目名称。

2. 列式计算工程量:分项工程项目列出后,根据施工图纸及预算定额工程量计算规则,列式计算工程量。

第四节　工程量计算的主要规则

合理准确的提出修缮工程造价,是编制修缮工程预算的主要目的。在一个省、市或地区统一工程量计算规则是非常必要的。在各地编制的修缮工程定额中,均按章或分部列有工程量计算规则,明确规定各项定额的计算单位、计算依据和计算方法,这些规则和方法是定额的重要组成部分,是预算人员在工作中必须遵守和执行的。

修缮工程尚无全国统一的定额,各地区的修缮定额由于结合本地区修缮工程的具体特点,在定额组成和项目划分上的规定有所不同,因此工程量计算规则也有一些区别。各地区定额规定若与本章节介绍的内容有所不同时,应以当地现行定额规定为准。

一、建筑面积

建筑面积是指房屋建筑的水平面面积,它是修缮工程的重要技术经济指标。根据建筑面积可计算每一平米的修缮费用、用工、用料等指标,也是计划和统计的重要内容。建筑面积的计算规则如下:

1．单层建筑物不论其高度如何均按一层计算,其建筑面积按建筑物勒脚以上的外墙结构外围水平面积计算。单层建筑内如带有部分楼层者,亦应计算建筑面积。

2．高低联跨的单层建筑物,如需分别计算建筑面积,高低跨相邻部分以高跨柱外边线为分界线。如图 13-2 所示。

3．多层建筑物按分层建筑面积总和计算,其首层建筑面积按勒脚以上外墙结构外围水平面积计,二层及二层以上按其外墙结构外围水平面积计算。

4．地下室、半地下室、地下车间、仓库、商店、车站、地下指挥部等及相应的出入口建筑面积,按其上口外墙(不包括采光井、防潮层及其保护墙)外围水平面积计算。如图 13-3 所示。

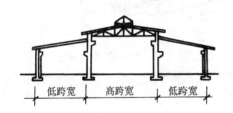

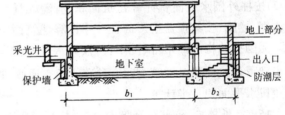

图 13-2　高低联跨分别计算建筑面积示意图

图 13-3　地下室剖面图

5．建于坡地的建筑物利用吊脚空间设置架空层和深基础地下架空层设计加以利用时,其层高超过2.2m,按围护结构外围水平面积计算建筑面积。

6．穿过建筑物的通道、建筑物内的门厅、大厅,不论其高度如何均按一层计算建筑面积。门厅、大厅内设有回廊时,按其自然层的水平投影面积计算建筑面积。如图 13-4 所示。

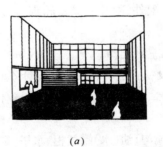
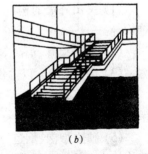

(a)　　　　　　　　　　(b)

图 13-4　回廊、大厅、透视图
(a)大厅透视图;(b)回廊透视图

7．室内楼梯间、电梯井、提物井、垃圾道、管道井等均按建筑物的自然层计算建筑面积。

8．书库、立体仓库设有结构层的,按结构层计算建筑面积,没有结构层的,按承重书架层或货架层计算建筑面积。

9. 有围护结构的舞台灯光控制室,按其围护结构外围水平面积乘以层数计算建筑面积。

10. 建筑物内设备管道层、贮藏室其层高超过2.2m时,应计算建筑面积。

11. 有柱的雨篷、车棚、货棚、站台等,按柱外围水平面积计算建筑面积;独立柱雨篷、单排柱的车棚、货棚、站台等,按其顶盖水平投影面积的一半计算建筑面积。如图13-5、图13-6所示。

图13-5 有柱雨篷建筑面积计算示意图

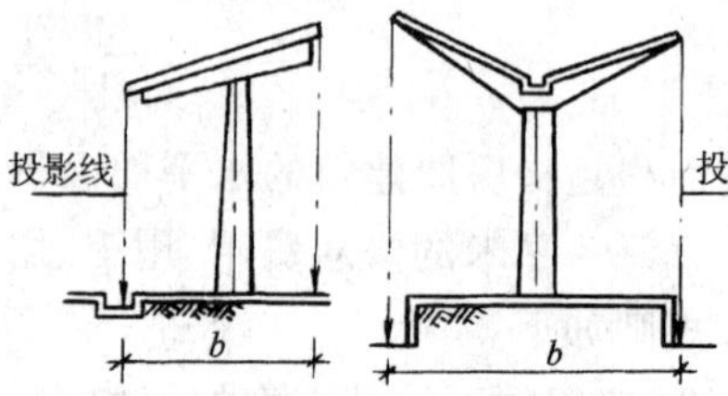

图13-6 独立柱车棚、货棚、站台示意图

12. 屋面上部有围护结构的楼梯间、水箱间、电梯机房等,按围护结构外围水平面积计算建筑面积。

13. 建筑物外有围护结构的门斗、眺望间、观望电梯间、阳台、厨窗、挑廊、走廊等按其围护结构外围水平面积计算建筑面积。

14. 建筑物外有柱和顶盖走廊、檐廊,(如图13-7)按柱外围水平面积计算建筑面积;有盖无柱的走廊、檐廊,按其顶盖投影面积一半计算建筑面积。无围护结构的凹阳台、挑阳台,按其水平面积一半计算建筑面积。建筑物间有顶盖的架空通廊,按其顶盖水平投影面积计算建筑面积,无顶盖按水平面积一半计算。

图13-7 走廊、檐廊透视图

15. 室外楼梯、外部附墙烟囱,按自然层投影面积之和计算建筑面积。

16. 不计算建筑面积的范围:

(1) 突出外墙的构件、配件、附墙柱、垛、勒脚、台阶、悬挑雨篷、墙面抹灰、镶贴块材、装饰面等。

(2) 用于检修、消防等室外爬梯。

(3) 层高2.2m以内设备管道层、贮藏室、设计不利用的深基础架空层及吊脚架空层。

(4) 建筑物内操作平台、上料平台、安装箱或罐体平台;没有围护结构的屋顶水箱、花架、凉棚等。

(5) 独立烟囱、烟道、地沟、油(水)罐气柜、水塔、贮油(水)池、贮仓、栈桥、地下人防通道等构筑物。

(6) 单层建筑物内分隔单层房间、舞台及后台悬挂的幕布、布景天桥、挑台。

二、拆 除 工 程

拆除工程包括房屋全部拆除和分项拆除工程项目。全部拆除工程和分项拆除工程,均

216

不包括刮砖、刮瓦及搭设各类脚手架。

（一）全部拆除

1．房屋全部拆除系指损坏严重，无使用价值的建筑物。其工程量按建筑物的建筑面积计算。定额包括拆除±0.00以上的全部地上物，并将拆下的可利用材料运至50m以内指定地点分类码放整齐。基础拆除另列项目计算。

2．拆除较坚固的建筑物或因修缮工程需要分项拆修的应套用相应分项拆除定额。

3．地下室全部拆除项目，是指整栋楼房连同地下室一次全部拆除者的附加单项定额。其地下室拆除面积单独计算。通道式人防工程可套用此项定额。如遇钢筋混凝土结构的地下室按分项拆除定额执行。

（二）分项拆除

1．拆除各种屋面均按实拆面积以平方米（m²）计算，不扣除附墙烟囱、屋顶小气窗、天沟、斜沟所占的面积，其弯起部分的面积也不增加。

2．拆除各种顶棚、隔断墙，均按平方米（m²）计算。不扣除门窗洞口面积。抹灰顶棚、隔断墙包括铲除面层灰皮，拆板条，苇箔及木龙骨。拆隔断墙两面算一面。

3．拆除砖墙、砖柱及零星砌体均不扣除各种孔洞以立方米（m³）计算。外墙长度取外墙中心线，内墙长度取内墙净长，高度按实际高度。拆除墙身包括铲内墙皮，如铲外墙皮，每立方米（m³）增加20％人工。

4．拆门窗扇系指单拆扇，以旧换新。拆门窗框系指墙身不动只拆框而言，如拆墙时连同框一起拆除，不得套用此项定额。

5．拆除天窗按框外围面积以平方米（m²）计算，其顶部拆除另套屋面拆除定额。

6．拆除各种地面均按主墙间的净面积计算，不扣除柱、垛、间壁墙、附墙烟囱以及0.5m²以内孔洞所占的面积。但门洞、空圈、暖气槽的开口部分不增加。趄脚板已综合在定额内，不得重复计算。

7．拆除基础、浇制钢筋混凝土及预制钢筋混凝土构件、地面垫层均按实拆体积以立方米（m³）计算。拆除各种楼梯按斜长乘以宽度以平方米（m²）计算。拆除台阶按水平投影面积计算。

8．铲墙皮系指铲后改变作法的单项定额，铲各种砂浆的墙皮不扣扎洞的面积，其侧壁面积不增加。

9．拆刨下水管以实刨延长米计算，室内下水管拆刨包括混凝土垫层、挖土、刨管、清理等。室外下水管拆刨只包括一般砂石路面，不包括柏油等市政路面。

三、土方及基础垫层工程

土方及基础垫层工程包括人工挖土方、地槽、淤泥、零星挖土、回填土、基础垫层等项目。

计算土方及基础垫层工程的工程量时，应根据施工图纸标注尺寸，勘探资料的土质类别，以及施工组织设计规定的施工方法、运土距离等资料。

（一）土方工程

1．土分一般土和砂砾坚土。鉴别方法如下：

一般土：用锹开挖，少许用镐。

砂砾坚土：全部用镐挖掘，少许用撬棍挖掘。

2．凡平整场地厚度在 30cm 以内，槽底宽度在 3m 以上，坑底面积在 20m² 以上的挖土按挖土方计算。

3．凡槽宽在 3m 以内，槽长为槽宽 3 倍以上的挖土，执行挖地槽定额。外墙地槽长度按外墙槽底中心线计算；内墙地槽长度按内墙槽底净长计算；槽宽按图示尺寸加工作面的宽度计算；槽深按自然地平至槽底计算。

4．土方工作面的确定：根据基础施工中某些项目的操作需要，挖土时按基础垫层的双向尺寸向周边放出一定范围的操作面积，这个面积叫工作面。图 13-8 中的 c 为放出工作面的宽度。基础

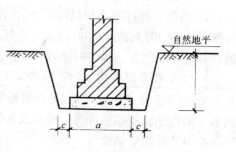
图 13-8　工作面及放坡示意图

工程施工需增加工作面的宽度，应按施工组织设计规定计算，如无施工组织设计规定时，可按表 13-1 计算。

挖 土 工 作 面 宽 度 表　　　　　　　　　　　表 13-1

基 础 工 程 施 工 项 目	每边增加工作面 （cm）	基 础 工 程 施 工 项 目	每边增加工作面 （cm）
毛 石 砌 筑	15	使用卷材或防水砂浆做垂直防潮层	80
混凝土基础或者基础垫层需要支模板	30	带挡土板的挖土	10

5．挖土方、挖地槽的放坡规定为：一般土挖土深度在 1.4m 以内不考虑放坡，砂砾坚土挖土深度在 2m 以内不考虑放坡。挖土深度超过上述规定时，挖土工程量按不放坡方法计算后，乘表 13-2 所列系数。

6．定额中未包括处理流砂、地下障碍物、打桩及排水设施。如发生工、料、机械按实计算。

7．人工挖土方、地槽定额中，均按正常水位综合考虑了湿土因素，没有特殊情况不

放 坡 系 数 表　　　表 13-2

挖土深度	挖地槽	挖土方
2m 以内	1.43	1.07
4m 以内	1.65	1.11

得调整。淤泥与湿土的区别：地下静止水位以下的土层为湿土，具有蠕动状态者为淤泥。

8．土方运输按不同运输方法及运距，分别以 m³ 计算，套相应运土定额。如委托专业运输部门运土，按运输部门规定计算。各地区在计算工程量时，应按本地区预算定额的有关规定计算。

（二）平整场地

平整场地系指在土方挖掘以前，对于施工现场厚度在 ±30cm 以内的就地挖填找平。其工程量按建筑物（或构筑物）底面积的外边线，每边各增加 2m 以平方米（m²）计算。

（三）基础垫层

1．混凝土基础垫层与混凝土基础的划分：混凝土厚度 120mm 以内者为垫层，执行垫层定额。厚度 120mm 以外者为基础，执行基础定额。

2．基础垫层均以立方米（m³）计算，其长度：外墙按中心线，内墙按内墙垫层净长线计算。

（四）基础回填土

基础回填土工程量按回填实体积计算。其计算可用下式表示：

$V_{填}$＝挖土体积－室外设计地平以下埋设的各种工程量体积

式中室外设计地平以下埋设的各种工程量体积一般包括：混凝土垫层、墙基、柱基、φ500以上的管道以及地下建筑物、构筑物等体积。

有些地区，基础回填土工程量挖挖土工程量乘以系数计算。

四、砖　石　工　程

砖石工程包括新砌砖基础、毛石基础、砖墙、石墙、构筑物，拆砌砖墙、檐头、山尖、屋顶烟囱及零星砌体，掏剔碱、掏安门、窗口项目。

（一）基础工程量计算规则

1. 建筑物基础与墙身的分界线，通常以室内±0.00 为界，设计室内地平以下为基础，以上为墙身。如墙身与基础为两种不同材质时，按材质为分界线。或以防潮层为分界线。

2. 砖砌体采用标准砖时，砖墙的计算厚度规定按表 13-3 所示计算。

标准砖墙厚度表　　　　　　　　　　　　　　　　表 13-3

墙　厚 （砖）	$\frac{1}{4}$	$\frac{1}{2}$	$\frac{3}{4}$	1	$1\frac{1}{2}$	2	$2\frac{1}{2}$	3
计算厚度 （mm）	53	115	180	240	365	490	615	740

3. 砖基础工程量按实体积计算。毛石基础工程量按图示尺寸以实体积计算。外墙基础长，按外墙中心线；内墙基础长，按内墙净长线计算。砖石基础工程量应扣除嵌入基础内混凝土体积，不扣除 0.3m² 以内扎洞及防水砂浆防潮层所占体积。

砖石基础工程量计算可用下式计算：

外墙基础体积＝外墙中心线长×基础截面积－嵌入外墙基础内混凝土体积

内墙基础体积＝内墙净长线×基础截面积－嵌入内墙基础内混凝土体积

基础截面积计算如下：

带形砖基础，通常采用等高式和不等高式两种大放脚砌筋法。如图 13-9 所示。

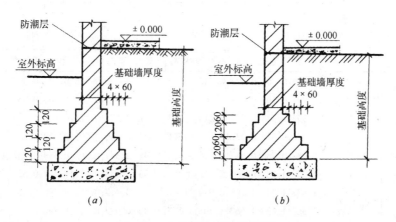

图 13-9　大放脚砖基础示意图
（a）等高大放脚砖基础；（b）不等高大放脚砖基础

（1）采用折加高度计算

$$基础截面积＝基础墙厚度×（基础高度＋折加高度）$$

式中　基础高度——垫层或混凝土基础上皮至防潮层（或室内地面）的高度。

$$折加高度＝\frac{大放脚增加断面积之和}{基础墙厚度}$$

（2）采用增加断面积计算

基础截面积＝基础墙厚度×基础高度＋大放脚增加断面积。

式中　大放脚增加断面积＝方格数×方格面积。

将砖基础大放脚处宽为 60mm，高为 120mm 定为一个方格。而计算方格面积时要根据工程实际尺寸而不是图示尺寸，故方格尺寸为 62.5×126mm。

方格面积＝0.0625×0.126＝0.007875m²

再将砖基础大放脚层数自上而下编号，放脚高度 60mm 叫一皮一退，放脚高度 120mm 叫二皮一退。方格数按下式计算：

方格数＝Σ（见两皮一退本身编号乘以 2＋见一皮一退就是本身编号）

【例】　计算图 13-9 所示砖基础的大放脚增加断面积。

【解】

大放脚增加断面积＝方格面积×方格数

方格面积＝0.0625×0.126＝0.007875m²

（a）方格数＝1×2＋2×2＋3×2＋4×2＝20 个

（b）方格数＝1＋2×2＋3＋4×2＝16 个

（a）剖面大放脚增加断面积＝0.007875×20＝0.1575m²

（b）剖面大放脚增加断面积＝0.007875×16＝0.126m²

为了计算方便，将砖基础大放脚的折加高度及大放脚增加断面积编制成表格。计算基础工程量时，可直接查折加高度和大放脚增加断面积表。详见表 13-4。

等高、不等高砖墙基大放脚折加高度和大放脚增加断面积表　　　表 13-4

放脚层高	折 加 高 度 (m)												增加断面 (m²)	
	1/2砖 (0.115)		1砖 (0.24)		1½砖 (0.365)		2砖 (0.49)		2½砖 (0.615)		3砖 (0.74)			
	等高	不等高	等高	不等高	等高	不等高	等高	不等高	等高	不等高	等高	不等高	等高	不等高
一	0.137	0.137	0.066	0.066	0.043	0.043	0.032	0.032	0.026	0.026	0.021	0.021	0.01575	0.01575
二	0.411	0.342	0.197	0.164	0.129	0.108	0.096	0.08	0.077	0.064	0.064	0.053	0.04725	0.03938
三			0.394	0.328	0.259	0.216	0.193	0.161	0.154	0.128	0.128	0.106	0.0945	0.07875
四			0.656	0.525	0.432	0.345	0.321	0.253	0.256	0.205	0.213	0.17	0.1575	0.126
五			0.984	0.788	0.647	0.518	0.482	0.38	0.384	0.307	0.319	0.255	0.2363	0.189
六			1.378	1.083	0.906	0.712	0.672	0.53	0.538	0.419	0.447	0.351	0.3308	0.2599
七			1.838	1.444	1.208	0.949	0.90	0.707	0.717	0.563	0.596	0.468	0.441	0.3465
八			2.363	1.838	1.553	1.208	1.157	0.90	0.922	0.717	0.766	0.596	0.567	0.4411
九			2.953	2.297	1.942	1.51	1.447	1.125	1.153	0.896	0.958	0.745	0.7088	0.5513
十			3.61	2.789	2.372	1.834	1.768	1.366	1.409	1.088	1.171	0.905	0.8663	0.6694

采用查表方法工程量计算时必须查找定额,但预算员在工程量计算时一般不查定额。所以要重点掌握直接计算的方法:

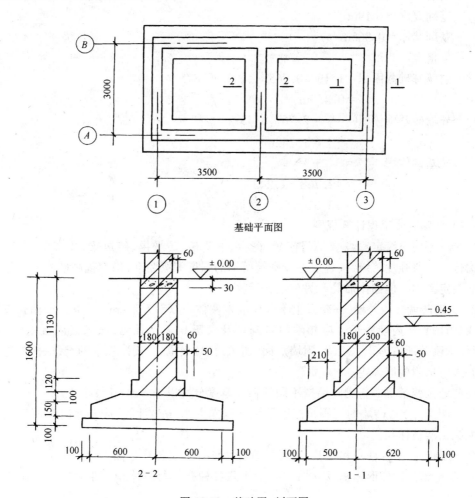

基础平面图

图 13-10　基础平、剖面图

【例】　计算图 13-10 所示砖基础工程量。

【解】

砖基础体积＝基础长×基础截面积－嵌入基础内混凝土体积

外墙基础体积:

外墙中心线长＝$[(7+0.06\times2)+(3+0.06\times2)]\times2$

$=20.48\text{m}$

基础高度＝$1.13+0.12-0.06=1.19\text{m}$

基础墙厚＝0.49m

方格数＝$1\times2=2$个

外墙基础截面积＝$1.19\times0.49+2\times0.007875$

$=0.599\text{m}^2$

外墙砖基础体积　$V_1=20.48\times0.599$

$=12.268\text{m}^3$

内墙基础体积:

    内墙净长线长 $= 3 - 0.12 \times 2 = 2.76\text{m}$

    基础高度 $= 1.19\text{m}$

    基础墙厚 $= 0.365\text{m}$

    方格数 $= 2$ 个

    内墙基础截面积 $= 1.19 \times 0.365 + 2 \times 0.007875$

    $= 0.450\text{m}^2$

    外墙砖基础体积 $V_2 = 2.76 \times 0.45$

    $= 1.242\text{m}^3$

    砖基础体积 $V = V_1 + V_2$

    $= 12.268 + 1.242$

    $= 13.510\text{m}^3$

（二）新砌砖墙工程计算规则

1. 新砌内、外墙定额综合了门窗套、窗台、虎头砖、砖平拱、砖过梁、装饰线、出檐的工料。砌体的砂浆强度等级，按各层主体砌筑所用的强度等级为准，局部提高砂浆强度等级均已综合在定额内。但砌体加筋要另列项目计算。

2. 新砌砖墙分内外墙，一砖以上不分厚度按实体积以平方米（m²）计算。外墙长按外墙中心线、内墙长按内墙净长。应扣除门窗洞口及大于 0.3m^2 孔洞、嵌入墙内混凝土、暖气槽、板压满墙等所占体积。墙垛、附墙烟囱、通风道、垃圾道、三皮砖以上的腰线、挑檐等凸出部分并入所依附的墙体内。

有些地区修缮定额新砌砖墙按不同的墙体厚度分别以平方米（m²）计算。

3. 砌块墙、空心砖墙的工程量按图示尺寸以立方米（m³）计算，应扣除门窗洞口及嵌入墙内混凝土所占体积。

4. 新砌砖柱不分柱身和柱基，其工程量合并计算。套砖柱定额。

5. 零星砌体按外形体积以 m³ 计算，不扣除各种孔洞所占体积。半圆旋按实砌旋面积以平方米（m²）计算。

（三）拆砌、掏、剔碱工程量计算规则

1. 拆砌墙工程如拆砌砂浆强度等级不同时，可套用单项拆与新砌定额项目分别计算。拆砌檐头已包括砖平拱，不得重复计算。拆砌墙包括剔接老虎槎、马牙槎、退槎等。新、旧墙相接的罗汉槎另列项目计算。

2. 剔碱以剔外皮为准，掏碱以掏透为准。架海掏砌系指多层建筑的底层或中部损坏，用钢木构件支顶后掏砌，其支顶用工可按实另行计算。

3. 拆砌砖墙分内外墙、砂浆强度等级，一砖以上不分厚度按实体积计算。应扣除门窗洞口及大于 0.3m^2 孔洞、嵌入墙内混凝土、暖气槽、板压满墙等所占体积。不扣除板头、梁头、梁垫所占体积。砖垛、附墙烟囱、通风道、三皮砖以上的腰线。挑檐等凸出部分并入所依附的墙体内（有些地区修缮定额拆砌各种砖墙均按平方米（m²）计算）。

4. 拆砌檐头、山尖均按不同墙厚以平方米（m²）计算。拆砌屋顶烟囱、零星砌体均按外形体积以立方米（m³）计算，不扣除各种扎洞所占体积。

5. 剔碱按实剔面积以平方米（m²）计算。掏碱、架海掏砌均按实砌体积以立方米（m³）

计算,应扣除门窗洞口及嵌入墙内混凝土所占体积。

6.掏安门窗口按不同墙厚以平方米(m^2)计算。砌砖工程除掏剔碱及掏安门窗口外均不包括刮砖,如利用旧料刮砖可套用相应定额。凡碎砖占砌体50%以上者,可按碎砖墙定额执行。

五、混凝土及钢筋混凝土工程

混凝土及钢筋混凝土工程包括现场浇制钢筋混凝土、预制钢筋混凝土、预制构件安装及抗震加固等项目。

混凝土及钢筋混凝土工程的预算定额是一个综合性定额。它综合了模板、钢筋和混凝土等各种工序所需的人工、材料和施工机械台班的耗用量。模板、钢筋和混凝土工程不需要单独计算工程量。预算定额模板一般是按各类模板综合取定,实际采用的模板种类与定额不同时,一般均不得换算。混凝土设计强度等级与定额不同时,应以定额中选定的石子粒径,按相应混凝土配合比换算。但混凝土耗用量不得调整。定额中钢筋以手工绑扎、部分焊接和点焊编制的,实际施工比例与定额不同不得调整,但设计采用埋弧焊、帮条焊或其他焊接方法者,可以进行调整。钢筋设计用量与定额不同时,可按施工单位配料用量进行调整。

混凝土及钢筋混凝土工程各项目均以人工操作为主,辅以部分机械操作综合考虑的。在施工中无论采用人工或机械操作,其人工不得调整。

现制,预制混凝土及钢筋混凝土工程,除注明按投影面积和延长米计算外,均按图示尺寸以实体积计算。不扣除钢筋、预埋铁件及预留孔洞所占的体积。

(一)混凝土及钢筋混凝土基础

混凝土及钢筋混凝土基础形式通常有:条形基础、独立基础、满堂基础等。

1.条形基础

条形基础亦称带形基础,系指凡在墙下的基础或柱与柱之间与单独基础相连接的带形结构,统称为条形基础。其工程量按图示尺寸以实体积计算。

其工程量计算可用下式表示:

条形基础体积=条基长×条基截面积

式中　条基长:外墙条基,取外墙条基中心线长;内墙条基,取内墙条基净长。

【例】　计算图13-10所示钢筋混凝土条基工程量。

【解】

条形基础体积=条基长×条基截面积

外墙条基体积:

$$外墙条基长=[(7+0.06×2)+(3+0.06×2)]×2$$
$$=20.48m$$

$$外墙条基截面积=1.12×0.15+\frac{0.7+1.12}{2}×0.1$$
$$=0.259m^2$$

$$外墙条基体积\quad V_1=20.48×0.259$$
$$=5.304m^3$$

内墙条基体积:

$$内墙条基长=3-0.5×2$$
$$=2m$$

$$内墙条基截面积 = 1.2 \times 0.15 + \frac{0.58 + 1.2}{2} \times 0.1$$
$$= 0.269 \text{m}^2$$
$$内墙条基体积 \quad V_2 = 2 \times 0.269$$
$$= 0.538 \text{m}^3$$

内墙、外墙条基体积相加并不等于条基总体积,因为内、外墙条基截面不是矩形,而是矩形与梯形组合形,故内墙条基与外墙条基搭接处,内墙条基要挑出一个斜膀搭在外墙条基上。如图13-11所示。

挑出的斜膀是由五个面组成的立体图形,这五个面中,有两个是三角形平面,三个是梯形平面,具备这样性质的立体图形叫梯形劈。如图13-12所示。

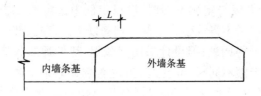

图 13-11 内、外墙条基搭接图

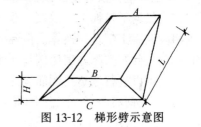

图 13-12 梯形劈示意图

梯形劈体积可用下式表示:

$$V = \frac{1}{6} H \cdot L (A + B + C)$$

式中 H——内墙条基梯形截面积的高;

L——梯形劈斜膀水平投影长;

B——内墙条基梯形截面的上底宽;$B = A$

C——内墙条基梯形截面的下底宽。

$$梯形劈体积 \quad V_3 = \frac{1}{6} \times 0.1 \times 0.21 \times (0.58 \times 2 + 1.2) \times 2$$
$$= 0.017 \text{m}^3$$

$$条形基础体积 = V_1 + V_2 + V_3$$
$$= 5.304 + 0.538 + 0.017$$
$$= 5.859 \text{m}^3$$

2. 独立基础

钢筋混凝土柱下单独基础常用断面尺寸有四棱锥台形、杯形、踏步形等。详见图13-13、图13-14。

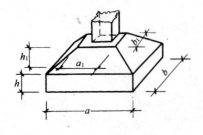

图 13-13 四棱锥台形基础

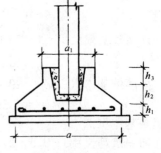

图 13-14 杯形基础

图 13-13 四棱锥台形基础,其体积按下式计算:

$$锥台形基础体积 = a \times b \times h + \frac{h_1}{b}[a \times b + (a + a_1) \times (b + b_1) + a_1 \times b_1]$$

式中字母所表示尺寸如图 13-13 所示。

3．满堂基础

满堂基础是指成片的钢筋混凝土板支承着整个建筑物,一般分为梁板式满堂基础和箱形基础两种形式。

梁板式满堂基础的工程量按板和梁体积合并计算。箱形基础的工程量按底板、盖板和墙板合并计算。有些地区定额只有满堂基础底板定额,工程量按图示尺寸分别计算满堂基础的底板、梁、连接墙板、顶板各部分的体积套相应定额。

(二) 现浇钢筋混凝土梁工程量计算规则

现浇钢筋混凝土梁包括矩形梁、异形梁、圈梁、过梁、叠合梁、外跨圈梁、基础梁等项目。

1．现浇钢筋混凝土梁工程量按图示尺寸以实体积计算。计算公式为:

$$梁体积 = 梁长 \times 梁断面积$$

(1) 梁断面积按图示尺寸计算。

(2) 梁长:梁与柱交接时,取柱之间净长;梁与墙交接时,伸入墙内梁头合并梁长内;梁与梁交接时,主梁不断次梁断。

(3) 梁伸入墙内的梁头、梁垫合并在梁内。

2．圈梁、过梁分别计算其工程量。圈梁与梁连接时扣除梁所占体积。

3．叠合梁是指预测梁上预留一定高度,待安装后再浇灌的混凝土梁。其工程量按图示二次浇筑部分的体积以立方米(m^3)计算。

(三) 现浇钢筋混凝土板工程量计算规则

现浇钢筋混凝土板包括:有梁板、无梁板及平板等项目。板的工程量应根据板的类型、厚度分别按图示尺寸以实体积计算。

1．有梁板,是指带有梁的板。板与梁合并计算,套有梁板定额。

2．无梁板,是指没有梁直接由柱子支承的楼板。柱帽与板合并计算。

3．平板,是指无梁、无柱直接由墙支承的楼板。

4．不同类型板交接时,均以墙的中心线为分界线。压在墙内板头合并板内,板的工程量不扣除 $0.3m^2$ 以内孔洞所占体积。

(四) 现浇钢筋混凝土柱工程量计算规则

现浇钢筋混凝土柱包括,矩形柱、异形柱、圆形柱、构造柱及抗震加固的角柱。壁柱、砖柱外包混凝土等项目。

1．现浇钢筋混凝土柱工程量按图示尺寸以实体积计算。计算公式为:

$$柱体积 = 柱高 \times 柱截面积$$

(1) 柱截面积按图示尺寸计算。

(2) 柱高按下列规定计算:

A．有梁板的柱高,按柱基上表面至楼板下表面的高度计算。

B．无梁板的柱高,按柱基上表面至柱帽下口的高度计算。

C．有楼隔层框架的柱高,按柱基上表面或楼板上表面至上一层楼板的下表面的高度计算。

　　D. 无楼隔层框架的柱高，按柱基上表面至柱顶面(即板下皮)的高度计算。

　　(3)依附于柱上的牛腿的体积，应并入柱身体积计算。

　　(4)留马牙槎的构造柱，马牙槎部分体积合并构造柱内。

　　2.现浇钢筋柱工程量应根据柱的不同截面周长、不同强度等级分别计算工程量套相应定额。

　　(五)其它现浇钢筋混凝土构件工程量计算规则

　　1.混凝土及钢筋混凝土墙工程量，均按图示尺寸以实体积计算。应扣除门窗洞口所占体积，不扣除 0.3m² 以内的孔洞体积。

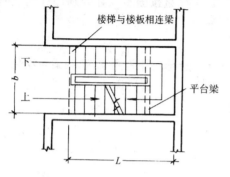

图 13-15　钢筋混凝土整体楼梯

　　2.整体楼梯工程量应分层按楼梯水平投影面积计算。楼梯井宽度超过 50cm 时所占面积应扣除；伸入墙内部分的体积已包括在定额内不另行计算，但楼梯基础、栏杆、扶手，应另列项目套相应定额计算。楼梯的水平投影面积包括踏步、斜梁、休息平台、平台梁以及楼梯与楼板连接的梁(楼梯与楼板的划分以楼梯梁的外侧面为分界)。详见图 13-15 所示。

　　整体楼梯工程量计算公式为：

整体楼梯工程量 $= \Sigma(L \times b -$ 宽度大于 50cm 梯井面积$)$

式中　　L——休息平台内墙面至楼梯与楼板连接梁的外侧；

　　　　　b——楼梯间净宽。

　　3.现浇钢筋混凝土阳台和雨篷均按伸出墙外的水平投影面积计算，伸出墙外的牛腿已包括在定额内不再计算，但嵌入墙内的梁应按相应定额另列项目计算。雨篷四周垂直混凝土檐总高度超过 40cm 者，整个垂直混凝土檐按延长米计算，执行栏板定额。凡墙外有梁的雨篷，按实体积计算，执行有梁板定额。阳台上的栏板及扶手均应另列项目计算。

　　4.楼梯、阳台的栏板、栏杆均以延长米计算(包括伸入墙内的部分)。楼梯斜长部分的栏板，栏杆的长度，可按其水平长度乘以系数 1.15 计算。

　　5.现浇钢筋混凝土挑檐、天沟按图示尺寸以立方米(m³)计算。如与现浇屋面板连接时，以外墙皮为分界线；如与圈梁联接时，以圈梁外皮为分界线。

　　6.现浇混凝土项目中均不包括预埋铁件，如设计要求预埋铁件者，按设计用量以公斤(kg)计算，套用预埋铁件定额。

　　7.定额中现浇混凝土梁、板、柱、墙的钢木组合模板是按 3.6m 编制的，当层高超过 3.6m 按各地区定额规定增加模板的超高费。

　　8.一个单位工程，当现场的现浇，预制钢筋混凝土中的钢筋或铁件的图纸总用量，超过定额总用量的 ±3% ~ ±5%(以各地区规定的百分比为准)时，允许按施工单位配料用量(设计用量另加施工损耗)进行增减调整；如在规定误差内时不得调整。钢筋调整以吨(t)计算。按下列计算方法调整。

　　钢筋调整量 = 设计图纸中钢筋净用量 × (1 + 损耗率) - 定额总用量

　　(1)钢筋损耗率包括施工过程中操作和图纸未注明的钢筋搭接。天津市房屋修缮工程预算定额规定:钢筋 ϕ10 以内为 4%,ϕ10 以外为 4.5%,铁件为 1%。

(2)定额总用量 = Σ(钢筋混凝土构件体积×相应预算定额中的钢筋消耗量)

(3)设计图纸中钢筋净用量计算步骤如下:

1)计算不同类别不同直径的钢筋长度

直钢筋长 = 构件长度 − 两端保护层厚度 + 弯钩增加长度

弯起钢筋长 = 直钢筋长度 + 弯筋增加长度

2)计算设计图纸中钢筋净用量

钢筋净用量 = Σ(钢筋长度×相应钢筋直径的每米重量)

(4)钢筋长度按以下规定计算:

1)保护层厚度按设计规定计算,通常可参考表 13-5 计算。

钢筋保护层厚度(mm)   表 13-5

环境条件	构件类别	混凝土强度等级		
		≤C20	C25 C30	≥C35
室内正常环境	板、墙、壳	15	15	15
	梁和柱	25	25	25
露天或室内高湿度环境	板、墙、壳	35	25	15
	梁和柱	45	35	25

2)箍筋长度的计算

A.箍筋弯钩增加长度的计算

末端弯 180°钩时,如图 13-16 所示。用于一般结构,每个弯钩增加长度为钢筋直径的 8.25 倍。用于有抗震要求的结构,每个弯钩增加长度为钢筋直径的 13.25 倍。

末端弯 135°钩时,如图 13-16 所示。用于一般结构,每个弯钩增加长度为钢筋直径的 6.9 倍。用于有抗震要求的结构,每个弯钩增加长度为钢筋直径的 11.9 倍。

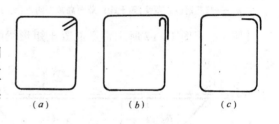

图 13-16 箍筋示意图
$(a)135°/135°$;$(b)180°/180°$;$(c)90°/90°$

末端弯 90°钩时,如图 13-16 所示。用于一般结构,每个弯钩增加长度为钢筋直径的 5.5 倍。用于有抗震要求的结构,每个弯钩增加长度为钢筋直径的 10.5 倍。

箍筋长也可按减去保护层的箍筋周边长度,另加闭口箍筋的综合长度 140mm 计算。

B.箍筋长度的计算

箍筋设计长度 = $(H + B - 4b) \times 2 + 2 \times$ 弯钩增加长度

式中 H——构件截面高;

         B——构件截面宽

         b——箍筋保护层厚度(按 15mm 计算)。

C.箍筋根数的计算

箍筋根数 = (构件长度 − 两端保护层)÷箍筋间距 + 1 + 箍筋局部加密的个数

3)受力钢筋长度的计算

A．弯钩增加长度的计算

一般螺纹钢筋、焊接网片及焊接骨架可不必弯钩。钢筋弯钩形式有三种：半圆弯钩、直弯钩及斜弯钩。弯钩长度按下列规定计算：

钢筋末端做180°弯钩者，每个弯钩增加长度等于钢筋直径的6.25倍；钢筋末端做135°弯钩者，每个弯钩增加长度等于钢筋直径4.9倍；钢筋末端做90°弯钩者，每个弯钩增加长度等于钢筋直径3倍。

B．弯起钢筋增加长度的计算

弯起钢筋在设计图纸上只注明钢筋弯起角度，而不注明弯起钢筋增加部分的长度。其弯起部分的斜长(S)与弯起部分的水平长度(L)之差，为弯起钢筋的增加长度。它是根据其弯起角度和弯起高度而确定，一般弯起的角度为30°、45°及60°，为计算方便现将弯起钢筋斜长增加长度列表如下，详见表13-6。

弯起钢筋斜长系数表   表13-6

图形 符号	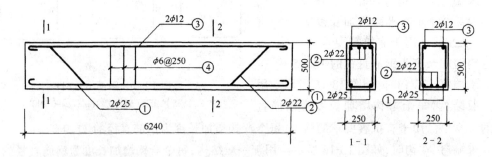		
斜边长度 S	$2h$	$1.414h$	$1.155h$
弯筋增加长 $S-L$	$0.268h$	$0.414h$	$0.577h$

注：h——弯起钢筋的高度，等于构件截面高减去两边保护层的厚度。

【例】计算图13-17所示钢筋混凝土矩形梁的钢筋净用量。

图 13-17　钢筋混凝土矩形梁配筋图

【解】

(1) 计算钢筋的长度

① 号钢筋 $\phi25$

$6.24 - 2 \times 0.025 + 2 \times 6.25 \times 0.025 = 6.50(\text{m})$

② 号钢筋 $\phi22$

$6.24 - 2 \times 0.025 + 2 \times 6.25 \times 0.022 + 0.414 \times 0.45 \times 2 = 6.84(\text{m})$

③ 号钢筋 $\phi12$

$6.24 - 2 \times 0.025 + 2 \times 6.25 \times 0.012 = 6.34(\text{m})$

④ 号钢筋 $\phi6$

1）每根箍筋长度

$[(0.5-0.03)+(0.25-0.03)]×2+0.14=1.52(m)$

2）箍筋根数

$(6.24-0.025×2)÷0.25+1=25.76$　取 26 根

(2) 计算钢筋净用量，详见表 13-7。

表 13-7

钢筋净用量表

编号	钢筋形状	规格	每根长度(m)	根数	总长(m)	kg/m	重量(kg)
①		$\phi25$	6.50	2	13.00	3.853	50.09
②		$\phi22$	6.84	2	13.68	2.984	40.82
③		$\phi12$	6.34	2	12.68	0.888	11.26
④		$\phi6$	1.52	26	39.52	0.222	8.77
合　计							110.94

（六）预制钢筋混凝土构件工程量计算规则

1．各种预测钢筋混凝土构件制作工程量，均按构件实体积计算，套相应现场预制定额。如构件厂生产预制构件，制作费执行出厂价格，另增混凝土构件场外运输及混凝构件采管费项目。

2．预制混凝土构件安装工程量，均按构件实体积计算。预制混凝土构件安装定额中已综合了预制构件的灌缝、找平的内容。预制混凝土楼板安装定额是按扒杆提升和卷扬机提升综合考虑的，如采用大型起重机械吊装，不适用修缮定额，另行编制补充定额。其它构件吊装一律按修缮定额执行。

3．预制混凝土构件运输工程量，均按构件实体积以立方米（m³）计算。

六、屋　面　工　程

屋面工程包括新作、铲修、揭挖、修补各种屋面工程及剔抹弯水、摆瓦檐、加腮、调脊、保温层、找平层、层面排水等项目。

（一）新作各种屋面工程量计算规则

1．新作各种屋面工程适用于新建工程。除新做瓦陇铁屋面不包括木基层外，其他新做屋面均包括木基层，如设计与定额不符时，允许换算。

2．卷材屋面不包括瓦檐；瓦陇铁，平铁屋面不包括屋脊；石棉瓦、瓦陇铁、平铁屋面、玻璃钢瓦顶不包括披水、烟囱根抹灰等内容，其项目可另套相应定额计算。

3．屋面坡度加工：系指坡度大于 1/2（即高跨比 1:4）的屋面，按该项定额合计工日乘以系数 0.1023，增加人工。多坡顶加工：系指三坡以上的多坡，按该项定额合计工日乘以系数 0.0503，增加人工。

4．新作各种瓦屋面工程量均按水平投影面积乘以屋面坡度延尺系数（见表 13-8）以 m² 计算。不扣除屋顶烟囱、屋顶小气窗、斜沟等所占的面积，而屋顶小气窗出檐与屋面重叠部分的面积亦不增加,但天窗出檐部分重叠的面积,计入相应的屋面工程量内。

5. 卷材屋面不分屋面形式如平屋面、锯齿形屋面、弧形屋面等,均执行同一定额。其工程量按水平投影面积乘以屋面坡度延尺系数(见表13-8),不扣除屋顶烟囱、风帽、风道、斜沟等所占的面积,其根部弯起部分不增加。女儿墙和天窗根部弯起部分增加面积并入卷材屋面工程量内。如图纸未注明尺寸,伸缩缝,女儿墙弯起高度可按0.25m计算,天窗根部弯起高度可按0.5m计算。天窗出檐部分重叠的面积,计入相应的屋面工程量内,局部增加层数时,另计增加部分,套用每增减一毡一油定额。

6. 屋面保温层按图示尺寸的面积乘以平均厚度以立方米(m^3)计算。不扣除烟囱、风帽、斜沟等所占的面积。屋面抹水泥砂浆找平层的工程量与卷材屋面相同。

屋 面 坡 度 系 数 表　　　　　　　　　　　　表 13-8

屋顶类型	平顶	坡　　　　　　　　　　　顶										
高跨比		1/2	1/3	1/4	1/5	1/8	1/10	1/12	1/16	1/20	1/24	1/30
延尺系数	1	1.4142	1.2019	1.1180	1.0770	1.0308	1.0198	1.0138	1.0078	1.0050	1.0035	1.0022

(二)屋面工程揭瓦、加腮、调脊、修补等项目的工程量计算规则

1. 揭瓦各种瓦屋面工程,以不拆除木基层为准(土板或椽子笆砖),如施工需要局部拆换者,另列项目计算。拆与瓦作法不一致时,应分别套用不同定额。揭瓦各种瓦屋面均包括调脊,不得重复计算。其工程量按设计面积以平方米(m^2)计算。

2. 瓦屋面修补系指屋面局部渗漏进行修补,操作面积在$3m^2$以内为准,超过$3m^2$者可套用加腮定额。加腮、修补均不包括调脊,如需要可另套调脊定额计算。修补、加腮工程量均按设计面积以平方米(m^2)计算。

3. 卷材屋面修补适用于分散零星修补工程。铲修、修补卷材屋面按设计面积以平方米(m^2)计算,弯起部分展开并入屋面工程量内。

4. 铲作油毡沟嘴、修补烟囱根披水,系指单作沟嘴及披水如整个屋面铲作不得另行计算。

5. 铲作油毡沟嘴按设计个数计算。剔抹弯水、摆瓦檐、铅铁屋脊、调脊等工程均以延长米(m)计算。

6. 拆换屋面板包括拆除,适用于局部拆换工程。拆换屋面板、笆砖按设计面积以平方米(m^2)计算。拆换椽子按设计长度乘以间距以平方米(m^2)计算。

7. 油毡天沟按露明沟宽乘以长度以平方米(m^2)计算,压入瓦底部分已综合在定额内,不得展开计算。

(三)屋面排水工程量计算规则

1. 凡拆换排水工程,无论工程量大小,制安可套用本分部定额,其拆除部分另套拆除工程定额计算。

2. 躺沟、立水管所用铁件的工料均以综合在定额内,不得重复计算,安装雨水管的脚手架另行计算。

3. 各种镀锌薄钢板躺沟、玻璃钢躺沟均按檐口外围长度以延长米(m)计算,其顺长度方向咬口或搭接的镀锌薄钢板已包括在定额内。躺沟周长包括沟屋压顶部分不得重复计算。

4．各种镀锌薄钢板立水管、玻璃钢立水管均以安装后长度以延长米(m)计算,其接口插入部分已综合在定额内,不得重复计算。镀锌薄钢板立水管中的下水嘴、灯插弯合并在立水管定额内。玻璃钢立水管中的铅铁下水嘴、灯插弯另列项目计算。各种立水管均不包括弓形弯制安,如需要可另列项目计算。

5．水漏斗、出墙水嘴、虾体弯、下水嘴、灯插弯、弓形弯均按个计算。

6．镀锌薄钢板天沟、披水、烟囱根按展开面积以平方米(m²)计算,其顺长度方向咬口或搭接的镀锌薄钢板已包括在定额内,不得重复计算。

7．缸瓦立水管按实作长度以米(m)计算。修理躺沟、立水管按实修长度以米(m)计算。

七、木 结 构 工 程

木结构工程包括门窗制安、门窗特殊五金安装,门窗修理、屋架制安、楼梯制安等工程项目。

木结构工程中所用木材种类,除木扶手为三、四类木种外,其他项目均以一、二类木种为准,如采用三、四类木种时,应分别乘以增价系数。增价系数按各地区定额执行。

利用旧料加工以成品完成量所用旧料占预算定额本项工程应用木料量50%以上为准,按照定额工程项目中人工费乘以加工系数。加工系数按各地区定额执行。

(一)新作各种门窗工程量计算规则

1．门窗安装定额中包括小五金(插销、领、磁钩、拉手及拉绳)。特殊五金不包括在内,如扣吊、大型拉手、暗插销、地弹簧、金属挡板、尼龙绳、碰珠、门锁等。设计施工需要安装时应按设计用量另行计算,套用相应定额,门窗特殊五金安装定额中的五金价格仅供参考。计算时应按实调整。

2．现场新作木门窗、成品门窗单独安装工程量均按门窗框外围面积以平方米(m²)计算。矩形天窗、老虎嘴天窗以个计算,山墙百叶窗按平方米(m²)计算。

3．成品门窗制作按门窗实际的成品件计价,安装套单独安装定额。新作及单独安装定额中包括玻璃安装,玻璃品种及厚度与设计要求不同时应按实调整,但定额中的玻璃用量不变。

4．新作门窗定额分:窗分带亮子不带亮子、带纱不带纱,门分带亮子不带亮子、带纱不带纱及分不同的门扇类型。应分别计算工程量。门扇分类如下:

(1) 玻璃门 { 全玻门; 半玻门;

(2) 自由门 { 全玻门; 半玻门;

(3) 包镶门 { 胶合板门; 纤维板门;

(4) 装板门;

(5) 拼板门。

5．自由门的弹簧合页已包括在小五金费内,不另行计算。但其它各种门如使用弹簧合页时,应另行计算,原小五金费不予扣除。

6．定额中的门框料是按无下坎计算的。如设计有下坎时,其工程量按门框外围亮度以延长 m 计算,套相应定额。

（二）门窗修理工程量计算规则

1. 修理门窗扇定额分:简修(不落扇、不换料)、小修(落扇、不换料)、中修(换 1~2 块料)、大修(换 3~4 块料),应根据工程实际情况分别按扇计算,套相应定额。

2. 添配门窗框按设计长度以延长米(m)计算,添配门扇窗扇按设计扇的外围面积以平方米(m²)计算。修理门窗框及改换开启方向按樘计算。

3. 包镶门按设计尺寸补换纤维板或胶合板面积以平方米(m²)计算。不足 0.5m² 的按 0.5m² 计算。换门心板按设计数量以块计算。

4. 纱门窗拆钉铁纱按扇外围面积以平方米(m²)计算。

（三）木作工程的工程量计算规则

1. 新作木屋架包括制安,拼按的铁件及稳固铁件用的砂浆等材料及套板工料在内。桁架所用木料与定额不同时可以换算木料用量。木屋架、木檩定额均以不刨光为准,如设计需要刨光时,套相应定额另行计算。椽子刨光将其定额人工乘以系数 1.2,木料增加 10%。

2. 新作各种屋架按不同跨度以架计算。屋架跨度以上下弦中心线交点之间长度为准。安风撑及附木已包括在定额内,不得另行增加人工。屋架上如有天窗、气楼者,其上部小屋架不包括在内,套 4m 以内屋架另列项目计算。

3. 檩木制安以立方米(m³)计算,穿檩不分方圆,统一按定额执行以根计算。木桁架加固、添木夹板、加风撑及斜撑按设计规格以 m³ 计算。单加铁件按公斤(kg)计算。

4. 新作木楼梯包括制安踏步、趄脚板、楼梯帮、休息平台的木龙骨及地板等,不包括栏杆及扶手。工程量按踏步斜长乘以宽,平台部分按长乘以宽以平方米(m²)计算。

5. 简修木楼梯包括局部添配踩板、三角木整理加固等。大修木楼梯包括拆换楼梯帮修理添配制安木柱、踩板、趄脚板、三角木等。简修、大修木楼梯工程量均按蹬数计算。

6. 柜类项目均按米计算。货架、高货柜按正立面面积计算包括脚的高度在内。

7. 窗护栏、护窗板、筒子板、窗台板、木搁板、木盖板、玻璃黑板、粘板布告栏等制安均按 m² 计算。暖气罩按框外围尺寸投影面积计算。

8. 窗帘盒、挂镜线、门窗贴脸、披水条、盖口条、塑料踢脚板、挂衣钩底板等制安工程量均按延长米(m)计算。楼梯栏杆和扶手可按其全部水平投影长乘以 1.15 系数以米(m)计算。

9. 上人孔盖板,通气孔、钢筋窗帘杆、信报箱安装均按个计算。

八、顶棚、隔断墙工程

顶棚、隔断墙工程包括新作、铲抹、补抹、拆换各种顶棚、隔断墙及装饰墙等项目。

新作顶棚、隔断墙抹灰均为中级抹灰水平。即:一遍底层、一遍垫层、一遍面层。抹灰工程阴阳角已综合定额内。顶棚抹灰包括小圆角,如设计要求抹灰线时,应另列项目计算。

胶合板、纤维板、锯末板、刨花板顶棚及隔断墙均包括压边、压条。压条系按八字考虑的,如遇有复杂压条另行增加人工。

（一）新作顶棚工程量计算规则

1. 顶棚轻钢龙骨使用量,设计与定额不同时,龙骨使用量允许调整,增加损耗率为 6%。轻钢龙骨顶棚石膏板用量,均不包括改锯损耗,其损耗和加工费应另行计算。

2．新作各种顶棚工程量均按主墙间的净面积以 m² 计算,不扣除间壁墙,穿过顶棚的柱、垛、附墙烟囱和管道所占的面积。异形顶棚展开面积计算,检查孔及靠墙的烟囱防火料已包括在定额内,不得另行计算。

3．檐口顶棚按设计面积并入相应室内顶棚工程量内,不扣除通风洞及墙垛所占的面积,其通风洞的工料已包括在定额内,不得另行计算。

4．混凝土顶棚楼板抹缝系为顶棚不抹灰将楼板缝隙填实抹平之用。如需顶棚抹灰者不得增用此项重复计算。

5．混凝土顶棚抹灰按主墙间的净面积以平方米(m²)计算,不扣除间壁墙、柱、垛、附墙烟囱和管道所占的面积。带混凝土梁的顶棚,梁的两侧抹灰面积应并入顶棚抹灰工程量内计算。

(二) 修理各种顶棚工程量计算规则

1．铲抹、补抹顶棚、隔断墙的划分,其每一操作面积在 3m² 以内为补抹,3m² 以外为铲抹。拆换工程无大小面积之分。

2．补抹、铲抹、拆换、补钉各种顶棚按查勘设计面积以平方米(m²)计算。顶棚找平加吊挂按顶棚混方面积以平方米(m²)计算。补抹灰线按设计长度以延长 m 计算。拆作检查孔按个计算。

(三) 隔断墙工程量计算规则

1．单面胶合板、刨花板、锯末板、纤维板隔断墙的龙骨露明部分均包括刨光,其刨光木料损耗及人工均综合在定额内,不另行计算。

2．半截玻璃隔断墙系指上部为玻璃隔断,下部为单砖墙或其它隔断,应分别计算工程量,套用相应定额。玻璃隔断不包括活扇部分,计算时应扣除活扇所占面积。

3．锦锻、人造革墙面定额综合了圈边木压条工料、如设计要求壁面分格或安装金属压条时,另列项目计算。

4．新作各种隔断墙工程,均按实作面积以 m² 计算,扣除门窗洞口所占面积,不扣除 0.3m² 以内孔洞所占面积。门窗贴脸、踢脚板另列项目计算。

5．补抹、铲抹、拆换、补钉各种隔断墙、护墙板均按查勘设计面积以平方米(m²)计算。

6．各类装饰条工程量均按延长米计算。木装饰条定额分三道线以内,三道线以外。装饰线的道数以突出的棱角为准。

(四) 招牌基层及其它项目工程量计算规则

1．平面招牌是安装在门前的墙上,箱体招牌、竖式标箱是六面体固定在墙体上,沿雨篷、挑檐、阳台走向的立式招牌,套用平面招牌复杂项目。一般招牌和矩形招牌是指正立面平整无凸出面,复杂招牌和异形招牌是指正立面有凸起或造型。招牌的灯饰均不包括在定额内,招牌的面层套用顶棚相应项目,其人工乘以系数 0.8。

2．平面招牌基层,按正立面面积计算,复杂形凸凹造形部分不增减。立式招牌按平面招牌复杂形定额执行时,应按展开面积计算。箱体招牌和竖式标箱基层的项目按外围体积计算。突出箱外的灯饰、店徽、其它艺术装潢等项目另行计算。

3．美术字安装不分字体均执行定额,美术字安装在其它面层是指铝合金板面、钙塑板面等,美术字安装按字的最大外围面积计算。

九、抹 灰 工 程

抹灰工程包括新抹、铲抹、补抹各种白灰砂浆、水泥砂浆、混合砂浆及水刷石、水磨石陶瓷锦砖、大理石、贴瓷砖,墙面勾缝等工程项目。

定额中各项作法是参考有关规定结合修缮工程常用作法确定,如设计要求配合比与定额不同时不允许换算。抹灰厚度与定额不同时套用相应定额进行调整。当主材品种与定额不同时可以进行换算,但人工费、机械费不得调整。

定额中抹白灰砂浆、混合砂浆、水泥砂浆均系中级抹灰,当设计要求抹灰不压光时,其人工乘以系数 0.87。

（一）内墙面抹灰工程计算规则

1. 内墙抹白灰砂浆不包括水泥护角,如需要时另套水泥护角定额计算。零星抹灰系指抹灰项目内不包括的零星、小量抹灰工程。

2. 内墙面抹灰面积,应扣除门、窗洞口和空圈所占的面积,不扣除踢脚板、挂镜线、$0.3m^2$ 以内的孔洞和墙与构件交接处的面积。洞口侧壁和顶面不增加,但垛的侧面抹灰应与内墙抹灰工程量合并计算(有些地区定额不扣门窗洞口和空圈所占面积)。

内墙面抹灰的长度以主墙间的展开长度计算(展垛的侧面),其高度确定如下:

（1）无墙裙有踢脚板,其高度由地面或楼面起算至楼板下皮。

（2）有墙裙无踢脚板,其高度按墙裙顶点算至楼板下皮另增加 10cm 计算。

（3）有吊顶顶棚的内墙面抹灰,其高度自楼地面至顶棚下皮另加 10cm 计算。

3. 墙中的梁、柱等的抹灰,按墙面抹灰定额计算,其突出墙面的梁、柱抹灰工程量按展开面积计算,并入墙面抹灰工程量内。独立柱及单梁等抹灰,应另列项目,其工程量按结构设计断面尺寸计算。

4. 内墙裙抹灰面积以长度乘以高度计算。应扣除门窗洞口和空圈所占面积,并增加门窗洞口和空圈的侧壁和顶面的面积,垛的侧壁面积,并入墙裙内计算。

（二）外墙面抹灰工程量计算规则

1. 施工中凡用白水泥代替普通水泥者,其定额内水泥用量不变,价格允许调整。凡需要增加颜料的项目,可按每立方米(m^3)砂(石)浆增加颜料 20kg,凡采用色石子或大理石石子的,材料用量不变,价格可按市场价格调整。

2. 各种外墙面、墙裙抹灰及喷涂、弹涂应扣门窗洞口、空圈所占的面积,不扣除 $0.3m^2$ 以内孔洞面积,但门窗洞口及空圈的侧壁、顶面积(不带线者),垛的侧壁面积,并入外墙面抹灰中计算。

3. 水刷石、水磨石、干粘石、剁斧石及各种块料面层镶贴等各项工程,均按设计面积展开以平方米(m^2)计算。

4. 阳台、雨篷抹灰按水平投影面积计算,定额中已包括底面、上面、侧面及牛腿的全部抹灰面积。但阳台的栏杆,栏板抹灰应另列项目,按相应定额计算。

5. 阳台栏板、栏杆的双面抹灰按栏板、栏杆水平中心长度乘高度(由阳台面起至栏板、栏杆顶面)的单面积乘以系数 2.1 以平方米(m^2)计算。有栏杆压顶者乘以系数 2.5 以平方米(m^2)计算。

6. 水泥砂浆装饰线分五道以内,十道以内,十道以外均按设计长度以延长 m 计算。每一突出棱角视为一道装饰线。

7．挑檐、天沟、窗台、窗套、压顶均按结构设计断面尺寸以展开面积按相应定额以平方米(m²)计算。

8．烟囱眼、沟嘴、柁头、水泥字,镶石膏花等均按个计算。作水泥字如框内抹灰按相应定额以 m² 计算。

9．新墙勾缝、旧墙补缝均按混方以平方米(m²)计算,不扣除门窗洞口、门窗套、腰檐和挑檐所占面积,但垛的侧壁、门窗洞口侧壁和顶面勾缝面积亦不增加。

10．各种池槽抹水泥砂浆、水刷石、水磨石、镶瓷砖、陶瓷锦砖均按池槽的设计尺寸展开面积以平方米(m²)计算。

(三)铲抹、补抹工程量计算规则

1．铲抹、补抹工程均包括铲除旧墙皮及清理墙面,补抹以每一操作面积在 3m² 以内为准。超过 3m² 则按铲抹定额执行。

2．钢筋混凝土补抹水泥面系指钢筋混凝土阳台、雨篷、楼梯梁、板、柱等构件保护层脱落露筋的工程抹灰。包括钢筋除锈、清扫、浸湿、刷水泥浆、抹灰、养护等,不包括焊补钢筋及压力灌浆。

3．旧墙勾缝已综合考虑了旧墙的碱蚀、灰缝宽、深耗用灰浆量较多因素。不论旧墙程度如何,一律不准调整。

4．不同砂浆及各种墙面的铲抹、补抹;钢筋混凝土补抹水泥面工程量均按查勘设计面积以平方米(m²)计算。

十、楼地面工程

楼地面工程包括各类地面面层、地面垫层、防潮层、找平层、台阶、坡道、散水等工程项目。

按定额工程项目单位为计算单位,凡是新作木楼地板,趆脚板,拆换、修补各种木地板,趆脚板、木龙骨等利用旧木料超过 50％以上者,其人工费乘1.2。

(一)各类地面面层工程量计算规则

1．各类地面均不包括趆脚板,其趆脚板应另列项目按相应定额计算。各种块料地面材料的规格尺寸,与定额不符时,材料允许换算,但人工不得调整。

2．楼地面整体面层、砖地面均按主墙间净面积计算。应扣除凸出地面的构筑物、设备基础、室内铁道及不需作面层的沟盖板所占的面积。不扣除柱、垛、间壁墙、附墙烟囱及0.3m² 以内孔洞所占的面积,但门洞、空圈、暖气包槽,壁龛的开口部分,亦不增加。

3．楼地面块料面层均按图示尺寸以平方米(m²)计算,应扣除各种所占面层面程的工程量,但门洞、空圈、暖气包槽、壁龛的开口部分的工程量并入相应的面层内计算。

4．水泥砂浆、水磨石、塑料趆脚板均按图示长度以米(m)计算。预制磨石板和其它块料面层趆脚板、木趆脚板均按图示长度乘以高度以平方米(m²)计算。不扣除门洞及空圈的长度,其侧壁也不增加。柱的趆脚板工程量合并计算。

5．新作木地板包括刨光,不得重复计算。龙凤榫(企口)地板以成品料为准。

6．107胶地面,如设计采用白水泥、定额允许换算;随打随抹地面只适用于无厚度要求的随打随抹面层。

7．水泥砂浆抹楼梯按水平投影面积计算(与现浇钢筋混凝土楼梯工程量相同),定额中已包括底面、侧面及趋脚板的工料。其它块料面层楼梯及水磨石楼梯,按展开面积以平方米(m²)计算,不包括楼梯侧面、底面抹灰。

(二)地面垫层、找平层、防潮层工程量计算规则

1．地面垫层工程量均按地面面积乘以垫层厚度以立方米(m³)计算。素土夯实厚度用室内外地平之差减去地面厚度。

2．找平层按主墙间净空面积计算,计算规则同整体地面。水泥砂浆找平层如墙根部需弯起时,弯起部分面积合并找平层工程量内。找平层设计厚度与定额不同时允许增减调整。

3．楼地面防潮层面积同地面面积。墙面防潮按图示尺寸以平方米(m²)计算,不扣除0.3m²以内的孔洞,墙面防潮合并地面计算。

4．混凝土坡道、混凝土台阶、砖台阶、条石台阶拆稳以立方米(m³)计算,撬稳条石台阶以延长米(m)计算。抹坡道磋磋按其坡度以平方米(m²)计算,其层次立面不得展开计算。台阶两翼砌砖墙,可套相应定额计算。

5．散水按平方米(m²)计算,长度按外墙外边线长度(不减坡道、台阶所占长度、四角延伸部分亦不增加)宽度按设计尺寸。散水设计厚度与定额不同时,材料允许按比例换算。但其中人工、机械不得调整。

(三)地面修补工程量计算规则

1．地面修补,3m²以内为补抹,3m²以外为铲抹。

2．拆换、修补地板包括刨光,不得重复计算。地板龙骨加固,包括拆安及加固、剪刀撑卡实钉牢、接头打拐、加砖垛、刷防腐油等人工。定额不包括所需材料及地面、顶棚的修复工程,根据需要另列项目计算。

3．补抹、铲抹、各类地面、拆换、修补木地面工程量均按查勘设计面积以平方米(m²)计算。

十一、金属结构工程

金属结构工程包括金属结构制安、抗震加固等工程项目。

1．构件制作是按焊接为主考虑的,对构件局部采用螺栓连接时,已考虑在定额内不再换算,但如遇有铆接的构件时,应另行补充定额。

2．金属构件制安、运输工程量均按设计图示尺寸的钢材重量计算。金属构件重量只计算主材重量(型钢、连接板),螺栓、焊条不计算重量。工程量不扣除孔洞、切肢、切边重量,多边形或圆形按矩形或正方形计算。

3．各定额项目均不包括构件的除锈、油漆。实际发生时,另列项目计算。

4．抗震加固工程制安均按设计图示尺寸的钢材重量计算。其安装所用的零星铁件不另行计算。

5．修配铁栏杆按根计算。剔墙眼按个计算。

十二、油漆、粉刷、玻璃工程

油漆、粉刷、玻璃工程包括新、旧木材面,金属面,内、外檐墙面油漆,刷涂料、贴壁纸、打腊及门窗新安、补安玻璃等工程项目。

1．油漆、粉刷、玻璃工程以室内操作高度 3.6m 以内为准,包括使用高蹬。如使用脚手架时可按脚手架工程有关规定计算。

2．各种油漆工程的油漆用量是综合取定的,实际与定额消耗量不同不得调整。施工中不论深色,浅色一律执行同一定额。

3．钢、木门窗新安、补安玻璃的厚度与定额规定不同时,材料价格可按实调整,但人工费及材料用量不得调整。

4．木门窗油漆、刮腻子,铲油皮均按门窗框外围面积以平方米(m²)计算。双面上油漆面积乘以 2。纱门窗油漆两面算一面,但不包括铁纱上油。门窗筒子板、贴脸、窗台板的面积并入相应定额计算。

5．天花板、棋子式顶棚油漆,定额已考虑了展开系数。顶棚压条油漆按顶棚的面积计算。

6．挂镜线、窗帘盒,廉子杆油漆按延长米(m)计算。

7．木栏杆、铁栏杆、花饰铁门、钢窗、钢屋架均按两面算一面以平方米(m²)计算。木门窗包铁皮按展开面积以平方米(m²)计算,两面油漆乘以 2。

8．地板油漆,打蜡,按平方米(m²)计算。趋脚板已综合在定额内,不得另行计算。凡注明打硬蜡的项目内均已包括擦软蜡的工料在内,不得重复计算。

9．楼梯油漆、打蜡按斜长乘宽,套地板相应定额乘以系数 2 计算。底面同时刷油漆者乘以系数 4。不包括扶手栏杆油漆。

10．木屋架油漆两面算一面,不分方、圆均按其跨度乘中高除以 2 混方以平方米(m²)计算。

11．瓦陇铁、平铁屋顶刷油均以平方米(m²)计算,其瓦陇铁应增系数已考虑在定额内,不再展开计算。

12．雨水管油漆,不分规格均按延长米(m)计算。雨水斗每个折合 1m 长度,并入相应定额内计算。

13．抹灰墙面油漆,贴壁纸均以平方米(m²)计算。扣除门窗洞口所占面积,门窗洞口及垛的侧壁均展开计算。

14．墙面刷浆按墙面垂直投影面积计算,应扣除墙裙的抹灰面积,不扣除门窗洞口面积,但垛侧壁、门窗洞口侧壁、顶面亦不增加。顶棚刷浆按主墙间净空面积计算,不扣除间壁墙、垛、柱、附墙烟囱,检查洞所占面积。

15．刷涂料按相应的抹灰面积计算,遇有阳台时按其展开面积计算。

16 钢门窗、木门窗新安、补安玻璃、补抹油灰,均按查勘玻璃面积以平方米(m²)计算。

十三、脚 手 架 工 程

脚手架工程包括平房、楼房单、双排脚手架、油漆脚手架、护身栏、铁脚手凳、屋面爬架、悬空架、过桥、翻板、满堂红架、雨水管架、电梯脚手架、烟囱架、卷扬机架、龙门架、挂安全网、架子封席、封苫布等工程项目。

1．各项脚手架工程搭设和拆除必须以修缮工程工艺标准中的脚手架安全作业要求为准。各种脚手架的适用范围应根据施工组织设计确定,根据工程需要套用相应脚手架项目定额。各种脚手架的适用范围如下:

(1) 单脚脚手架及挂脚手架适用于新砌墙、拆砌檐头、山尖、修理各种屋面、拆换躺沟等。

（2）双排脚手架适用于拆砌墙、外檐抹等工程。

（3）油漆脚手架适用于单独外檐油漆、粉刷工程。

（4）悬挑架适用于楼房翻修屋面，拆换躺沟，拆砌檐头等。

（5）屋面爬架适用于坡度较陡的屋面修理工程。

（6）护身栏适用于楼、平房屋面补漏工程。

（7）铁脚手凳适用于砌墙之用。

（8）悬空过桥适用于楼房之间上部搭设通道之用。

（9）翻板适用于已搭设好脚手架，结合工程需要上、下翻板之用。

（10）马蹄箭适用于建筑物已搭好单排脚手架，中部有需要修理的工程之用（如铲、补抹腰线等工程）。

（11）立水管脚手架适用于拆换、修理立水管及立水管刷油漆工程。

（12）满堂脚手架适用于室内净高超过 3.6m 的建筑物顶棚制安、顶棚抹灰等工程。

（13）附墙烟囱架、屋顶烟囱架、独立烟囱架适用于各种烟囱的砌筑、修理、安装和油漆工程。

（14）各类滑车架、卷扬机架、龙门架适用于垂直运料。

（15）架子封蓆与安全网适用于主要交通干线、繁华地区、院落施工时必须搭设的防护设备之用。

2．各项脚手架定额中均不包括脚手架的基础加固，如需加固时，加固需按实计算。基础加固是指木脚手架立杆下端或铁架底座下皮以下的一切作法。

3．单、双排脚手架均包括一次铺板，翻板适用于搭设的脚手架在铺好一次板后，结合工程需要翻板之用。

4．楼房自然层高度在 3.6m 以内按自然层计算，自然层高超过 3.6m 者按 3.6m 折合一层计算，剩余高度超过 1.5m 按一层计算，不足 1.5m 不计层数。同一建筑物有楼、平房相连者，应分别套用相应定额计算。

5．单排、双排、油漆脚手架以平方米（m²）计算。外墙：四面交圈架子，以外墙长度每端加长 1m 后乘以高度计算。高度以室外地平至檐口滴水，山墙高度算至山尖顶端，另加 1.2m 为准。内墙：以室内地平至楼板下皮或山尖的平均高度乘以内墙净长计算。

6．独立柱脚手架以平方米（m²）计算，按柱截面周长另加 3.6m 后乘以高度，套用相应单排脚手架定额计算。

7．护身栏以长乘 1.5m 高按平方米（m²）计算。悬挑架按不同楼层以米（m）计算。

8．翻板按不同楼层套用定额以米（m）计算。不论翻板步数多少，只计算一步的延长米，不得逐层、逐步累计相加。

9．满堂红脚手架按室内净长度乘以宽度以平方米（m²）计算，不扣除垛、柱、间壁墙及附墙烟囱所占面积。其高度以室内地平或楼板面算至顶棚或楼板下皮计算，异形顶棚其高度按平均高度计算。

10．铁木挂脚手架、屋面爬架、挂安全网、架子封蓆、封苫布等均按实际搭设面积以平方米（m²）计算。

11．立水管架、附墙烟筒架、滑车架、卷扬机架，电梯脚手架分别按不同楼层以座计算。独立烟筒水塔脚手架按不同高度以座计算。

238

12. 过桥按座计算,定额规格是综合考虑的,实际搭设与定额规格不同时,不得调整。

13. 铁脚手凳按不同步数以米计算;马蹄箭按不同楼层以米计算。

14. 龙门架按不同高度以座计算,其高度以吊滑车横杠为准。

15. 吊篮脚手架按外墙垂直投影面积以平方米(m²)计算。罩棚脚手架按其建筑面积以平方米(m²)计算。

16. 管道脚手架按延长米(m)计算,高度从自然地平算至管道下皮,多层排列管道时,以最上一层为准。长度按管道中心线长度计算。

十四、室外工程及水暖辅助工程

室外工程及水暖辅助工程包括:围墙、甬路、路面、排水管道、各种井池砌筑;设备及管道保温、除锈、油漆等工程项目。

1. 围墙基础与墙身的划分是以设计室外地平为分界线。基础、防潮层、抹灰、勾缝等另行计算。

2. 铺设排水管道,如遇混凝土或沥青路面时,其混凝土或沥青路面的工程量另行计算,执行路面拆除定额。

3. 新砌化粪井、检查井、水表井按规格以座计算。如超出规定尺寸,按设计要求分别计算挖土方,砌筑和抹灰工程量套相应定额。

4. 砖墁甬路包括栽砖牙子,但不包括灰土及其它垫层,如设计要求作垫层,应分别执行土方及相应垫层定额。

5. 混凝土路面项目,只适用于建筑场地范围以内通向单一建筑物的普通混凝土路面,与两个及两个以上建筑物相通的混凝土路面,执行市政工程定额。其它路面、各种水泥砖路面执行地面工程相应定额。路牙另套相应定额。

6. 砖砌围墙按不同厚度分别以平方米(m²)计算。空花墙按带有空花部分的局部外形面积计算,空花所占面积不扣除。

7. 排水管道按其中心线长度以延长米(m)计算。其坡度影响不予考虑,但检查井和连接井所占长度也不扣除。混凝土管基按图示尺寸以立方米(m³)计算。

8. 路面面层、路基均按设计图示尺寸以平方米(m²)计算。路牙按实铺长度以延长米(m)计算。

9. 炉体及设备保温均按其面积以平方米(m²)计算。管道保温层按不同规格管径以延长米(m)计算。

10. 顶棚、墙面、地面堵扎按个计算。补钉板条、修补地板、拆钉木趋脚板均按平方米(m²)计算。拆装暖气罩按个计算。

11. 设备、管道及附件、散热器、烟囱刷油漆按展开面积以平方米(m²)计算。

第五节　工程造价计算及工料分析

一、工程量汇总

工程量计算完毕后,并按修缮设计图纸复核,确认无漏无误后,即可进行汇总。工程量汇总是将数百个工程量数据,从数十页工程量计算书中,按照统计分组法,把各分部工程各分项工程的工程量,按定额项目的前后顺序排列归纳汇总,为下一步分项工程计价或工料分析计算打下基础。在工程量汇总过程中,要密切结合预算规定的口径,注意发现哪些定额规定的项目在计算工程量时被忽视了,就要随时补算。

二、套用预算单价及计算工程直接费

工程量汇总和整理完毕,就可以套用定额单价计算直接费,以及其中相应的人工、材料、机械费。在土建工程预算中,一般只需计算直接费及其中相应人工费即可。

(一)工程预算表的填写与定额套用

表 13-9 为修缮工程预(结)算表。各栏目的填写方法如下:

修缮工程预(结)算表　　　　　　　　　　　　　表 13-9

工程编号_____

工程名称_____　　　　　　　　　　　　　　　　　第 页共 页

顺序号	定额编号	工　程　项　目	单位	工程数量	单价	合价	其中:人工(元)	
							单价	合价

审核人_____　计算人_____

1. 顺序号:表示各分项工程在修缮工程预(结)算表中的顺序。

2. 定额编号:系指各分项工程套用的定额子目编号,它有如下几种情况:

(1)当分项工程能直接套用定额单价时,编号必须与定额子目编号一致的号码,号码中其横线前面的为分部号,横线后面的为分项号,如"5－57"即表示第五分部第 57 项。

(2)当分项工程不能直接套用定额,而要进行定额换算时,在编号后面必须加上"换"字,如"6－15 换",表示"6－15"的定额单价已经过换算,不再是原有的单价了。

(3)套用标准作法的,如标准混凝土构件或标准木构件,应按照标准作法定额单价本的编号或取一个适当的标记号,如"窗标 C265"表示套用标准窗价格第 265 号子目。

(4)当分项工程即不能直接套用定额又不能进行定额换算就要编制补充定额(或生项定额)。套用补充定额的必须填写补充定额号,前面加上"补"或"生"字,如"补－25"或"生－25"表示补充定额中的第 25 项目的预算单价。

3. 工程项目:系指分项工程名称,如"C20 钢筋混凝土矩形梁"是项目名称。如果分项工程名称与定额中的名称含意一致,而写法上不一致的,尽量按定额的名称填写,如果两者含意不一致,而是借套相似定额的,应写分项工程自己的名称。分项工程的名称,必须符合图纸设计的内容和定额的要求,使人一目了然。

4. 计量单位:应填写与定额一致的计量单位,如果定额是扩大单位,工程量单位应当与定额单位换算一致。

5. 工程数量：是指分项工程的工程量，如果定额是扩大单位，则工程量应按扩大的倍数进行缩小。

6. 单价：是指定额中分项工程单位产品的预算价值或基价，它是按照定额编号所指的分项工程的预算价值填写。

7. 合价（或金额）：合价＝工程数量×单价。

8. 人工单价：指定额中与预算单价对应的人工工资单价。

9. 人工费：人工费＝工程数量×人工单价。

（二）单位工程直接费汇总

套用预算定额单价完成后，开始进行各分部分项工程价格的汇总工作，就是将修缮工程预（结）算表中的合价项目累计相加。从而汇总出单位工程直接费。

（三）套用定额单价应注意事项

1. 要弄清定额的适用范围，分清新建、扩建、拆改建、修缮、市政等工程预算定额的种类及适用范围，要正确选用。

2. 要熟悉定额的总说明及各分部说明，弄清哪些定额允许换算，哪些定额不允许换算，以及定额的换算方法等。例如楼地面工程中定额规定：垫层配合比，设计与定额不同时允许换算，而水泥砂浆地面面层则不允许调整。

3. 注意带括号的不完全价格，必须补充其主材的材料费。

4. 修缮工程中有很多拆砌、拆换、铲抹等项目，当拆与砌，拆与换或铲与抹作法相同时套拆砌或拆换、铲抹定额，如果作法不同时，拆与砌要分别套用定额。

5. 正确掌握定额项目的综合范围，哪些内容定额中已经综合考虑了，哪些没有包括在定额范围之内，都应弄清楚。例如门窗安装定额中包括小五金，而特殊五金需另列项目计算，如果工程使用特殊五金就要单独计算。类似情况定额中均有说明，应很好掌握。

6. 工程量与定额的计量单位要一致，避免由于错用计量单位而造成预算价值过大，过小的差错。

（四）补充定额的编制

如果在套用定额单价时选不上所需要的定额项目，也没有相似的定额单价参考或换算，就必须自行估工、估料编制补充定额及补充单位估价表。

1. 出现补充定额的原因

（1）设计中采用了定额项目中没有选用的新材料。

（2）施工中采用了定额项目中未包括的施工工艺。

（3）在结构设计上采用了定额中没有的新的结构作法。

（4）设计中选用了定额中未编制的砂浆、混凝土配合比。

（5）施工中使用了定额中未考虑的新的施工机具。

2. 补充定额编制的原则

（1）定额的组成内容必须与现行定额中同类项目相一致。

（2）材料的损耗率必须符合现行定额的规定。

（3）工、料、机的单价必须与现行单位估价表统一。

（4）施工中可能发生的各种情况必须考虑全面。

（5）各项数据必须是实验结果或实际施工情况的统计，数据的计算必须实事求是。

补充定额或称生项定额，补充定额分为一次性使用及多次重复使用的两种情况，其中一次性使用的情况较多。补充定额必须按各地区规定的审批程序报批后才能使用。一般情况下，价格不大的一次性使用的补充定额，经修建单位审查同意后就可使用；对于价值比较高及多次重复使用的定额，须经当地定额主管部门审批后才能使用，上级主管部门要备案，以便今后再制定或补充定额项目时作为参照依据。

三、工料分析及工料汇总

修缮工程预算是以货币形式表现的单位工程分部分项工程量及其预算价值。对于完成单位工程及分部分项工程所需用的人工、材料、机械台班等不能直观地反映出来。为了掌握这些工料预算用量，所以还必须对单位工程预算进行工料分析，编制工料分析表。

（一）工料分析表的作用

1．工料分析表是建筑企业施工管理工作中必不可少的一项技术资料。是计划部门编制施工计划、安排生产、调配劳动力、材料部门编制材料供应计划以及财务部门进行成本分析、制定降低成本措施的依据。

2．工料分析表是编制工程预（结）算时，计算材料差价的依据。

（二）工料分析表的编制

工料分析表的编制一般是按单位工程（土建、给排水、采暖、电气照明工程等）分别编制，根据工程预算中各分部分项工程的工程量、定额编号逐一计算各分项工程所需人工、材料的数量，并按照不同材料品种及规格，分别汇总合计，从而反应出单位工程全部分项工程的人工和材料的预算用量，以满足各项生产管理工作需要。

1．工料分析表的内容如表 13-10 所示。

工 料 分 析 表   表 13-10

工程编号_____

工程名称_____

第 页共 页

定额编号	工 程 项 目	单位	工程数量	人 工		材料名称	石子
				基本工	其它工	材料规格	19－25
				工日	工日	计量单位	m³
				—		—	—
				—		—	—
				—		—	—
				—		—	—
				—		—	—
	合 计			—		—	—

242

2．工料分析表编制的方法

（1）将工程预（结）算表中的各分部分项工程名称、定额编号、单位、工程数量按顺序抄写在工料分析表中。

（2）计算工程用工数，定额人工消耗一般按基本工、其它工划分，工料分析表格内有一条横线，横线上方填写定额中的人工消耗量，横线下方填写分项工程人工消耗量，计算方法为：

分项工程某工种人工用量＝分项工程量×对应工种的定额消耗量

将所有分项工程人工消耗量累计相加，计算出单位工程人工总消耗量。再用单位工程人工总消耗量除以建筑面积，得到每平方米用工数。

（3）计算工程不同品种的材料用量。一个单位工程中所使用的材料往往有上百种甚至上千种。一般在施工图预算的材料分析中主要计算用量大、价值高及材料价格有变化的材料。计算步骤如下：

A．首先将本工程所需材料名称、规格、单位填写在工料分析表的第一横行内，不同种类、不同规格材料要分别列项。如玻璃厚度有 2mm、3mm，石子粒径有 6～13mm、13～19mm、19～25mm、25～38mm，等均应单独列项。

B．工料分析表每格横线上方填写第一横行材料名称所对应的定额用量，每格横线下方填写分项工程需用量。计算方法为：

分项工程某种材料需用量＝分项工程量×对应材料定额消耗量

C．所有分项工程的材料数量计算完以后，必须按分部汇总，最后再将分部用量汇总，得到单位工程的材料、半成品的定额用量。

（三）材料汇总表的填写

材料分析做完以后，接着就将各种材料的最后总数填进单位工程材料汇总表内。单位工程材料汇总表的形式如表 13-11 所示。

工 程 材 料 汇 总 表

表 13-11

工程编号＿＿＿＿＿＿

第　页共　页

工程名称＿＿＿＿＿＿

品　　　名	规　　　格	单位	数　　量	备　　注

材料汇总表，可作为材料计划分送到各有关管理部门，如材料部门、施工现场、生产计划部门等使用。

四、差 价 调 整

（一）材料差价的调整

近几年来，随着市场经济不断发展和价格体系的改革，市场材料价格变动频繁，材料价格调整幅度大。在编制修缮工程预算时，要根据当地材料实际价格进行材料价格的调整。材料调价计算方法有两种。

第一种方法：材料调价＝直接费×材料调价系数

材料调价系数是当地定额主管部门根据市场材料价格变化情况,进行工程测算所确定的材料调价综合系数。材料调价系数一般每半年调整一次。编制预算时根据定额主管部门下发的材料调价系数,计算材料调价。

第二种方法:材料调价＝Σ材料总消耗量×相应材料的差价

各种材料总消耗量是从工程材料汇总表中得到。相应材料的差价是用市场的供应价减定额中的供应价。

（二）人工费调整

房屋修缮工程人工费,在工程造价中约占10%左右,是工程造价的重要组成部分。人工费计算是否准确直接影响工人的合理收入和企业的经济效益。

预算定额人工单价一般包括:基本工资、工资性质补贴、辅助工资、职工福利费、劳动保护等五个方面内容。这五个方面内容只要有一个方面内容发生变化,预算定额人工单价就要调整。人工费调整一般按以下方法计算:

人工费调整＝直接费中人工费×人工费调价系数

人工费调价系数是定额主管部门根据人工调价的幅度,进行工程测算得到的。编制工程预算时根据本地区对人工调整的计算规定,进行人工调价计算。

（三）其它内容调价

差价调整除了材料调价、人工费调整还有其它内容的调价。例如施工水电费调价、施工机械费调价、运费调价等。这些调价计算一般定额主管部门下发的调价文件规定计算。

五、工 程 造 价 计 算

工程预算除计算直接费外,还要计算其它直接费、现场经费、间接费、计划利润、税金等各项费用。另外,还有一些根据工程的具体情况,按照有关规定增加的费用。计算时应按照《房屋修缮工程预算取费程序》进行,这样可防止遗漏或把计算关系弄错,同时也有利于有关部门检查复核。房屋修缮工程预算取费程序表如表13-12所示(参照天津市房屋修缮工程取费程序表)。

【例】 某施工企业以包工包料方式承包某办公楼抗震加固工程,该工程总建筑面积$3800m^2$,项目工料费42万元,按实列支项目1.2万元,差价调整6.5万元,企业参加劳保统筹,纳税地点在市区,企业所在地距施工现场20km,试计算该修缮工程总造价。

修缮工程预算造价计算过程详见表13-12。

土建修缮工程包工包料取费程序表 表 13-12

序号	费 用 名 称	取 费 标 准	取 费（元）
1	项目工料费	按预算表	420000
2	中小型机械费	(1)×2.42%	10164
3	直接费	(1)+(2)	430164
4	其他直接费	(3)×2.62%	11270

序号	费　用　名　称	取　费　标　准	取　费（元）
5	现场经费	(3)×8.57%	36865
6	按实列支项目	按规定填列	12000
7	直接工程费合计	(3)+(4)+(5)+(6)	490299
8	企业管理费	(7)×7.72%	37851
9	财务费用	(7)×1.05%	5148
10	远征工程增加费	(7)×相应费率	0
11	计划利润	(7)×10%	49030
12	预算包干费	(3)×1.10%	4732
13	差价调整	按规定计算后乘以差价利润率 65000×1.045	67925
14	合　　计	(7)+(8)+(9)+(10)+(11)+(12)+(13)	654985
15	含税工程造价	(14)×1.0341	677320

六、填写说明书、装订成修缮预算文件

（一）填写编制说明

预算总价计算完成后,还应填写编制说明、以便各有关方面了解编制依据和编制情况。

修缮工程施工图预算书编制说明,没有统一的格式,但一般应包括以下内容:

1.编制的依据

（1）单位工程编号和工程名称。

（2）修缮设计施工图纸及其有关说明和现场查勘资料。

（3）修缮施工所采用的规范、工艺标准、材料做法及各种施工措施。

（4）使用的定额、单位估价汇总表、材料预算价格及其有关的补充规定,取费定额及取费标准的确定。

（5）编制补充单价的依据,暂估单价项目及基础资料。

2.本工程坐落地点及工程特点。

3.遗留项目,存在问题及以后处理的办法。

4.其他需要说明内容。

（二）填写封面、装订

工程预算书封面按封面项目内容填写。填写后,即将整个预算装订成册,修缮工程预算书封面的格式见表13-13所示。

表 13-13

修 缮 工 程(　)算 书

建设单位:＿＿＿＿＿＿＿＿＿＿＿＿＿＿＿＿＿＿＿＿＿＿

工程项目:＿＿＿＿＿＿＿＿＿＿＿＿＿＿＿＿＿＿＿＿＿＿

建筑面积＿＿＿＿＿＿＿＿＿＿＿＿＿＿＿＿＿＿＿＿＿＿＿

造　　价＿＿＿＿＿＿＿＿＿＿＿＿＿＿＿＿＿＿＿＿＿＿＿

施工单位:＿＿＿＿＿＿＿＿＿＿＿＿＿＿＿＿＿＿＿＿＿＿

年　　月　　日

（三）报建设单位及建行审批

已做好的修缮工程施工图预算书,立即报建设单位及建行审批。经审查后提出意见,再由施工单位和建设单位、建设银行,三方协商,修改预算,最后经三方都签字盖章的预算,作为建设银行向施工单位进行拨付预付款及工程款的依据。

第六节 古建筑房屋修缮工程施工图预算编制的特点

我国古代建筑具有卓越的成就和独特的风格,在世界建筑史上占有重要地位。

我国历史悠久,幅员辽阔,目前尚存的古代建筑遍布祖国各地,其中有古代的宫殿、衙署;也有庙宇、佛塔、住宅;还有园林、石阙及桥梁等。从历史年代看,有元、明、清代的建筑,也有隋、唐等时期的建筑,如山西五台山佛光寺东大殿,建于公元857年,殿身面宽七间,进深四间,规模宏大,气势壮观,可为我国现存的唐代建筑的代表作。山西应县木塔,建于公元1056年,平面呈八角形,外观九层,底层直径30米,塔高67.13m,是国内外现存的最大、最古老的木塔。又如北京城内的故宫,是明、清两代的皇宫,建于明永乐四年(1406年)占地72万多平方米,屋宇九千余间,全部为木结构,气势雄伟,豪华壮丽,是国内现存的最大最完整的古建筑群。

现存的古代建筑,都是我国几千年来劳动人民辛勤劳动的成果和智慧的结晶,是中华民族历史文化的重要组成部分。它的形成和发展反映了我国各个历史时期的政治、经济、文化等状况。这些古建筑,艺术形态之完美,建造技术之精巧,也是世界建筑宝库中的精华,是我国人民的宝贵财富。保护和维修好这些古建筑,使其世世代代永远流传是我们的光荣责任。

古建筑的修缮,不同于新建,也不同于一般工程的修缮。古建筑原有的时代面貌,建造情况不同,又经过千百年的自然变化和历史演变,使现存的古建筑情况非常复杂,修缮时要做到"不改变文物原况的原则",不是一件简单容易办到的事,要求我们有丰富的历史知识和古建筑的修建技术,以及古建筑的鉴别能力。还要有实事求是的科学态度及有条不紊的工作程序。

古建筑修缮工程预算在古建筑修缮程序中,是古建修缮设计阶段的主要设计文件之一。它体现了古建修缮设计在实施中的经济价值,标志出一个修缮工程对象在施工过程中的费用消耗,是古建修缮在投资实施阶段的经济活动依据。古建筑修缮预算的编制与一般工程的修缮预算编制不同,其古建筑修缮预算编制特点表现在以下几个方面。

1. 编制古建筑修缮预算首先要有丰富的历史知识和古建筑的鉴别能力。我国古建筑有时代及等级特征,各朝代的政治、经济、文化艺术水平不同,建筑物的造型和构造做法,以及所用色调艺术等也不同。唐代的建筑就不同于宋代,宋代的又异于明代和清代。同一朝代的前后期做法也不尽相同。只有更多地学习和了解我国古建筑的特点,才能使古建筑的修缮预算更符合实际施工情况。学习历史知识,提高古建筑的鉴别能力,是编制古建筑修缮预算的基础。

2. 编制古建筑修缮预算要以原有传统做法和建筑物的时代特色为依据,对所维修对象的建造年代及背景了解清楚,还要对该朝代建筑物的特征,构造细节、用料的"材"、"份"尺度,建筑物的性质、类型以及所处地区自然条件的特点等进行深入细致的调查,分析之后,方能制定修缮方案及进行审慎设计,确定修缮施工方案和编制工程预算。

3. 熟悉古建筑修缮施工工艺及古建筑各部构造名称。古建筑修缮预算编制要根据施工工艺和预算定额项目划分原则,确定工程项目,计算工程量。古建筑各部构造有许多的名词,在古建定额中读到时茫然不知何指。在我们编制预算时最费劲最感困难的也就是在辨认,记忆及了解那些繁杂的各部构材名称及详样。至今在古建筑《营造算例》里还有许多怪异名词,无由知道其为何物,什么形状,有何作用的。我们只有熟悉古建筑施工工艺和各部构材名称,才能正确选择工程项目,计算工程量及套用预算定额。

4. 关于旧料利用,在古建筑修缮工程施工中对有保留和使用价值的构件,均应小心拆落,尽量保存完好,拆落下的旧砖件、瓦件、石件、木件、金属件及各种饰件,在保证施工质量的条件下应充分利用,凡经过清刷整理、修补改制等加土,重新利用到建筑物上的旧料,对施工单位应予奖励,奖励水平适当高于一般房屋修缮工程。

5. 我国古建筑,由民舍以至宫殿,均由若干单个独立的建筑物集合而成;而这单个建筑物,由最古代简陋的胎形,到最近代穷奢极巧的殿宇,均始终保留着三个基本要素:台基部分、柱梁或木造部分及屋顶部分。从而古建筑房屋修缮定额一般有木作分册、瓦作分册、油漆彩画分册三大部分,这与一般房屋修缮定额有所不同。

6. 古建筑房屋修缮定额材料预算价格,仍执行有关材料预算价格的统一规定。并随有关调价文件进行调整,但古建筑材料的品种、规格比一般修缮工程要复杂,相应的材料价格也较为繁多。要编好古建筑修缮预算,就必须首先熟悉古建筑修缮工程的材料品种、规格及其价格的变化情况,并能在编制古建筑修缮预算中正确使用。凡未列入预算价格中的材料可按下列公式计算:

材料预算价格=供应价+运费+运损+包装费+采管费-包装品回收值

第七节　计算机在修缮工程预算编制中的应用

一、应用计算机编制修缮工程概预算的意义和作用

应用计算机编制修缮工程概预算,是建筑企业管理工作的一项重大改革,是提高企业社会竞争力的一项有力措施,同时也是建筑企业现代化管理的内容之一,目前已得到了广泛的应用。使用计算机编制修缮工程概预算有以下作用:

(一)编制速度快、工作效率高

应用计算机计算比手工计算可提高工作效率几倍,可以减少大量的抄写工作,从而减轻了工程概预算人员的工作量,扭转了预算赶不上施工的被动局面,基本满足招投标及施工的需要。

(二)计算准确、精度高

用计算机编制修缮预算,由于定额库中已输入了本地区采用的定额及统一编制程序,只要操作人员初始数据输入正确,就可以保证编制的概预算的准确性和精度。避免了手工计算中每一环节都有可能出现差错的可能性。

(三)项目完整、资料齐全

计算机编制修缮工程概预算的计算程序结束后,一般可打印工程量计算表、工程预算费用表、工料分析表、工料汇总表及材料调价表等一整套完整的修缮工程概预算文件。提供编

制施工计划、备料计划和企业实行经济核算的全部数据。

（四）便于审核、修改

采用计算机审核概预算时可以在屏幕上进行，发现错误直接修改，并且文件的存取也十分方便，便于存档。

二、应用计算机编制修缮工程概预算的方法

编制修缮工程概预采用电算的方法与手算的方法基本相似，也分为：工程量计算、套用定额单价、计算工程造价和各项经济指标以及工料分析等过程。

应用计算机编制修缮工程概预算的步骤如图 13-18 所示：

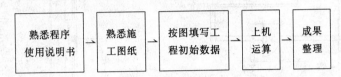

图 13-18　计算机编制修缮工程概预算示意图

采用计算机编制修缮工程概预算，首先建立定额库，将定额数据存贮在计算机内，以备调用。熟悉并掌握编制程序及使用说明书。再将参加计算的"工程初始数据"采集出来，经核查无误后即可上机计算。

工程初始数据是概预算电算的基础数据，它直接影响到编制出的概预算的准确性。其具体作用是：

1．提供参加计算的原始数据。

2．指明各项工程量所采用的定额编号。

3．提供其他需要的概预算原始资料，如取费标准等。

不同电算软件使用初始数据的种类不同，常用的工程初始数据大致有以下内容：

1．工程量初始数据表。

2．其他工程初始数据包括有：

工程编号、工程名称、建筑面积、建筑物檐高、层数、工程所在地点、工类类别，各项费用取费标准、编制预算日期等。

第八节　一般土建修缮工程施工图预算编制实例

【实例 1】　某招待所修缮工程

根据现场查勘招待所外墙面灰皮碱蚀严重，需将外墙抹灰全部铲抹后喷外檐涂料，采用 1996 年天津市《房屋修缮工程预算定额》，编制土建工程修缮工程预算。

现有招待所部分图纸如下：

原工程设计说明及营造做法说明；

图 13-19　一层平面图；

图 13-20　二层平面图；

图 13-21　立面图；

图 13-22　剖面图及墙身详图。

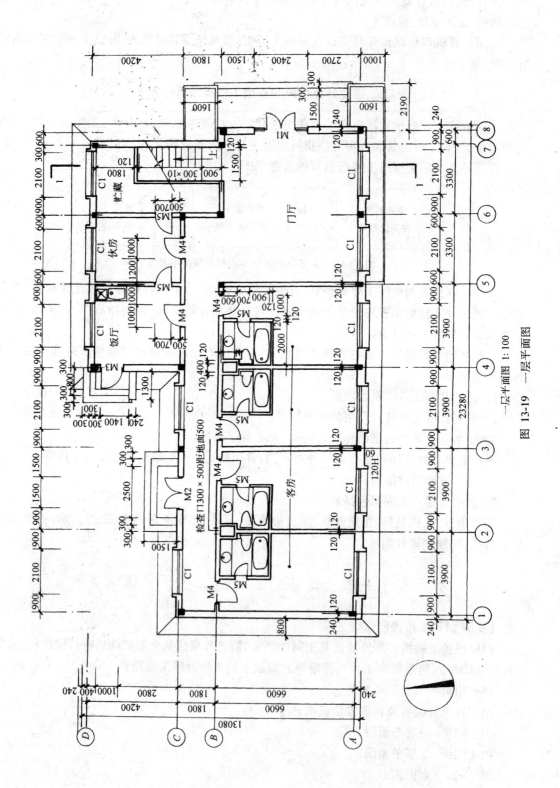

图 13-19　一层平面图

250

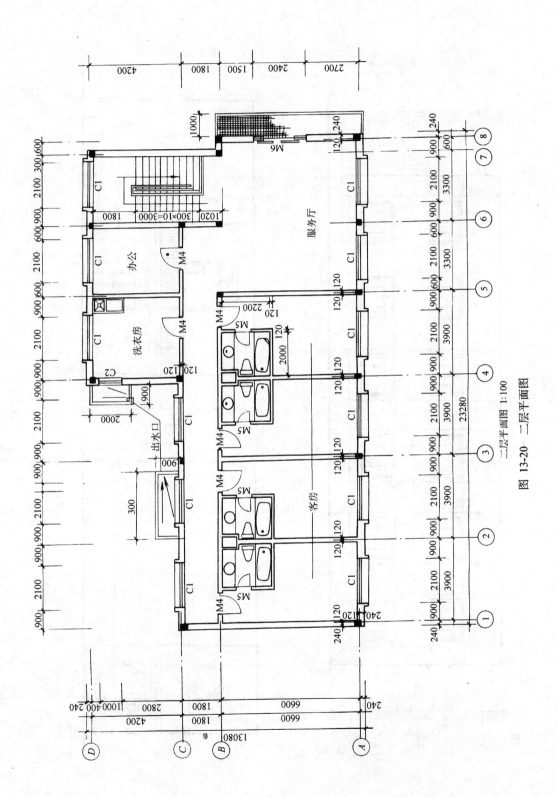

图 13-20 二层平面图

二层平面图 1:100

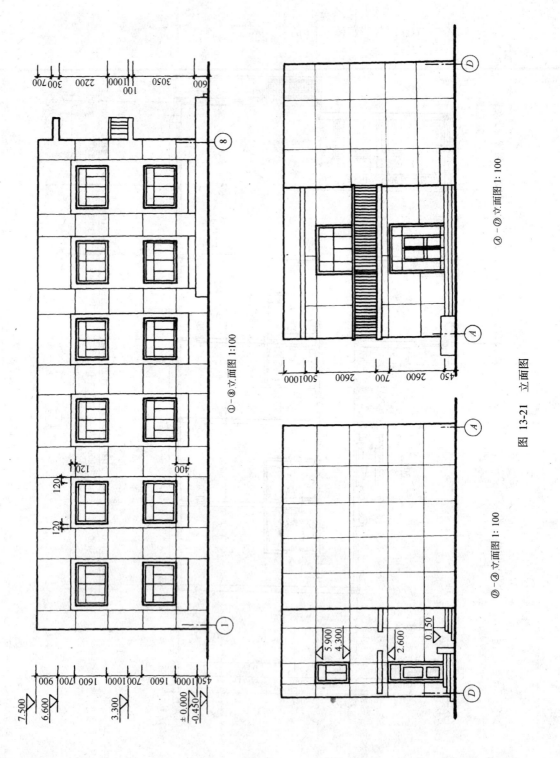

①－⑧立面图 1:100

Ⓐ－Ⓓ立面图 1:100

Ⓓ－Ⓐ立面图 1:100

图 13-21　立面图

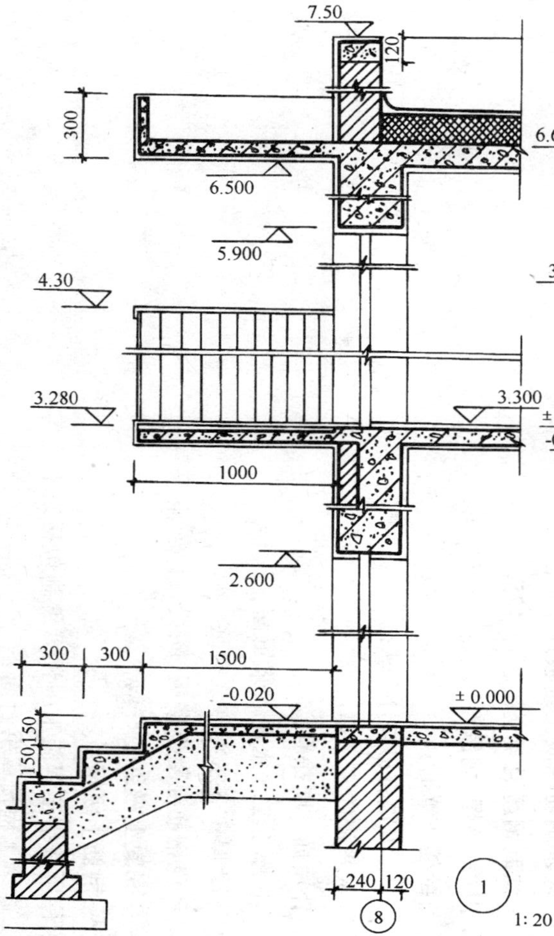

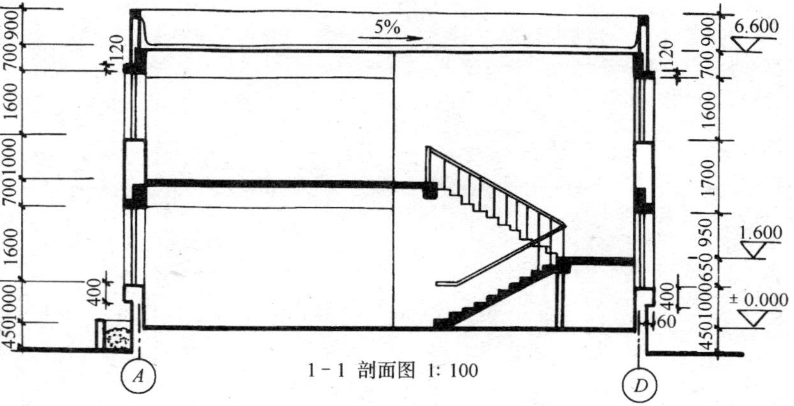

门窗表

编号	洞口尺寸 宽	高	樘数	材料	选用图集	备注
C1	2100	1600	23	铝合金		
C2	1000	1600	1	铝合金		
M1	2400	2600	1	铝合金		
M2	1500	2600	1	铝合金		
M3	1000	2600	1	铝合金		
M4	1000	2600	12	木		
M5	700	2100	10	木		
M6	2400	2600	1	铝合金		

1－1 剖面图 1:100

图 13-22 剖面图及墙身详图

某招待所工程设计说明

本招待所工程为二层砖混结构,墙体采用粘土机砖;内墙240厚;外墙360厚。本地区地质条件较差,采用钢筋混凝土条形基础。

营造做法说明

1. 地面

　　1:2.5水泥砂浆20厚;

　　水泥砂浆踢脚板150高;

　　C 10混凝土垫层80厚;

　　2:8灰土一步;

　　素土夯实。

2. 楼面

　　1:2.5水泥砂浆20厚;

　　水泥砂浆踢脚板150高;

　　预制钢筋混凝土楼板板厚125;

　　现浇钢筋混凝土板厚100;

　　板下抹灰顶棚。

3. 屋面

　　热沥青焊豆砂保护层;

　　二毡三油防水层;

　　冷底子油一道;

　　1:2.5水泥砂浆20厚;

　　1:10水泥珍珠岩平均180厚;

　　现浇钢筋混凝土楼板厚100;

　　预制钢筋混凝土楼板厚125。

4. 内墙、顶棚、刷涂料

　　纸筋灰罩面;

　　1:1:6混合砂浆15厚;

　　素水泥砂浆2厚。

5. 外墙面　喷涂料

　　6厚1:2.5水泥砂浆罩面;

　　12厚1:3水泥砂浆打底。

6. 现浇钢筋混凝土楼板、圈梁、过梁、雨篷

　　混凝土C 20;

　　钢筋Ⅰ级钢φ。

招待所修缮工程施工图预算编制包括以下内容:

1. 修缮工程预算书封面;

2. 编制说明;

3. 修缮工程预算费用计算程序表(表13-14);

4. 修缮工程预算书(表13-15);

5. 工程量计算表(表13-16);
6. 工料分析表(从略);
7. 工程材料汇总表(从略);
8. 材料调差价明细表(从略)。

```
(封面)

                        修缮工程(预)算书

                建设单位:_____×× 公司_____

                工程项目:_____招待所_____

                建筑面积:_____507.06m²_____

                造    价:_____42024 元_____


                施工单位_____××修建工程公司_____

                                          年    月    日
```

编制说明

本工程预算为××公司招待所修缮工程预算。该工程为二层楼房砖混结构,建筑面积为507.06m²。修缮工程造价为42024元整。

本工程预算根据现场查勘资料修缮施工方案及1996年《天津市房屋修缮工程预算定额》编制的。本预算只包括外檐铲抹墙皮及外檐喷涂料,如实际修缮内容与本预算不同可按实调整。本预算未包括材料调价及其它调价,工程结算时可按实调整。

本工程取费按《天津市房屋修缮工程费用定额》,按土建修缮工程包工包料四类工程综合取定。

修缮工程预算费用计算程序表   表 13-14

工程名称:综合楼

序号	费 用 名 称	取 费 标 准	取 费(元)
1	项目工料费	按预算表	32958
2	中小型机械费	(1)×1.62%	534
3	直接费	(1)+(2)	33492
4	其他直接费	(3)×1.76%	589
5	现场经费	(3)×6.08%	2036
6	直接工程费合计	(3)+(4)+(5)	36117
7	企业管理费	(6)×5.93%	2142
8	财务费	(6)×1.05%	379
9	计划利润	(6)×4.5%	1625
10	差价调整	按规定计算(从略)	
11	合计	(6)+(7)+(8)+(9)+(10)+375	40638
12	含税工程造价	(11)×1.0341	42024

修 缮 工 程 预 算 书

表 13-15

工程名称：招待所

序号	定额编号	工 程 项 目	单位	数 量	预 算（元） 单价	预 算（元） 合价	其中：人工（元） 单价	其中：人工（元） 合价
1	1-26	铲水泥砂浆外墙面	m²	98.89	1.74	172.07	1.74	172.07
2	10-33	铲抹水泥砂浆外墙面	m²	480.11	18.98	9112.49	9.43	4527.44
3	10-71	雨篷、阳台正面补抹水泥砂浆	m²	13.49	43.42	585.74	34.67	467.70
4	10-80	窗套、压顶抹水泥砂浆面	m²	79.90	31.37	2506.46	23.11	1846.49
5	10-89	花池、台阶挡墙抹水泥砂浆面	m²	18.99	14.01	266.05	7.12	135.21
6	10-95	外檐喷涂料	m²	552.97	14.18	7841.11	3.70	2045.99
7	9-39	阳台底面铲抹白灰面	m²	12.38	9.90	122.56	5.38	66.60
8	9-40	雨篷底面补抹白灰面	m²	3.52	11.27	39.67	6.75	23.76
9	15-13	双排脚手架	m²	738.59	10.95	8087.56	1.46	1078.34
10	15-70	上下翻板	m	80.72	34.04	2747.71	2.85	230.05
11	15-127	滑车架	座	4	90.19	360.76	8.06	32.24
		小　计				31842.18		10625.87
		其它材料费		21216.29	0.01	212.16		
		楼房施工增加人工		10625.89	0.085	903.20		903.20
		合　计：				32957.54		11529.09
		工程废土外运	m³	18.25	20.55	375.04		

工 程 量 计 算 表

表 13-16

工程名称：招待所

共　　页第 1 页

序号	工 程 项 目	单位	数 量	计 算 式
1	建筑面积	m²	507.06	$(23.28 \times 13.08 - 11.7 \times 4.2 - 0.6 \times 6) \times 2 + 1 \times 7.08 \div 2 = 507.06$
2	双排脚手架	m²	738.59	$(23.28 + 2 + 13.08 + 2) \times 2 \times (7.5 + 0.45 + 1.2) = 738.59$
3	上下翻板	m	80.72	$(23.28 + 2 + 13.08 + 2) \times 2 = 80.72$
4	滑车架	座	4	
5	铲抹水泥砂浆外墙面	m²	480.11	$(23.28 + 13.08) \times 2 + (7.5 + 0.45) = 578.12$ 洞口侧壁面积 $[(2.6 \times 2 + 2.4) + (2.6 \times 2 + 1.5) + (2.6 \times 2 + 1) + (2.6 \times 2 + 2.4) + (1.6 \times 2 + 1)] \times 0.15 = 4.85$ 减洞口面积 $23C_1 + M_1 + M_2 + M_3 + M_6 + C_2$ $23 \times 2.1 \times 1.6 + 2.4 \times 2.6 + 1.5 \times 2.6 + 1 \times 2.6$ $2.4 \times 2.6 + 1 \times 1.6 = 97.86$ 减台阶面积 $(6 + 3.1 + 2) \times 0.45 = 5.00$ 小计：$578.12 + 4.85 - 97.86 - 5 = 480.11$

序号	工 程 项 目	单位	数 量	计 算 式
6	铲水泥砂浆外墙面	m²	98.89	压顶： $(23.28-0.24+13.08-0.24)\times2\times(0.24+0.12)=25.83$ 花池： $(1-0.24+6.6+0.6+2.19+1.6+1.6+2.19+0.6-0.24)$ $\times(0.6+0.12+0.24)=15.26$ $(2.19-0.24+2.19+0.6-0.24)\times(0.15+0.12+0.24)=2.30$ 台阶挡墙 $\qquad 1.3\times(0.6+0.24+0.15)+0.6\times0.24=1.43$ 窗套： $[2.1+0.12+(1.6+0.06)\times2+1.6\times2]\times0.39=3.41$ $2.1\times2\times0.21+(2.1+0.12)\times0.67+1.7\times2\times0.06=1.25$ $[2.1+0.12+(1.6+0.06)\times2]\times0.39+2.1\times0.21+1.7\times2$ $\times0.06=2.81$ $(3.41+1.25)\times11+2.81=54.07$ 小计 $25.83+15.26+2.30+1.43+54.07=98.89$
7	窗套、压顶抹灰	m²	79.90	$25.83+54.07=79.90$
8	花池、台阶挡墙抹灰	m²	18.99	$15.26+2.3+1.43=18.99$
9	雨篷、阳台正面补抹 水泥砂浆	m²	13.49	阳台正面 $(7.08+1\times2)\times0.2=1.82$ 雨篷正面 $[(7.08+2)+(3+0.9\times2)+(2+0.9\times2)]\times(0.3+0.2+0.1$ $+0.06)=11.67 m^2$ 小计 $1.82+11.67=13.49$
10	补抹雨篷底面	m²	3.52	$(3-0.2)\times0.8+(2-0.2)\times0.8=3.52$
11	铲抹阳台底面	m²	12.38	$(7.08-0.2)\times0.9\times2=12.38$
12	外墙喷涂料	m²	552.97	$480.11+54.07+1.82+1.43+3.52+11.67\times0.4\div0.66+[(1-$ $0.24)\times2+(2.19-0.24)\times2]\times(0.6+0.12)+(2.19-0.24)\times2$ $\times(0.15+0.12)=552.97$
13	工程废土外运	m³	18.25	$(3.52+12.38+13.49+18.99+79.9+480.11)\times0.03=18.25$

【实例 2】 某综合楼修缮工程

根据现场查勘综合楼屋顶漏雨现象严重,屋顶水泥砂浆找平层松散开裂。需将屋面油毡防水及水泥砂浆找平全部铲除重作。现采用 1996 年《天津市房屋修缮工程预算定额》,编制修缮工程预算。

现有综合楼原有部分图纸如下:

原工程设计说明及营造做法说明;

图 13-23　一层平面图;

图 13-24　二层平面图;

图 13-25　立面图;

图 13-26　剖面图。

综合楼修缮工程施工图预算的编制应包括以下内容:

1. 修缮工程预算书封面(从略);

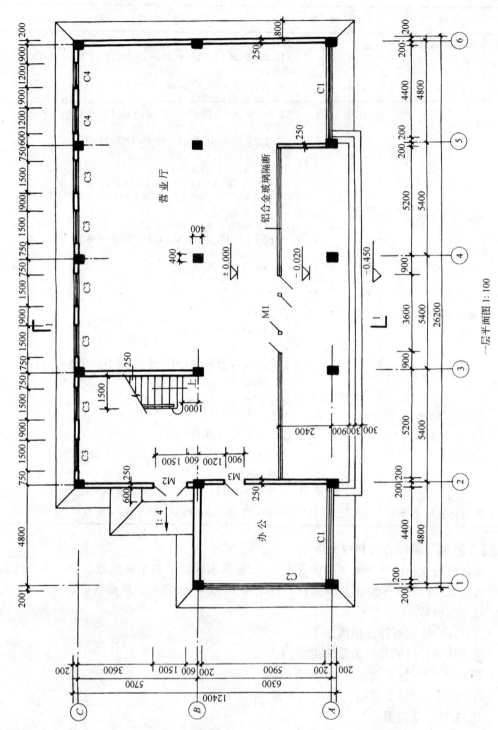

一层平面图 1:100

图 13-23 一层平面图

营业厅

铝合金玻璃隔断

办公

258

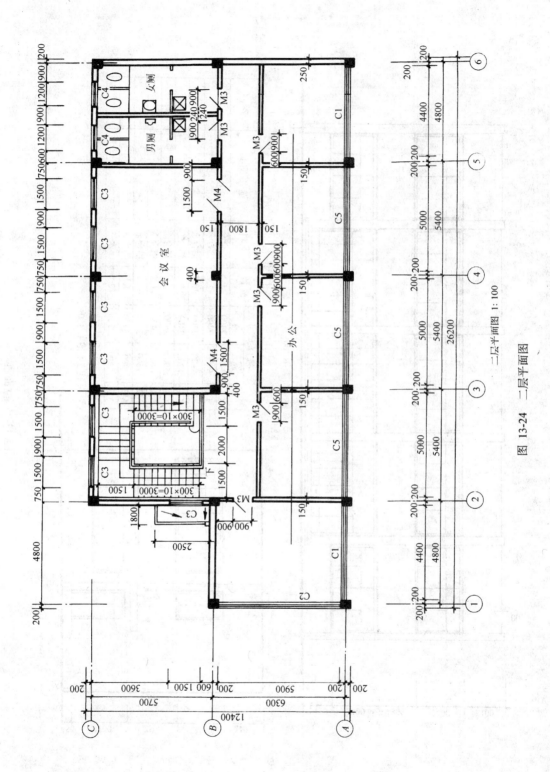

二层平面图 1：100

图 13-24 二层平面图

259

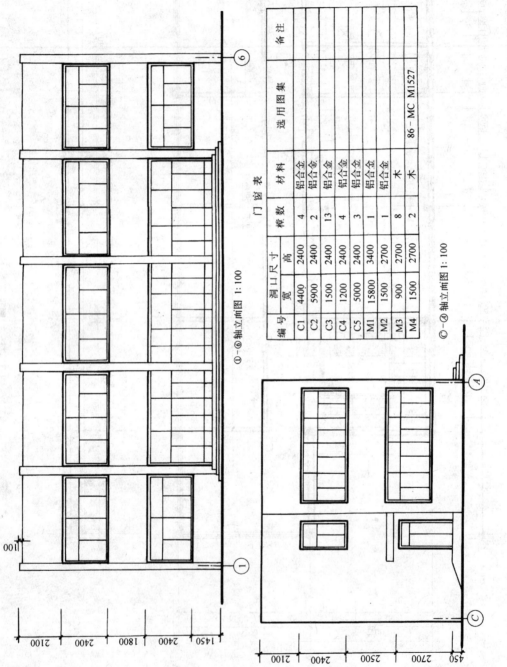

门 窗 表

编号	洞口尺寸 宽	洞口尺寸 高	樘数	材料	选用图集	备注
C1	4400	2400	4	铝合金		
C2	5900	2400	2	铝合金		
C3	1500	2400	13	铝合金		
C4	1200	2400	4	铝合金		
C5	5000	2400	3	铝合金		
M1	15800	3400	1	铝合金		
M2	1500	2700	1	铝合金		
M3	900	2700	8	木		
M4	1500	2700	2	木	86 - MC M1527	

①-⑥轴立面图 1:100

ⓒ-Ⓐ轴立面图 1:100

图 13-25 立面图

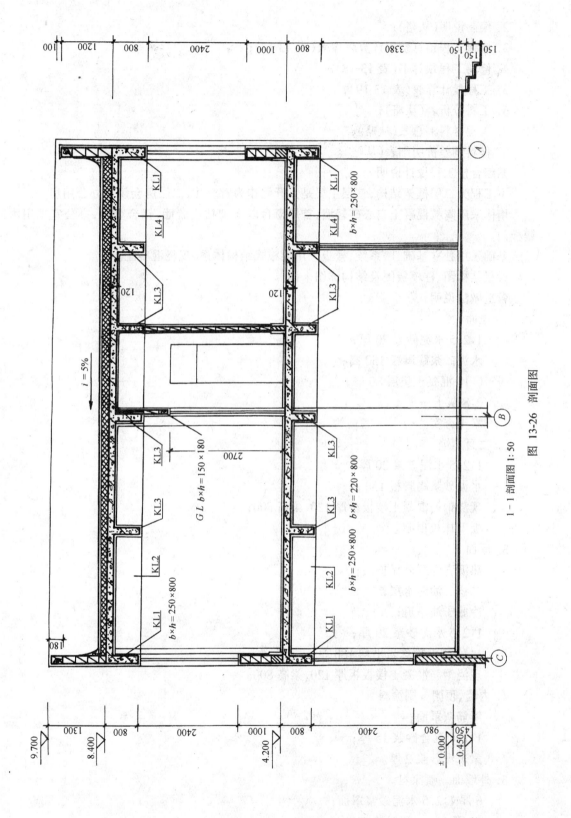

1-1 剖面图 1:50

图 13-26 剖面图

261

2．编制说明(从略)；

3．修缮工程预算费用计算程序表(表 13-17)；

4．修缮工程预算书(表 13-18)；

5．工程量计算表(表 13-19)；

6．工料分析表(从略)；

7．工程材料汇总表(从略)；

8．材料调差价明细表(从略)。

某综合楼工程设计说明

本工程为二层框架结构,首层主要是大开间作为营业厅,二层房会议及办公用房。

墙体采用陶粒混凝土空心砖轻墙,首层窗台以下砌粘土砖墙,铝合金窗,办公室采用木镶板门。

基础采用独立基础、联系梁,楼板采用梁板式结构体系,现浇混凝土。

梁板结构图、柱模板图及结构详图未画。

营造做法说明

1．地面

　　1:2.5 水泥砂浆 20 厚；

　　水泥砂浆踢脚板 150 高；

　　C 10 混凝土垫层 80 厚；

　　2:8 灰土一步；

　　素土夯实。

2．楼面

　　1:2.5 水泥砂浆 20 厚；

　　水泥砂浆踢脚板 150 高；

　　现浇钢筋混凝土楼板板厚 120,梁高 800；

　　板下抹灰顶棚。

3．屋面

　　热沥青焊豆砂保护层；

　　二毡三油防水层；

　　冷底子油一道；

　　1:2.5 水泥砂浆 20 厚；

　　1:10 水泥珍珠岩平均 180 厚；

　　现浇钢筋混凝土楼板板厚 120,梁高 800。

4．内墙、顶棚　刷涂料

　　纸筋灰罩面；

　　1:1:6 混合砂浆 15 厚；

　　素水泥砂浆 2 厚。

5．外墙面　喷涂料

　　6 厚 1:2.5 水泥砂浆罩面；

　　12 厚 1:3 水泥砂浆打底。

6. 楼板、柱

混凝土 C20；

钢筋Ⅱ级钢Ⅱ；

Ⅰ级钢 ϕ。

修缮工程预算费用计算程序表　　　　　表 13-17

工程名称:综合楼:

序号	费 用 名 称	取 费 标 准	取 费 (元)
1	项目工料费	按预算表	10657
2	中小型机械费	(1)×1.62%	173
3	直接费	(1)+(2)	10830
4	其他直接费	(3)×1.76%	191
5	现场经费	(3)×6.08%	658
6	直接工程费合计	(3)+(4)+(5)	11679
7	企业管理费	(6)×5.93%	693
8	财务费	(6)×1.05%	123
9	计划利润	(6)×4.5%	526
10	差价调整	按规定计算(从略)	
11	合　计	301+(6)+(7)+(8)+(9)+(10)	13322
12	含税工程造价	(11)×1.0341	13776

修 缮 工 程 预 算 书　　　　　表 13-18

工程名称:综合楼

序号	定额编号	工 程 项 目	单位	数 量	预算(元)		其中:人工(元)	
					单价	合价	单价	合价
1	1－56	铲除找平层	m²	293.35	2.42	709.91	2.42	709.91
2	6－11	抹水泥砂浆找平层	m²	293.35	7.16	2100.39	1.55	454.69
3	6－39	刷冷底油一遍	m²	293.35	1.41	413.62	0.44	129.07
4	7－72	铲作二毡三油	m²	293.35	23.85	6996.40	4.70	1378.75
5	15－128	滑车架	座	1	131.47	131.47	20.04	20.04
		小　计				10351.79		2692.46
		其它材料费		7659.33	0.01	76.59		
		楼房施工增加人工费		2692.46	0.085	228.86		228.86
		合　计				10657.24		2921.32
		工程废土外运	m³	14.67	20.55	301.47		

工程名称：综合楼

序号	工程项目	单位	数量	计 算 式
1	建筑面积	m²	587.18	$[26.2 \times (12.4 - 0.15) - 4.8 \times 5.7] \times 2 = 587.18$
2	铲作卷材屋面	m²	293.35	$(26.2 - 0.25 \times 2) \times (12.4 - 0.25 - 0.4) - 5.7 \times 4.8 + (26.2 - 0.25$ $\times 2 + 12.4 - 0.25 - 0.4) \times 2 \times 0.25 = 274.62 + 18.73 = 293.35$
3	铲除找平层	m²	293.35	
4	抹水泥砂浆找平层	m²	293.35	
5	滑车架	座	1	
6	工程废工外运	m³	14.67	$293.35 \times 0.02 + 293.35 \times 0.03 = 14.67$

复习思考题

1. 修缮工程施工图预算有何作用？

2. 编制修缮工程施工图预算的依据是什么？

3. 修缮工程施工图预算编制的步骤是什么？

4. 房屋修缮工程现场查勘分哪几部位进行？如何确定其修缮方案？

5. 工程量计算的一般原则是什么？

6. 工程量计算是按怎样顺序进行的？

7. 工程量计算步骤是什么？

8. 建筑物建筑面积如何计算？

9. 全部拆除定额适用范围，其工程量如何计算？各分项拆除工程量如何计算？

10. 基础工程一般包括哪些工程项目？其工程量如何计算？

11. 砌砖墙与砖基础通常在什么地方分界？砖基础工程量如何计算？

12. 什么叫剔碱？什么叫掏碱？什么叫架海掏砌？其工程量如何计算？

13. 混凝土及钢筋混凝土预算定额中综合了哪些内容？

14. 现浇、预制钢筋混凝土工程哪些构件工程量按体积以立方米(m³)计算？哪些构件工程量按水平投影面积以平方米(m²)计算？

15. 钢筋混凝土基础、柱、梁、板的工程量如何计算？

16. 现浇钢筋混凝土楼梯定额包括楼梯哪些内容？另列项目计算有哪些内容？

17. 钢筋调整工程量如何计算？

18. 新作各种瓦屋面、卷材屋面工程量如何计算？

19. 何为瓦屋面修补、瓦屋面加腮？何为卷材屋面修补、卷材屋面铲修？其工程量如何计算？

20. 新作木门窗、木屋架、木楼梯工程量如何计算？

21. 修理门窗扇定额分几种情况？其工程量如何计算？

22. 新作各种顶棚、隔断墙工程量如何计算？

23. 如何计算内墙、外墙面抹灰工程量？

24. 挑檐、天沟、窗台、窗套、压顶抹灰工程量如何计算？

25. 烟囱眼、沟嘴、桄头、水泥字工程量如何计算？

26. 什么叫铲抹？什么叫补抹？什么叫钢筋混凝土补抹？

27. 楼地面面层(整体、块料)、防潮层、垫层、找平层的工程量如何计算？

28. 台阶、坡道、散水工程量如何计算？

29. 金属结构构件工程量如何计算？

30. 墙面刷浆、刷涂料、贴壁纸的工程量如何计算？

31. 门窗刷油漆、补安玻璃工程量如何计算？

32. 如何根据工程需要套用相应脚手架定额项目？

33. 套用定额单价时有几种情况？并应注意哪些事项？

34. 出现补充定额有哪些原因？编制补充定额有哪些原则？

35. 如何编制单位工程工料分析表及工程材料汇总表？

36. 单位工程直接费如何计算？

37. 修缮工程预算费用如何计算？

38. 修缮工程施工图预算编制说明应包括哪些内容？

39. 古建筑房屋修缮工程施工图预算编制有哪些特点？

40. 使用计算机编制修缮工程概预算有哪些作用？

第十四章　房屋设备修缮工程施工图预算的编制

修缮工程中的给排水、采暖、电气照明工程属专业修缮工程。

专业修缮工程施工图预算编制的依据、步骤,大体上和土建修缮工程相同,但工程量计算方法及计算规定不同于土建工程。根据专业安装工程施工图的特点,除了部分依据于图纸上已经标明的数字进行计算外,还有很大部分的管线长度无明确尺寸,必须用比例尺进行量度。例如计算管道和导线的长度,一般都是用比例尺量出相应的尺寸。因此,一般来讲,修缮工程的设备,配件工程量都是按图清点,数字较为准确;而以长度计量的工程量,其数字都是近似准确。为了使专业修缮预算编制得准确可靠,就必须很好了解专业工程的工程量计算的特点,熟练地掌握它们的计算方法。

一般来讲,专业修缮工程的施工图及工程量计算规定都较土建工程简单,但是它们的材料、设备、配件的品种、规格比土建工程要复杂,相应的材料价格也较为繁多。要做好专业工程的施工图预算,必须首先熟悉专业工程的材料,设备,配件的品种、规格及其价格,并能在编制专业预算中正确地运用。

专业修缮工程定额所采用的计量单位和土建工程不同,它是以个,组、套的数量或延长米来计量的。下面简单介绍给排水工程,采暖工程,电气照明工程修缮施工图预算的编制。

第一节　房屋修缮给排水工程施工图预算的编制

给排水工程包括室外管道安装、室内管道安装、卫生器具安装、其它项目安装及拆除等工程项目。

一、室内给排水施工图

室内给排水表示一栋建筑物的给水和排水工程,主要包括平面图、系统图和详图。

平面图表明建筑内给、排水管道及设备的平面布置。主要包括各干管、支管、立管的平面位置;各立管的编号;给水进户管和污水排出管的平面位置以及与室外排水管网的相互关系;有关设备位置及安装方法。

系统图分给水系统和排水系统两大部分。系统图是用轴测投影的方法分别表示给排水管道系统的上下层之间,前后左右之间的空间关系。在系统图中除注有各管径尺寸及立管编号外,还注有管道的标高和坡道。识图时必须将平面图和系统图结合起来看,互相对照阅读,才能了解整个给排水系统的全貌。

室内给排水施工图常用一些图例、符号来代表一定内容,以简化图纸,因此,我们在识读设备施工图时,必须了解这些图例、符号的内容,才能正确地编好施工图预算。常用的图例符号如表14-1所示。

符　号	名　称	符　号	名　称	符　号	名　称
	上水管		截门		坐式大便器
	下水管		水嘴		蹲式大便器
	水表		消火栓		浴盆
	固定支架		清扫口		小便槽冲洗
	承插式连接		地漏		洗菜盆
	管堵头		存水弯头		洗脸盆
	水流向及坡度		截止阀		拖布池

二、工 程 量 计 算

室内给排水工程一般包括给排水管道安装、卫生器具安装、其它项目安装及拆除等项目。

（一）管道及卫生设备拆除

1．管道拆除不分室内外，均按不同环境、不同规格、不同材质，均以延长米计算，其中阀门、接头零件所占长度均不扣除。

2．一般钢管拆除：指操作地面至管道中心线高 3.6 米以下的明装管道。

3．高空钢管拆除：指操作地面超过 3.6 米者以及安装在设备层、管廊内的管道。

4．暗装钢管拆除：指半通行沟、通行沟、地板下、管井及顶棚内的管道。

5．卫生设备拆除，大便器及大便器水箱按个计算，其他卫生设备按套计算。每套的范围为：给水部分至阀门止、排水部分至存水弯止（包括存水弯，但大便器除外）。

（二）管道及卫生设备安装

1．室内与室外划分界限是：排水管道以室外第一检查井为界，如检查井过远，则以外墙外侧 1.5m 处为界。给水管道是以水表或总阀门为界，若无水表时，则以外墙外侧 1.5m 处为界。

2．室内、室外给排水管道安装工程量按不同的材质、不同的连接方式、不同规格、不同环境分别以延长 m 计算。室内、外给水铸铁道安装，包括接头零件所需人工，但接头零件价格另计，其工程量应扣除接头零件所占长度。室内排水铸铁管道及塑料排水管道安装，其工程量不扣除接头零件所占长度。钢管长度不扣除阀门、接头零件所占长度。

3．各种管道安装定额中包括了接头零件（三通、弯头、管箍等）制作和安装的工程内容（另有规定者除外），在工程量计算中不再另行计算。

4．水嘴安装、水表安装分不同规格分别以个计算。各类阀门安装按不同规格、不同连接方式分别以个计算。

5．室内消火栓安装，分明装和暗装按不同规格以套计算。

6．各种卫生设备的安装范围：给水部分至各种设备的阀门止（不包括给水管道阀门，但组装式淋浴器及铜管连接的卫生器具除外），排水部分至存水弯止（包括存水弯），其余管道套用室内给、排水管道定额。

7. 大便器安装项目中,如果单独安装大便器其用工按40%计算,如果单独安装水箱(包括铜活)其用工按60%计算,所用材料及零附件按材料栏内所列计算。

8. 小便冲洗管制作安装,均不包括阀门,其阀门执行阀门安装定额。

9. 各项卫生器具安装均按套计算。定额中材料、零部件与实际安装不同,且差价较大时,可进行调整。地漏、排水栓按个计算。

三、房屋修缮给排水工程预算编制实例

某招待所给排水工程,据现场查勘给水系统因年久失修锈蚀严重,水源污染,需拆换全部给水系统,排水系统还能延续使用,卫生设备有三个大便器需更换。给水施工图如图14-1、14-2所示,采用1996年天津市《房屋修缮工程预算定额》编制室内给排水工程预算,见

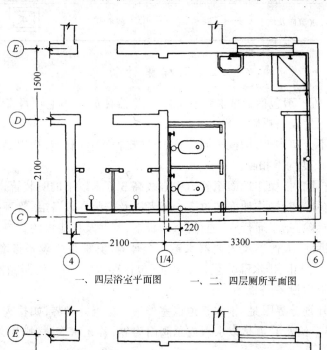

一、四层浴室平面图   一、二、四层厕所平面图

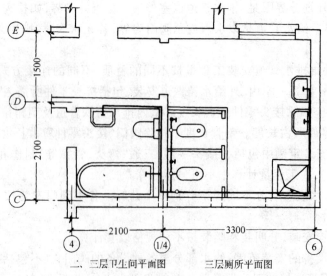

二、三层卫生间平面图   三层厕所平面图

图14-1 给水平面图

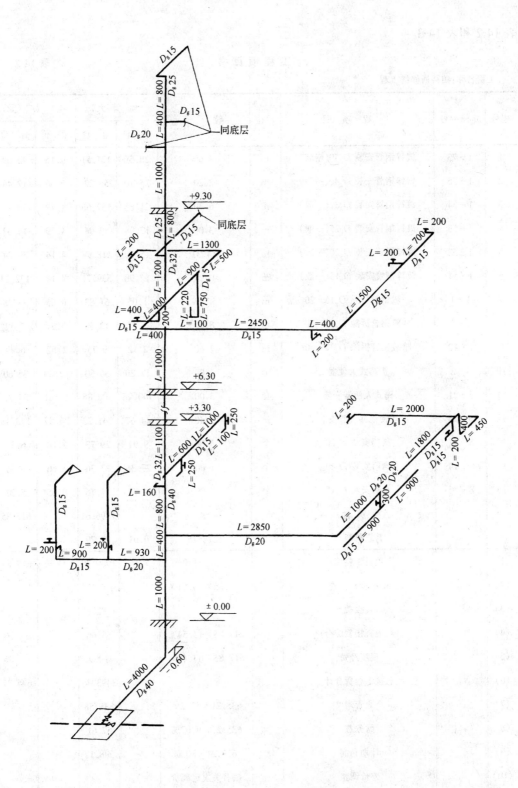

图 14-2 卫生间给水系统图

表 14-2 和表 14-3。

工 程 预 算 书

工程名称:招待所修缮工程

表 14-2

序号	定额编号	工 程 项 目	单位	数 量	预 算(元) 单价	预 算(元) 合价	其中:人工(元) 单价	其中:人工(元) 合 价
1	1-73	镀锌钢管安装 D_g40(暗装)	m	4.60	28.59	131.51	9.15	42.09
2	1-55	镀锌钢管安装 D_g40(一般)	m	2.20	25.10	55.22	5.66	12.45
3	1-54	镀锌钢管安装 D_g32(一般)	m	6.30	21.85	137.66	4.79	30.18
4	1-53	镀锌钢管安装 D_g25(一般)	m	3.00	17.98	53.94	4.79	14.37
5	1-52	镀锌钢管安装 D_g20(一般)	m	14.31	15.30	218.94	4.14	59.24
6	1-51	镀锌钢管安装 D_g15(一般)	m	41.58	12.98	539.71	4.14	172.14
7	1-1	一般钢管拆除 D_g15-20	m	58.89	1.05	61.83	0.65	38.28
8	1-2	一般钢管拆除 D_g32-50	m	8.50	1.47	12.50	0.87	7.40
9	1-12	暗装钢管拆除 D_g32-50	m	4.60	2.12	9.75	1.52	6.99
10	3-2	拆蹲式大便器	个	3.00	12.20	36.60	12.20	36.60
11	3-21	蹲式大便器安装	套	3.00	100.96	302.88	12.41	37.23
12	3-26	小便池冲洗管安装	m	5.40	44.67	241.22	26.57	143.48
13	8-11	阀门安装 D_g20	个	3.00	9.91	29.73	2.18	6.54
14	8-14	阀门安装 D_g40	个	1.00	27.36	27.36	5.66	5.66
15	8-56	水嘴安装 D_g15	个	8.00	4.72	37.76	0.65	5.20
		小 计:				1896.61		617.85
		其它材料费	元	1278.76	0.01	12.79		
(1)		项目工料费				1909.40		617.85
(2)		中小型机械费		617.85×13.51%		83.47		
(3)		直接费				1992.87		
(4)		其他直接费综合		617.85×13.54%		83.66		17.36
(5)		现场经费		617.85×67.48%		416.93		
(6)		直接工程费合计				2493.46		635.21
(7)		企业管理费		635.21×52.2%		331.58		
(8)		财务费		635.21×9.07%		57.61		
(9)		计划利润		635.21×80%		508.17		
(10)		差价调整		按有关规定调价				
(11)		合 计				3390.82		
(12)		含税工程造价		3390.82×1.0341		3506.45		

工程名称:招待所修缮工程

序号	工 程 项 目	单位	数量	计 算 式
1	镀锌钢管安装 D_g40(暗装)	m	4.60	水平管+立管 4+0.6=4.60
2	镀锌钢管安装 D_g40(一般)	m	2.20	立管 1+0.4+0.8=2.20
3	镀锌钢管安装 D_g32(一般)	m	6.30	立管 1.1+3+1+1.2=6.30
4	镀锌钢管安装 D_g25(一般)	m	3.00	立管 0.8+1+0.4+0.8=3.00
5	镀锌钢管安装 D_g20(一般)	m	14.31	厕所 (2.85+1+0.3)×3=12.45 浴室 0.93×2=1.86 小计 12.45+1.86=14.31
6	镀锌钢管安装 D_g15(一般)	m	41.58	厕所 (1.8+0.2+0.4+0.45+2+0.2)×3=15.15 (0.16+0.6+1+0.25×2)×4=9.04 2.45+0.4+0.2+1.5+0.7+0.2×2=5.65 浴室 0.9×2=1.80 卫生间 (0.4×2+0.2+0.9+0.5+1.3+0.2+0.75 +0.1+0.22)×2=9.94 小计 15.15+9.04+5.65+1.8+9.94=41.58
7	一般钢管拆除 D_g15-25	m	58.89	41.58+14.31+3=58.89
8	一般钢管拆除 D_g32-50	m	8.50	6.3+2.2=8.50
9	暗装钢管拆除 D_g32-50	m	4.60	4+0.6=4.60
10	小便池冲洗管安装	m	5.40	1.8×3=5.40
11	拆蹲式大便器	个	3	
12	蹲式大便器安装	套	3	
13	阀门安装 D_g20	个	3	
14	阀门安装 D_g40	个	1	
15	水嘴安装 D_g15	个	8	

第二节 房屋修缮采暖工程施工图预算的编制

采暖工程分为室外管道、室内管道、散热器、暖风机、阀门、膨胀水箱、集气罐等安装以及拆除等工程项目。

一、供暖工程施工图

供暖施工图分为室外和室内的大部分。室外部分表示一个区域内的供暖管网,其中包括总平面图、管道横剖面图、管道纵剖面图和详图。室内部分表示一栋建筑物的供暖工程,包括供暖系统平面、系统轴测图和详图。

供暖系统平面图表明建筑物内供暖管道及供暖设备的平面布置。主要有以下内容：

1．表明散热器的位置,每组片数及安装方法等(包括明装、暗装、半暗装)。

2．水平供暖干管,回水干管、阀门、固定支架及入口位置,并注明管径和立管编号。

3．采暖用热水作热媒时,要表明集气罐的位置及连接管管径;采暖用蒸汽作热媒时,要表明管线间及末端的疏水装置,并注明其规格。

供暖系统图反映整个宿舍楼供暖系统管道的空间关系。识读供暖施工图必须了解常用的图例、符号的内容,常用的图例符号如表 14-4 所示。

室内采暖施工图常用图例   表 14-4

符　号	名　称	符　号	名　称	符　号	名　称
	供热管		回水管	○	供　水
	蒸汽供热管		蒸汽回水管	●	回　水
	支架固定		弓形伸张器		套管伸缩器
	除污器		疏水器		安全阀
	泄水阀		放气阀		水　表
	闸　阀		截止阀		水　泵
	单向阀		活接头		丝扣闸阀
	散热器		丝　堵		
	自动排气装置		集气罐		

二、工 程 量 计 算

(一) 管道及采暖设备拆除

1．管道拆除不分室内、室外,均按不同环境、不同规格以延长米计算,其中阀门、接头零件所占长度均不扣除。

2．散热器拆除按组计算。散热器拆散按片或根计算。

3．锅炉拆除、锅炉简易上煤斗拆除均以台计算。

4．集、分水器拆除按其本身直径以个计算。除污器拆除按其进出水口直径以个计算。

5．容积式水加热器拆除按其型号以个计算。热水罐拆除按其本体自重以个计算。

6．水表、温度计、压力计、水位计、疏水器、减压器拆除均按个计算。丝扣法兰拆除按付计算。

272

（二）管道及采暖设备安装

1．室内采暖管道分干管（包括供水干管、回水干管、主立管、膨胀管、循环管、溢流及泄水管等）、立支管安装，其工程量均按不同环境、不同规格、不同的连接方式分别以延长米计算，不扣除阀门、接头零件所占长度。

2．散热器对配成组按不同型号、规格以片或根计算。散热器安装及打泵试水按组计算。散热器挂钩及固定卡安装按个计算。

3．集水器、分水器、除污器、容积式水加热器、热水罐、钢板水箱安装均按个计算。钢板水箱制作按其重量计算。

4．法兰水表、疏水器、减压器安装均以组计算。法兰安装按付计算。压力计、水位计、温度计安装按套计算。各类阀门安装按个计算。

三、房屋修缮采暖工程预算编制实例

某招待所由锅炉房供热水进行集中室内采暖，暖气片采用 M 132 型。原采暖设计图纸如图 14-3、14-4 所示。根据实际供热情况靠北侧房间温度达不到设计要求，现将靠北侧每间房屋增加暖气片 3 片。采用 1996 年天津市《房屋修缮工程预算定额》编制室内采暖工程预算。见表 14-5 和表 14-6。

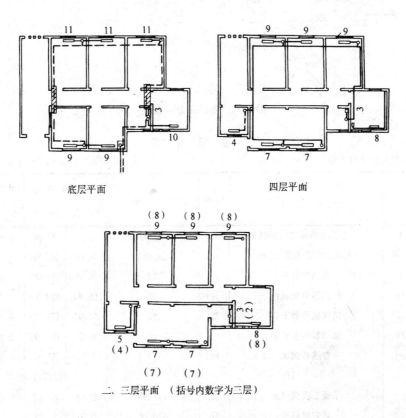

底层平面　　　　　　　　四层平面

二、三层平面　（括号内数字为三层）

图 14-3　室内采暖平面图

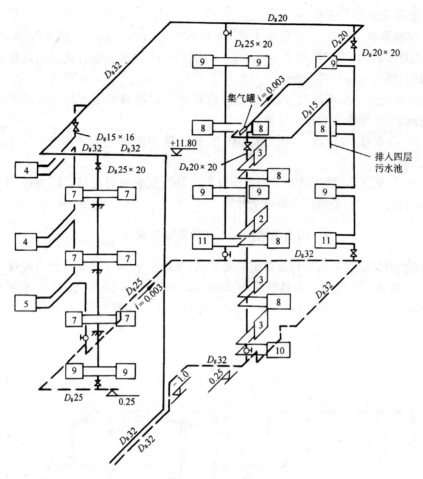

图 14-4　室内采暖系统图

工 程 预 算 书

表 14-5

工程名称:招待所修缮工程

序号	定额编号	工 程 项	单位	数 量	预 算(元)		其中:人工(元)	
					单价	合价	单价	合价
1	1-1	一般钢管拆除 D_g15-25	m	36.00	1.05	37.80	0.65	23.40
2	1-239	采暖立支管安装 D_g20	m	36.00	6.74	242.64	4.79	172.44
3	2-1	散热器拆除	组	12	3.25	39.00	3.05	36.60
4	2-16	散热器对配成组	片	36	16.44	591.84	1.74	62.64
5	2-20	铸铁散热器安装	组	12	14.95	179.40	8.06	96.72
6	2-29	散热器钢卡安装	个	12	8.58	102.96	2.18	26.16
7	2-30	散热器试压	组	12	1.96	23.52	1.96	23.52
		小　计				1217.16		441.48
		采暖工程调试费	元	441.48	0.15	66.22	0.03	13.24
		其它材料费	元	828.66	0.01	8.29		

序 号	定额编号	工 程 项	单 位	数 量	预 算(元)		其中:人工(元)	
					单 价	合 价	单 价	合 价
(1)		项目工料费				1291.67		454.72
(2)		中小型机械费		454.72×13.51%		61.43		
(3)		直接费				1353.10		
(4)		其他直接费综合		454.72×13.54%		61.57		12.78
(5)		现场经费		454.72×67.48%		306.85		
(6)		直接工程费合计				1721.52		467.50
(7)		企业管理费		467.5×52.2%		244.04		
(8)		财务费		467.5×9.07%		42.40		
(9)		计划利润		467.5×80%		374.00		
(10)		差价调整		按有关规定调价				
(11)		合　计				2381.96		
(12)		含税工程造价		2381.96×1.0341		2463.18		

工 程 量 计 算 表　　　　　　　　　　表 14-6

工程名称:招待所修缮工程

序号	工 程 项 目	单 位	数 量	计 算 式
1	一般钢管拆除 D_g15-25	m	36.00	$2×1.5×3×4=36.00$
2	采暖支管安装 D_g20	m	36.00	$2×1.5×3×4=36.00$
3	散热器拆除	组	12	$3×4=12$
4	散热器对配成组	片	36	$3×3×4=36$
5	铸铁散热器安装	组	12	$3×4=12$
6	散热器钢卡安装	个	12	$3×4=12$
7	散热器试压	组	12	$3×4=12$

第三节　房屋修缮电气工程施工图预算的编制

室内电气照明工程包括进户装置、室内配线(管)、照明器具安装及防雷装置及拆除等工程项目。

一、室内电气照明施工图

电气施工图是由图形符号、文字符号、文字说明及标注等构成。图形符号是各种线路设备的图形,主要用来表示各种电器、线路的安装平面位置。文字符号是指数字和汉语拼音字母,用来表示各种的名称、规格、型号、数量及安装方式等。文字说明或标注是对图形符号和文字符号的强调说明、用来补充未能表示出的内容。电气施工图一般常用符号如表 14-7 所示。

电气施工图常用图例及符号 表 14-7

符　号	名　称	符　号	名　称	符　号	名　称
	变压器		配电所		变电所
	配电箱		多种电源配电箱		电　表
	熔断器		自动空气断路器		刀开关
	刀开关(三级)		高压熔断器		配电线 2 根
	配电线 3 根		配电线 n 根		导线相交连接
	导线引上去		导线引下去		导线由上引来
	导线由下引来		导线引上并引下		导线由上引来并引下
	电源引入标志		避雷线(网)		灯具一般符号
	壁　灯		天棚吸顶灯		荧光灯
	天棚灯座		墙上座灯		弯　灯
	投光灯		吊式风扇		拉线开关明、暗
	单极开关明装、暗装		双极开关明装、暗装		双控开关明装、暗装
	单相插座明装、暗装		单相插座明装、暗装		三相插座明装、暗装

276

电气平面图:是电气施工图主要组成部分,它不仅标明了各种电器具、设备的平面位置、线路的连接走向,并注明了管线的规格型号、根数、敷设部位、方式以及配电盘、箱的编号等。总之平面图特点就是将同一层内全部电器具设备不同的安装高度、方式和不同敷设方式的管线在平面图上表示出来。

电气系统图:主要用来表现配电系统的配电方式,主干支线的敷设方式及控制设备型号规格,同时还将导线、管径型号规格详细注明。对于特殊工程电气施工图还包括各种详图及原理结线图。

二、工 程 量 计 算

(一) 拆除及整修工程量计算

1. 电线管拆除按不同规格、不同材质分别以延长米计算。金属软管拆除按根计算。

2. 夹板及各式绝缘子配线、管内线、架空线拆除均以单根以延长米计算。

3. 配电箱、盘、板拆除,电气控制设备拆除按台或块计算。各种灯器具拆除按套计算。电杆、横担、拉线拆除按根计算。

4. 彭形绝缘子、针式绝缘子、瓷夹板配线整修均以单线以延长米计算。槽板配线整修按槽板长以延长米计算。配管整修以管的长度计算。各种灯器具整修按套计算。

(二) 配管、配线工程量计算

1. 配管工程中未包括接线盒及支架的制作安装、钢索架设及拉紧装置的制作安装应另行计算。

2. 计算管路工程量时,不扣除管线中间的接线箱、盒、灯头盒、开关盒、插座盒所占长度。其预留接线长已综合定额内,编制预算时不另行增加预留接线长。但配线进入开关箱、柜、盘的预留线按表 14-8 所规定的预留长度分别计入相应工程量内。

表 14-8

配 线 预 留 线 长 度

序号	项 目	预留长度	说 明
1	各种开关箱、柜、板	高 + 宽	箱、柜、盘面的尺寸
2	单独安装(无箱、盘)的铁壳开关闸、刀开关、启动器母线槽进出线盒等	0.3m	按安装设备中心标起
3	由地平管子出口引至动力接线箱	1m	从管口计算(单根)
4	电源与管内导线连接	1.5m	从管口计算(单根)
5	出户线	1.5m	从管口计算(单根)

3. 管内穿线按导线不同规格分别以单根以延长米计算。瓷夹板配线、塑料夹板配线按导线不同规格、不同敷设部位分别以夹板的延长米计算。其它各种配线均按导线不同规格、不同敷设部位分别以单根以延长米计算。

4. 接线箱(半周长≥25cm,半周长<25cm 为接线盒)、接线盒、开关盒安装分别按个计算。

（三）照明器具安装

1. 照明灯具的种类很多，安装的方式分为吸顶式、吊练式、吊管式、壁装式、嵌入式等，定额未包括艺术花灯，无影灯、大型吊灯等所用的预埋件、金属架的制作。

2. 灯具引线长度，定额只考虑灯具本身所需长度，如需加长灯具吊管、吊练则应按设计要求增加引下线，但人工不得调整。

3. 灯具、开关、插座除另有说明外，每套灯具的预留线长度已综合定额内，不得另增灯具、开关、插座等预留长度。各种灯具安装均按套计算。

4. 各种开关、座插安装按不同敷设方式、不同规格分别以套计算。

5. 电铃、安全变压器安装按不同规格以套计算。吊扇、壁扇安装按台计算。

（四）防雷及接地装置

1. 接地极制作安装按不同土质、不同规格分别以根计算。接地母线按延长米计算。接地跨接线按处计算。

2. 避雷针制作按不同材质以根计算。避雷针安装按不同规格、敷设不同部位分别以根计算。

3. 避雷网及引下线敷设安装按敷设不同部位分别以延长米计算。

（五）电气控制设备安装

1. 配电盘（箱）的安装按不同规格、不同敷设方式分别以台计算，箱、板内的电气器具安装应另列项目计算。

2. 控制屏、台、箱安装按不同规格分别以台计算。盘柜配线按配线延长米计算。

3. 电气仪表安装、熔断器安装、各种开关安装均按规格按个计算。

4. 铁、木配电箱制作按不同形式、不同规格分别以台计算。铁、木、塑、胶配电板制作及木板包铁皮，以平方米（m^2）计算。

三、房屋修缮电气工程预算编制实例

某招待各房间计划安装空调，而原电气线路采用 2×2.5 铝聚氯乙烯导线，导线已不能满足使用要求，现将电气线路导线改换为 2×2.5 铜聚氯乙烯导线，更换全部开关及插座，试确定该工程电气工程预算。原电气施工图如图 14-5、14-6 所示，采用 1996 年天津市《房屋修缮工程预算定额》编制，见表 14-9 和表 14-10。

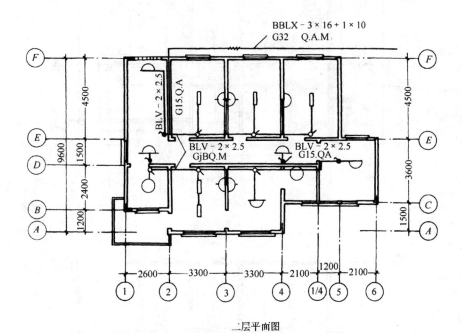

二层平面图

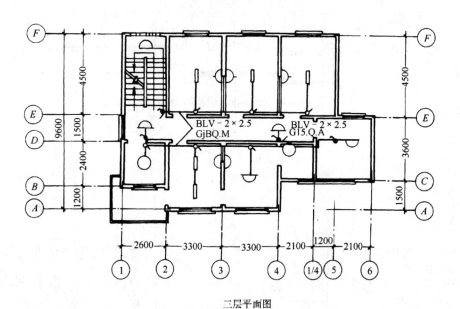

三层平面图

图 14-5 电施平面图

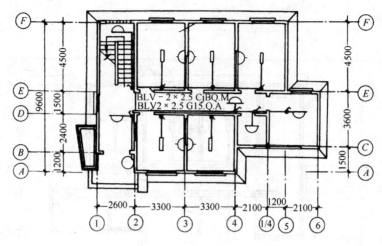

底层平面图

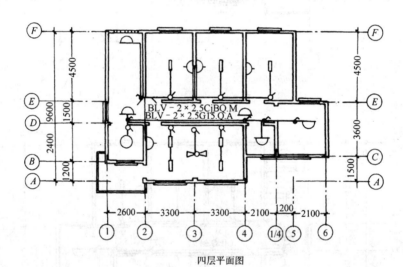

四层平面图

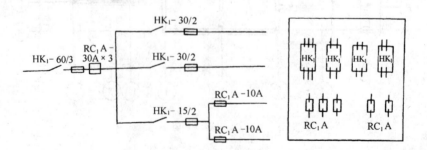

图 14-6　电施系统盘面图

工程名称:招待所修缮工程

序号	定额编号	工程项目	单位	数量	预算(元) 单价	预算(元) 合价	其中:人工(元) 单价	其中:人工(元) 合价
1	1-18	管内导线拆除	100m	2.1762	6.53	14.21	6.53	14.21
2	1-23	槽板及导线拆除	100m	1.3928	58.81	81.91	58.81	81.91
3	1-85	白炽灯拆除	10套	0.30	17.42	5.23	17.42	5.23
4	1-91	荧光灯拆除	10套	2.20	26.14	57.51	26.14	57.51
5	1-94	吸顶灯拆除	10套	2.00	19.60	39.20	19.60	39.20
6	1-97	壁灯拆除	10套	0.30	10.89	3.27	10.89	3.27
7	1-114	吊扇拆除	10台	0.10	6.53	0.65	6.53	0.65
8	1-116	拉线开关拆除	10套	2.40	4.36	10.46	4.36	10.46
9	1-117	跷板开关拆除	10套	2.10	6.53	13.71	6.53	13.71
10	1-119	插座拆除	10套	1.90	4.36	8.28	4.36	8.28
11	7-1	管内穿BV2.5导线	100m	2.1762	132.49	288.32	22.87	49.77
12	7-27	槽板配线	100m	1.3928	854.73	1190.47	341.07	475.04
13	8-1	白炽灯安装	10套	0.30	47.66	14.30	21.56	6.47
14	8-9	吸顶灯安装	10套	2.00	168.77	337.54	50.09	100.18
15	8-17	荧光灯安装	10套	2.20	82.05	180.51	49.66	109.25
16	8-32	壁灯安装	10套	0.30	145.23	43.57	65.56	19.67
17	8-104	拉线开关安装	10套	2.40	49.67	119.21	18.95	45.48
18	8-106	跷板式开关安装	10套	2.10	58.63	123.12	19.38	40.70
19	8-113	插座安装	10套	1.90	64.34	122.25	18.95	36.01
20	8-132	吊扇安装	10台	0.1	14.58	1.46	9.8	0.98
		小　计				2655.18		1117.98
		其它材料费		1537.2	0.01	15.37		
(1)		项目工料费				2670.55		1117.98
(2)		中小型机械费		1117.98×13.51%		151.04		
(3)		直接费				2821.59		
(4)		其它直接费综合		1117.98×13.54%		151.37		31.42
(5)		现场经费		1117.98×67.48%		754.41		
(6)		直接工程费合计				3727.37		1149.40
(7)		企业管理费		1149.4×52.2%		599.99		
(8)		财务费		1149.4×9.07%		104.25		
(9)		计划利润		1149.4×80%		919.52		
(10)		差价调整		按有关规定调价				
(11)		合　计				5351.13		
(12)		含税工程造价		5351.13×1.0341		5533.60		

工程名称：招待所修缮工程

序号	工 程 项 目	单位	数量	计　算　式
1	槽板及导线拆除	m	139.28	一～四层：[3.3×2+1.65+2.25×5+(3.1-0.12 　　　-1.7)×2]×4=88.24 一层：1.8×3+3.3-0.12-1.7=6.88 二～三层：(1.3+3.3×2+1.2+2.7+1.8×2+3 　　　-0.12-1.7)×2=33.16 四层：1.2+2.7×2+1.8+1.2+3.1-1.7=11.00 小计：88.24+6.88+33.16+11=139.28
2	管内导线拆除	m	217.62	一层：(1.8+0.12)+(1.5+3.3×2+2.1+1.05) 　　　+(0.75+1.05)+(3.3-0.12-1.7)×3 　　　+(2.4+0.6+1.3)+(3.3-0.12-1.7)×2=27.27 二～三层：(3-0.12-1.8)+(1.08+3) 　　　+[(2.1+1.65+0.75×2)+(3-0.12-1.8) 　　　+(3-0.12-1.7)×4]×2=27.26 四层：(4.08+3.1)+(1.5+3.3×2+2.1+1.65+1.3 　　　+0.75×2+1.05)+(3.1-1.7)×4=28.48 楼梯间：[(4.5-0.75+1.3)+(3.1-1.7)]×4=25.80 小计：(27.27+27.26+28.48+25.8)×2=217.62
3	白炽灯拆除	套	3	
4	壁灯拆除	套	3	
5	荧光灯拆除	套	22	
6	吸顶灯拆除	套	20	
7	吊扇拆除	套	1	
8	拉线开关拆除	套	24	
9	跷板开关拆除	套	21	
10	插座拆除	套	19	
11	管内配线	m	217.62	
12	槽板配线	m	139.28	
13	白炽灯安装	套	3	
14	壁灯安装	套	3	
15	荧光灯安装	套	22	
16	吸顶灯安装	套	20	
17	吊扇安装	套	1	
18	拉线开关安装	套	24	
19	跷板开关安装	套	21	
20	插座安装	套	19	

复 习 思 考 题

1. 房屋修缮给排水、采暖、电照工程预算与土建工程预算，在编制方法上有何不同？

2. 室内给排水工程包括哪些组成部分？给排水修缮工程量应如何计算。

3. 室内采暖工程包括哪些组成部分？采暖修缮工程量应如何计算。

4. 室内电气照明工程包括哪些组成部分？电照修缮工程量如何计算。

第十五章　施　工　预　算

施工预算是施工单位为了加强企业内部经济核算,节约人工和材料,合理使用机械,在施工图预算的控制下,通过工料分析,计算修缮工程所需人工、材料、机具需要量,并直接用于施工生产的技术文件。

第一节　施工预算的内容及编制依据

一、施工预算的作用

施工预算有以下几方面的作用:

1. 施工预算是施工计划部门安排作业计划和组织施工、进行施工管理的依据。

2. 施工预算是施工队向施工班组签发施工任务单和限额领料单的依据;在施工任务单中,包括分层、分段、或分部、分项、分工种的用工、用料,都要依靠施工预算来提供。

3. 施工预算是计算计件工资和超额奖励、贯彻按劳分配的依据。

4. 施工预算是企业开展经济活动分析进行"两算"对比的依据。通过施工预算和施工图预算的对比分析,分析超支的原因,改进操作技术和施工管理,有效地控制施工中的人工、材料耗用量,降低工程成本开支。

因此,施工预算是施工企业内部加强管理,提高经济效益的不可缺少的有力工具,起着促进企业管理的杠杆作用。

二、施工预算的内容

施工预算的内容,是以单位工程为对象,进行人工、材料、机械台班量及其费用总和的计算,他由编制说明及预算表格两大部分组成。

(一)编制说明部分

应简明扼要地叙述以下几个方面的内容:

1. 编制的依据(采用的定额、查勘设计资料、施工组织设计等)。

2. 工程概况(工程地点、建筑面积、层数、结构形式等)。

3. 对设计图纸和修缮设计说明书的审查意见及编制中的处理方法。

4. 施工部署及施工期限。

5. 冬雨期施工措施、安全措施及高级装修,文物、设备的保护措施等。

6. 预算中考虑降低成本措施及建议。

7. 工程中尚存在及需进一步解决的有关问题。

(二)表格部分

1. 工程量计算汇总表。工程量计算汇总表是按照施工预算定额的工程量计算规则作出的重要的基础数据,为了便于生产、调度、计划、统计及分期材料供应,根据工程情况,可将工程量按照分层、分部位的进行汇总,然后进行单位工程汇总。

2．施工预算工料分析表。此表与施工图预算的工料分析编制方法基本相同,该表是工程量乘以施工定额中的人工、材料、机械台班消耗量而编制的。

3．人工汇总表。将工料分析表中的人工按工种分层、分部位进行汇总的表。此表是编制劳动力计划,进行劳动力调配的依据。

4．材料汇总表。将工料分析表中不同品种、规格的材料按层、部位进行汇总,此表是编制材料供应计划的依据。一般工程常见的汇总表有:

(1) 门窗加工表;

(2) 门窗五金明细表;

(3) 钢筋混凝土预制构件加工表;

(4) 金属构件加工表;

(5) 钢筋表;

(6) 分规格、品种各种材料需用量表。

5．机械汇总表。将各种施工机具消耗台班按层、部位进行汇总。

6．施工预算工、料、机费用汇总表。

7．两算对比表。指同一工程内容的施工预算与施工图预算的对比分析表。

三、施工预算编制的依据

1．会审后的施工图和查勘设计说明书。施工图和查勘设计说明书必须经过有关单位的会审,在这种条件下,可使编出的施工预算更符合实际情况。

2．现行的施工定额及补充定额。

3．施工组织设计或施工方案。施工预算与所选用的施工方法和施工机械有密切关系。如吊装采用什么机械;混凝土预制构件是现场预制还是构件厂生产;脚手架采用是木脚手架还是金属脚手等等。都应该在施工方案中有明确规定。

4．施工图预算。施工预算的分项工程项目划分比施工图预算的分项工程项目划分要细一些,但有的工程量的计量单位和计算规则是一致的,在此情况下,可减少计算量,直接摘用某些数据。

5．工程现场实际勘察与测量资料。

6．现行地区人工工资标准,材料预算价格、机械台班单价及有关调价文件。

第二节　施工预算编制的方法和步骤

一、施工预算编制的方法

施工预算编制的方法有"实物法"和"实物金额法"两种。

(一) 实物法

是根据施工图纸以及施工定额计算出工程量,套用定额并用表格形式计算汇总,分析人工、材料及施工机械台班消耗量。

（二）实物金额法

用"实物金额法"编制施工预算又有以下两种形式：

1．根据"实物法"计算工、料和机械台班数量，分别乘以人工、材料、机械台班单价求出人工费、材料费、机械费及直接费。

2．根据施工定额的规定计算工程量，套用定额估价表的人工费、材料费、机械费，计算施工预算的人工费、材料费、机械费。

不论采用哪种方法，都必须根据当地现行的施工定额规定的工程量计算规则和定额项目的划分及定额册、章、节说明，按施工管理的要求，分层、分工种、分项进行工程量计算，工料分析及人工费、材料费、机械费的计算。

二、施工预算的编制步骤

编制施工预算可按下列步骤进行：

1．熟悉修缮施工图纸及准备有关资料，现场查勘了解施工现场情况。

2．了解施工组织设计或施工方案。

3．根据施工图、施工定额、现场查勘资料，列出工程项目，计算工程量。

4．工程量汇总。套用施工定额，进行工、料、机消耗量分析，编制工料分析表及汇总表。

5．计算施工预算人工费、材料费、机械费。如果采用的是施工定额，则用工料汇总表的人工、材料、机械台班数量分别乘以单价即可求得；若采用的是"施工定额估价表"，则可直接用工程量乘定额单价求得。

6．编写编制说明及计算其它表格。

7．进行"两算"对比，编制"两算"对比表。

三、"两 算" 对 比

"两算"对比是指施工图预算与施工预算对比。通过对比分析，找出节约或超支的原因，研究解决措施，防止人工、材料和机械使用费的超支，导致计划成本亏损。

（一）"两算"对比的方法

1．"工料"对比法

是指以施工预算的人工、材料消耗数量与施工图预算的人工、材料消耗数量进行对比。

2．"实物金额"对比法

实物金额对比法。是将"两算"的人工费、材料费、机械费分别进行对比。

（二）"两算"对比内容

"两算"对比内容一般只限于直接费，而间接费则不作对比。其对比内容如下：

1．人工。一般施工预算的人工数量应低于施工图预算的$10\%\sim20\%$。因为施工定额与预算定额所考虑的因素不同。预算定额考虑了一定人工幅度差，而施工定额则未考虑。

2．材料。施工预算的材料消耗量一般应低于施工图预算的材料消耗量。目前各地区执行的预算定额消耗水平不一致，有些项目出现施工预算材料消耗量超过施工图预算材料消耗量的情况。如果出现这种情况，可根据本地区的实际情况调整施工预算材料用量。

3．机械台班。预算定额的机械台班耗用量是综合考虑的，同施工现场实际发生的情况不一定相符。其次，中小型机械台班在预算定额中往往不列出，而以定额分项列入预算定额相应章节或以占直接费的比率,一次计算列入施工图预算。因此,无法以台班数量进行对比,只能以施工预算和施工图预算"两算"的机械金额对比,分析工程节约或超支原因。

4.其它直接费的"两算"对比也都以金额对比。

两算的具体对比内容,可结合本地区各施工单位的具体情况考虑。

复习思考题

1.施工预算有什么作用?

2.施工预算包括哪些内容?

3.施工预算的编制步骤和方法怎样?

4.什么是"两算"对比?"两算"对比的内容是什么?

第十六章 房屋修缮工程预算的审查

第一节 房屋修缮工程预算审查的意义

随着市场经济体制的逐步完善,建筑市场的竞争日趋激烈,甲乙双方对项目的成本、利润日趋敏感,所以加强工程预算的审查越来越重要。

一、认真审查工程预算,提高工程造价的准确度,便于项目总体计划安排

对投资修建单位正确地确定项目造价是至关重要的,如果数据不准确,造价文件编制粗略,偏差较大,将会导致项目修建计划落空,或投资不符合实际情况,迫使项目中途下马或修建速度受影响,使项目总体计划报废。

二、认真审查工程预算,使项目的物资分配和施工管理趋向合理化

建设单位或施工单位的材料供应计划是根据工程预算中材料分析表中的数量得来的,进而编制的材料供应计划。如果预算中材料数据有误,势必造成现场材料过剩或供料不足的现象发生,造成宏观上材料物资分配的不平衡,使现场施工管理难度加大,影响项目的正常施工进度。所以必须加强工程预算的审查,使其材料数据客观实际地反映项目所需之准确程度,可减少或避免材料、物资人为的供应紧张或过剩积压情况,使材料、资源的供应、需求趋于平衡,使项目能按计划顺利完成。

三、认真审查工程预算,以提高企业管理水平

准确地确定工程预算,是结算工作的基础,它将直接影响着施工企业的经济收入。由于预算人员业务不熟,算错工程量,套错定额单价,套错或算错各项费用,则使施工企业经济受损;相反地采取不正当手段,多计算工程量,高估冒算,又将会使企业不劳而获,增加收入而降低成本。因此,加强对工程预算的审查合理确定工程造价,促使企业加强管理,提高管理水平,合理使用房屋修缮工程资金。

第二节 房屋修缮工程预算审查的方法

根据修建工程规模的大小、结构的复杂程度,可确定审核的主要内容及相应的审查方法。一般采用以下几种方法。

一、审查定额单价和取费标准

应结合施工设计图纸或修缮方案的要求,只对工程预算中的各分部分项工程所套用的

定额单价和取费标准进行审查,看其定额单价选用是否恰当,取费的程序及费率是否符合现行规定的标准。

这种审查方法适用于一般性的常见工程项目,且单位指标未超过国家规定的造价指标。

二、对定额单价、工程量和取费标准进行全面审核

对工程预算中的各分部分项工程所套用的单价、工程量逐项细查、如发现问题,及时作出修正,然后再检查其取费的各项系数及取费程序是否符合现行标准的规定。

这种审查方法适用于采用新材料、新工艺的工程,没有具体的参照物,可比性较少,没有固定的平米造价,结算时,一般按施工图和施工组织方案加施工签证来考虑。

三、对主要分部分项工程项目进行审查

对于大型或重点的修缮工程项目、综合诸多因素、结合修缮方案、施工工艺来审查。由于各分部分项工程项目庞大,只对工程造价影响较大的部分项目进行重点审查,只要控制好这些工程量、单价及其合理取费,那么工程总造价即不会"失真"。

这种审查方法适用于大型修缮工程项目或工艺复杂项目、及造价较高的项目。

复习思考题

1. 理解修缮工程预算审查的意义?
2. 简述房屋修缮工程预算审查的几种方法。
3. 如何理解工程实物量的准确性,对工程造价的重大意义?

第十七章　房屋修缮工程竣工结算

第一节　房屋修缮工程竣工结算的作用与内容

一、房屋修缮工程竣工结算的作用

竣工结算是修缮施工企业将竣工工程按照修缮项目合同的规定,编制调整施工图预算,即原施工图预算,增减设计变更,材料代用,费用签证等资料汇总而形成的,向修缮投资建设单位办理的最后价款结算,也称为竣工结算。

修缮施工企业与投资修建单位结算工程费用是依据双方都承认的竣工结算文件而进行的。依据竣工结算文件,修缮施工企业与投资建设单位就可以通过建设银行最后结清工程款费用。

工程竣工结算所确定的工程造价、建筑面积及人工、材料、机械台班的数量是修缮施工单位所完成生产任务量、竣工面积等统计的数据,也是企业核算工程成本进行经济活动分析、计算全员劳动产值的依据。

修缮施工企业可以将竣工结算与修缮施工图预算、施工预算进行比较,进一步核算修缮工程的实际成本,分析经营管理中存在的问题,以总结经验,提高经营管理的水平,进一步提高修缮施工企业的经济效益。

二、房屋修缮工程竣工结算的内容

工程结算和竣工资料必须内容完善,核对准确,真实可靠。竣工结算不是按照变更设计后的施工图纸和各种变更资料,重新编制一次,而是根据有变动的范围就修正的原则进行,仍以原施工图预算为基础,再增加调整增减的部分。

工程结算除包括单位工程工程预算不需要调整的全部内容外,还应包括以下内容:

1. 合同规定允许调整的材料差价。可按地区定额管理部门颁分的材料价格信息执行;也可以参照市场价格执行。大部分材料价格应以前者为法律依据,后者属于补充型的,在没有依据的前提下,可执行材料的市场价格。

2. 按合同条款,并经甲乙双方签证的调整价格。主要因素有:工程设计或修缮方案的修改,而引起的实物工程量的增减;因施工现场临时采用材料的代用,而发生的材料量差和价差;由于投资方(甲方)的主观因素造成的停工损失或返工损失。

3. 据甲、乙双方合同条款而约定的应计算其它调价因素或费用。

以上三个方面的工程预算价值与原工程预算价值汇总,作为工程结算的全部完整的价值。

第二节　房屋修缮工程竣工结算的编制步骤和方法

一、房屋修缮工程竣工结算的编制步骤

（一）整理完善结算的原始资料

结算的原始资料是进行竣工结算的依据，必须收集齐全避免遗漏。收集齐全后应进行归纳整理，一般是按工程的进度或工程的施工顺序分部位或分类型进行。

（二）按施工图预算与竣工工程进行对照、比较、分析

根据原有的施工图纸和施工图预算文件，及结算的原始资料，与竣工工程进行对照、比较、分析，列出结算的增减项目，绘制成表格形式，以形成明显的对比。

（三）按增减项目计算工程实物量

按上述方法列出增减项目后，依据房屋修缮方案、工艺、设计变更图、签证和施工记录后，即可计算调整增加或减少的工程量，增加及减少的工程量填在表格的相应位置上。

（四）计算结算造价

可按地区性有关的费用规定，计算出增减费用及施工签证，汇总成结算造价文件。

二、房屋修缮工程竣工结算的编制方法

计算可分为四部分进行：

1. 原有施工图预算直接费。
2. 增加部分直接费，依据增加部分的工程量，乘以预算单价，即可计算出直接费。
3. 减少部分直接费，依据减少部分的工程量，乘以预算单价，即可计算出直接费。
4. 施工签证费用。按地区现行的文件规定或甲乙双方合同条款的约定，来计算施工签证费用。

由上述计算知：

竣工结算工程的总造价，以竣工结算直接费（为原预算直接费，增加部分直接费，减少部分直接费之和）为基数，乘以各项取费费率后即可得到，最加再加上独立部分的施工签证费用，即为工程竣工总造价。

复 习 思 考 题

1. 简述房屋修缮工程竣工结算的作用和内容。
2. 熟练掌握房屋修缮工程竣工结算的编制步骤和方法。

参 考 文 献

1. 王朝彬,东　方编.建筑工程常见病多发病防治.河南:河南科学技术出版社,1995
2. 叶书麟,韩　杰,叶观宝编著.地基处理与托换技术.北京:中国建筑工业出版社,1994
3. 尹　辉主编.民用建筑房屋防渗漏技术措施.北京:中国建筑工业出版社,1996
4. 张富春,林志伸,肖良钊,庄秉文编著.建筑物的鉴定、加固与改造.北京:中国建筑工业出版社,1992
5. 叶葆生编.房屋维修管理.北京:中国建筑工业出版社,1991
6. 天津市房管局编.房屋修理和养护知识.天津:天津教育出版社,1990
7. 龚洛书,柳春圃编著.混凝土的耐久性及其防护修补.北京:中国建筑工业出版社,1990
8. 许兴华,张　颖编.房屋建筑维修手册.济南:山东科学技术出版社,1988
9. 彭圣浩主编.建筑工程质量通病防治手册.北京:中国建筑工业出版社,1984
10. 北京城建培训中心于忠诚编.建筑工程定额与预算.北京:中国建筑工业出版社出版,1995
11. 天津城乡建设委员会,天津房地产管理局编.修缮工程预算员培训教材,1996